“十四五”职业教育国家规划教材

U0392699

轻松学 AutoCAD 基础教程

主　编　刘晓芬

副主编　刘　凯

参　编　雷鹏程　李会军　黄永昊

主　审　马志鹏

電子工業出版社

Publishing House of Electronics Industry

北京 • BEIJING

内容简介

本书以 AutoCAD 2016 中文版为技术平台，通过实例介绍绘图软件 AutoCAD 2016 的操作使用方法。

全书共三章 14 个实例，通过实例的讲解，介绍了 AutoCAD 2016 的工作界面，绘图、编辑、修改等命令，图层设置，文字与表格，尺寸标注，块操作等，内容典型实用，呈现形式直观，通俗易懂。通过本书的学习不仅能学会正确使用计算机软件进行绘图，还能加深对所学的各种机械制图及模具知识的运用，具有较强的实用性和较好的可操作性。

本书可作为职业院校机械、模具、机电、数控等专业“计算机绘图”课程的教材，也可作为从事 CAD 工作的工程技术人员的自学指导书。

图书在版编目（CIP）数据

轻松学 AutoCAD 基础教程/刘晓芬主编.—北京：电子工业出版社，2016.9
ISBN 978-7-121-29597-3

Ⅰ. ①轻… Ⅱ. ①刘… Ⅲ. ①AutoCAD 软件－职业教育－教材 Ⅳ. ①TP391.72

中国版本图书馆 CIP 数据核字（2016）第 179676 号

策划编辑：张 凌
责任编辑：张 凌
印　　刷：北京七彩京通数码快印有限公司
装　　订：北京七彩京通数码快印有限公司
出版发行：电子工业出版社
北京市海淀区万寿路 173 信箱　邮编 100036
开　　本：787×1 092　1/16　印张：12　字数：307.2 千字
版　　次：2016 年 9 月第 1 版
印　　次：2024 年 1 月第 11 次印刷
定　　价：28.00 元

凡所购买电子工业出版社图书有缺损问题，请向购买书店调换。若书店售缺，请与本社发行部联系，联系及邮购电话：（010）88254888，88258888。

质量投诉请发邮件至 zlts@phei.com.cn，盗版侵权举报请发邮件至 dbqq@phei.com.cn。

本书咨询联系方式：（010）88254583，zling@phei.com.cn。

前言

Preface

根据党的二十大精神，本书坚持为党育人、为国育才，聚力产教融合，以工程实例为载体，寓思想教育于知识传授、能力培养、技能提高之中，塑造学生正确的世界观、人生观和价值观，落实立德树人根本任务，培养德技并修的复合型技术技能人才。

AutoCAD 是 Autodesk 公司开发的计算机辅助绘图和设计软件，被广泛应用于机械、建筑、电子、航天、石油化工、土木工程、冶金、气象、纺织、轻工业等领域。AutoCAD 已成为工程设计领域应用最广泛的计算机辅助设计软件。

AutoCAD 2016 是 Autodesk 公司开发的 AutoCAD 最新版本。与之前的版本相比较，AutoCAD 2016 具有更完善的绘图界面和设计环境，它在性能和功能方面都有较大的增强，同时也保证了它与低版本的完全兼容。

本书以 AutoCAD 2016 中文版为技术平台，根据职业教育机械大类专业人才培养目标及规格的要求，通过典型平面图形、机械零件图、装配图绘制的介绍，让学员在绘图实践中轻松掌握运用 AutoCAD 2016 软件绘制工程图的基本方法和操作技巧，是一本实用性很强的计算机绘图操作教程。

本书特点如下。

1. 软件版本最新

AutoCAD 2016 是目前最先进的版本，能使用户以更快的速度、更高的准确性制作出具有高精准度的设计详图和文档。

2. 内容典型实用

内容主要以机械工程零件的绘制实例为主线，紧扣“典型”、“实用”原则，系统介绍了绘制二维平面图、零件图及装配图的基本方法和绘图技巧，内容由简单到复杂，由易到难。

3. 呈现形式直观

图文并茂，形象直观，介绍详实，通俗易懂，一看就懂，一学就会。

4. 应用网络技术

部分实例配有二维码，学员可扫二维码观看操作录像学习绘图，形象生动，可操作性强，对于初次接触计算机绘图的学员，可以轻松入门。

5. 采用实例教学

本书采用绘制一个完整平面图、零件图及装配图的编写方法，让教师做中教，学生做中学，可以大大提高教与学的有效性。

本教材由武汉市第二轻工业学校高级讲师刘晓芬任主编并统稿，武汉职业技术学院刘凯任副主编，参加本教材编写的还有武汉市第二轻工业学校雷鹏程、李会军、黄永昊，武汉市第二轻工业学校高级讲师马志鹏任主审。

由于作者水平有限加上成书仓促，书中纰漏和不妥之处在所难免，敬请读者指正和谅解。

编 者

目 录

Contents

第 1 章　平面图形绘制技能实训

AutoCAD 是美国 Autodesk 公司于 20 世纪 80 年代初为在计算机上应用 CAD 技术而开发的绘图程序软件包，经过不断的完善，已经成为强有力的绘图工具，并在国际上广为流行。

AutoCAD 可以绘制任意二维和三维图形，与传统的手工绘图相比，用 AutoCAD 绘图速度更快，精度更高，且便于修改，已经在航空航天、造船、建筑、机械、电子、化工、轻纺等很多领域得到了广泛的应用，并取得了丰硕的成果和巨大的经济效益。

AutoCAD 2016 是目前最先进的版本，能使用户以更快的速度、更高的准确性制作出具有丰富视觉精准度的设计详图和文档。

本章以 AutoCAD 2016 为构建工作平台，通过绘制完整的零件平面图，使学员对 AutoCAD 软件的运用有一个总体认识，让学员快速入门；通过绘制典型图形的实训范例，使学员掌握 AutoCAD 绘图的一般过程及常用命令，本章设有 8 个实例，推荐课时为 20 课时。

学习目的

1. 熟练掌握 AutoCAD 2016 的运行方法。
2. 熟悉 AutoCAD 2016 的用户界面、快捷键。
3. 掌握 AutoCAD 绘图的一般过程及常用命令。
4. 能绘制简单零件平面图。

学习内容

1. AutoCAD 2016 的用户界面、快捷键。
2. 平面图绘制的一般过程。
3. 工作环境及常用工具的设置方法和步骤。
4. 图层的设置、绘图、编辑及尺寸标注等常用命令；保存为样板文件的方法；块操作。

（一）约定

为了便于初学者容易按实例进行操作，出现在书中有关操作描述的约定如下：

1．所有屏幕项，如面板标题、命令名，对话框名、按钮名等均用“ ”引起来以示区分。

2．文中“单击”是指按下鼠标左键，“双击”是指连按两下鼠标左键，“右击”是指按一下鼠标右键，“输入”是指用键盘输入数字、字母或符号等。

3．常用激活命令的方法有两种，在文中的描述如下。

例如：激活“直线”命令。

（1）图标方式：单击面板标题栏中“默认”选项，在“绘图”面板中单击“直线”图标，显示的命令行如下：

命令：_line
指定第一个点：

（2）输入命令方式：在命令窗口输入“Line”或“L”回车，显示的命令行如下：

命令：_line
指定第一个点：

4．命令窗口中的操作描述如下。

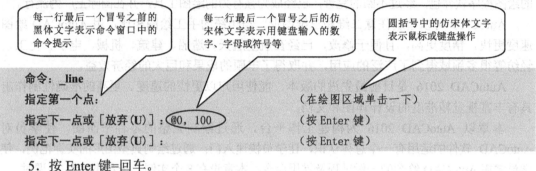

每一行最后一个冒号之前的黑体文字表示命令窗口中的命令提示

每一行最后一个冒号之后的仿宋体文字表示用键盘输入的数字、字母或符号等

圆括号中的仿宋体文字表示鼠标或键盘操作

命令：_line
指定第一个点：（在绘图区域单击一下）
指定下一点或［放弃(U)］：@0，100（按 Enter 键）
指定下一点或［放弃(U)］：（按 Enter 键）

5．按 Enter 键=回车。

注意：操作过程中一定要常常注意命令窗口中的提示。

（二）鼠标指针的形状

鼠标的指针有很多样式，不同的形状表示系统处在不同的状态。了解鼠标指针的形状含义，对进行 AutoCAD 操作非常重要，各种鼠标指针形状的含义如表 1-1 所示。

表 1-1　各种鼠标指针形状含义

形　状	含　义	形　状	含　义
	正常绘图状态		调整右上左下大小
	指向状态		调整左右大小
	输入状态		调整左上右下大小
	选择对象状态		调整上下大小
	缩放状态		视图平移符号
	调整命令窗口的大小		插入文本符号

（三）AutoCAD 常用快捷键

使用 AutoCAD 的快捷键，能够快速提高绘图速度，AutoCAD 常用快捷键如表 1-2 所示。部分快捷键参见附录 A。

表 1-2　AutoCAD 常用快捷键

序　号	命　令	快捷键	序　号	命　令	快捷键
1	直线	L	12	镜像	MI
2	点	PO	13	拉伸	S
3	圆	C	14	偏移	O
4	矩形	REC	15	修剪	TR
5	正多边形	POL	16	延伸	EX
6	椭圆	EL	17	旋转	RO
7	圆弧	A	18	打断	BR
8	圆环	DO	19	圆角	F
9	移动	M	20	倒角	CHA
10	复制	CO/CP	21	分解	X
11	阵列	AR	22	缩放	SC

（四）AutoCAD 常用功能键

F1：获取帮助
F2：实现作图窗口和文本窗口的切换
F3：控制是否实现对象自动捕捉
F4：数字化仪控制
F5：等轴测平面切换
F6：控制状态行上坐标的显示方式
F7：栅格显示模式控制
F8：正交模式控制
F9：栅格捕捉模式控制
F10：极轴模式控制
F11：对象追踪模式控制

实例 1　六角扳手平面图的绘制

一、要点提示

根据图 1-1 所示，六角扳手具有外形为圆弧，内部由两个正六角形组成的图形特点，因此可先画外形，再用“多边形”命令完成内部图形，从而完成全图。

使用命令：直线、多边形、圆、修剪等。

本实例是一个较简单的图形绘制，能使初学者快速进入 AutoCAD 的世界。

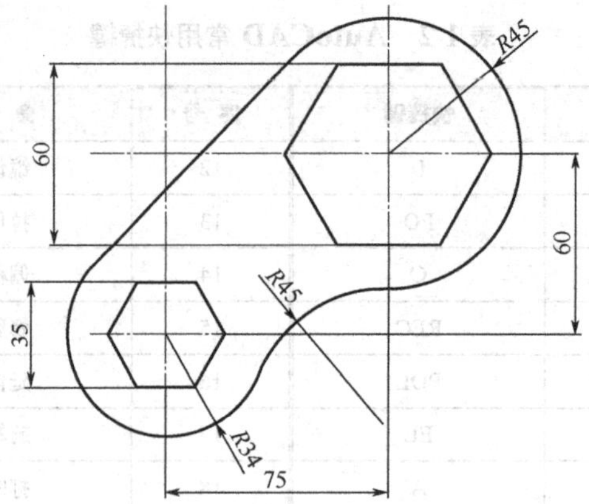

图 1-1　六角扳手平面图

二、操作步骤

（一）绘图预设及流程（流程参见图 1-2）

1．建立工作环境（图形界限，缩放，捕捉等）。
2．对象特性预定义（设置图层）。
3．绘图设计（绘制图形）。

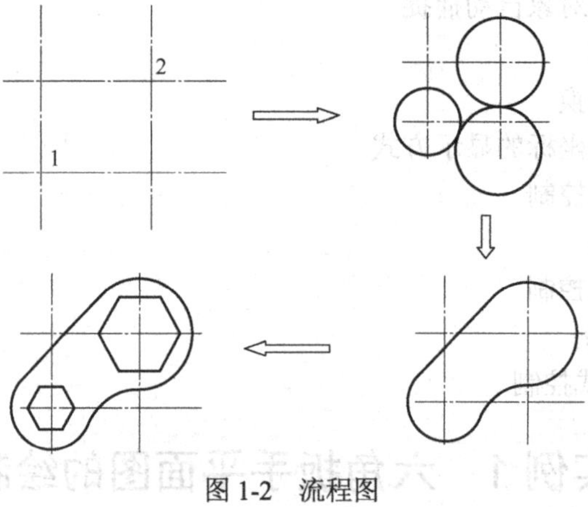

图 1-2　流程图

扫一扫：扫二维码，观看操作视频

（二）详细步骤

1. 建立工作环境。

双击桌面上 AutoCAD 2016 的图标，启动 AutoCAD 2016，进入 AutoCAD 2016 中文版初始界面，如图 1-3 所示。

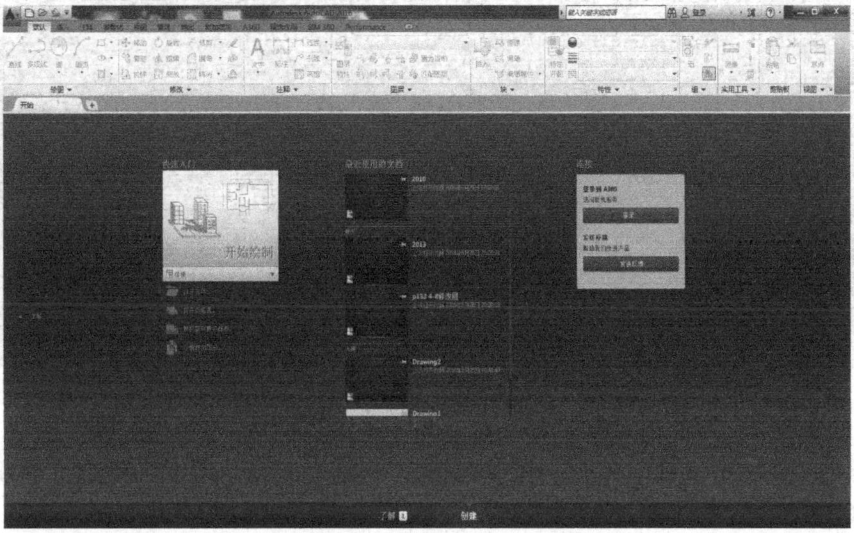

图 1-3　AutoCAD 2016 中文版初始界面

单击快速访问工具栏中的“新建”图标，弹出“选择样板”对话框，单击“打开”按钮右侧的按钮，单击“无样板打开-公制”选项，如图 1-4 所示，即打开了一个“默认设置”的界面，如图 1-5 所示。

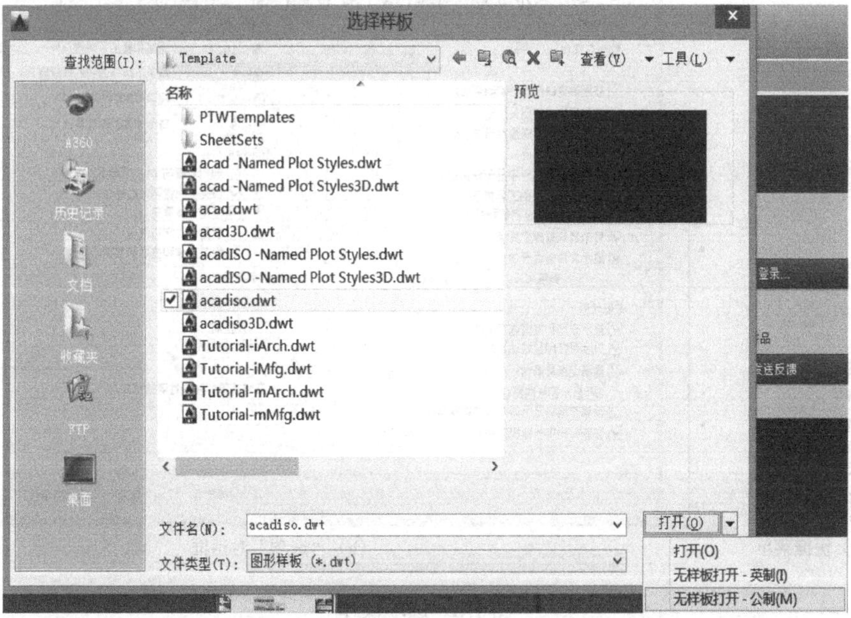

图 1-4　“选择样板”对话框

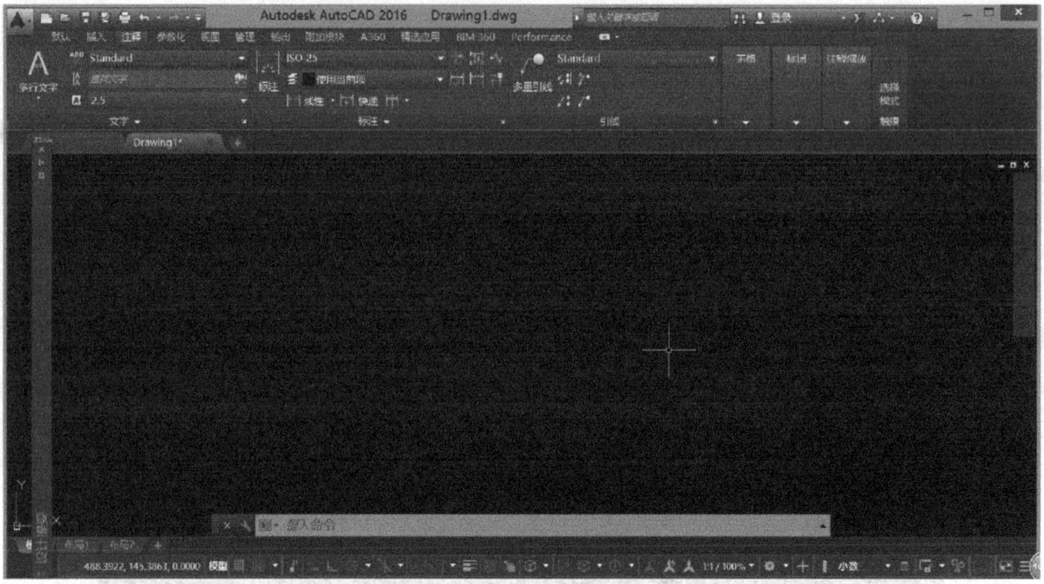

图 1-5 “默认设置”界面

在绘图区域右击鼠标，弹出“快捷菜单”如图 1-6（a）所示→单击“选项”，弹出“选项”对话框，如图 1-6（b）所示→在“显示”选项卡中，将“窗口元素”的“配色方案”选为“明”→单击“颜色”按钮，弹出“图形窗口颜色”对话框→在“颜色”选项下拉框中选择“白”色，如图 1-7 所示，单击“应用并关闭”按钮，进入修改了背景后的绘图界面，如图 1-8 所示。

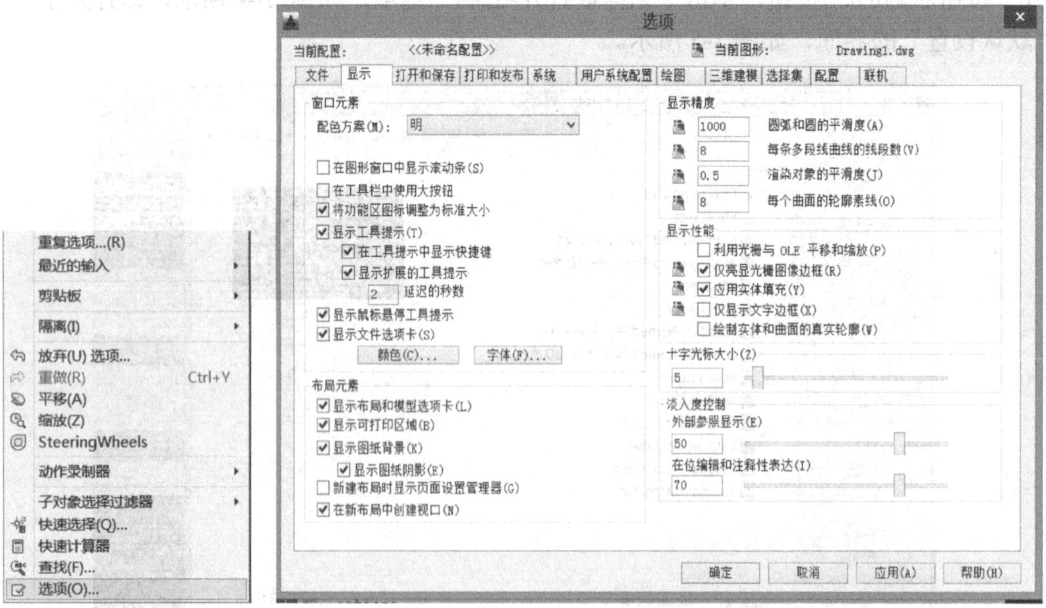

（a）快捷菜单　　（b）“选项”对话框

图 1-6 选项操作

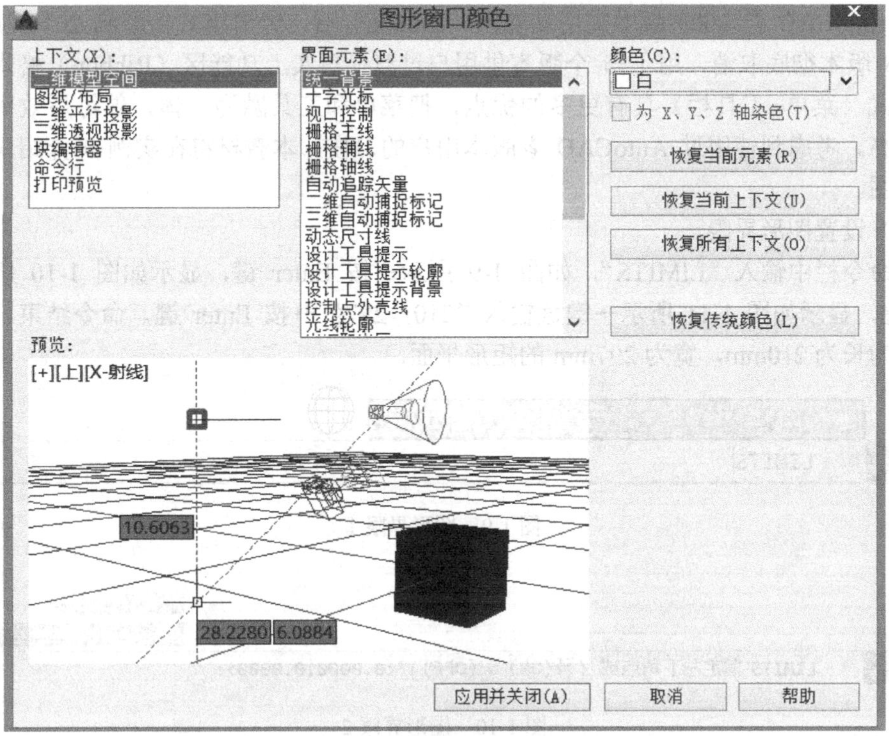

图 1-7 “图形窗口颜色”对话框

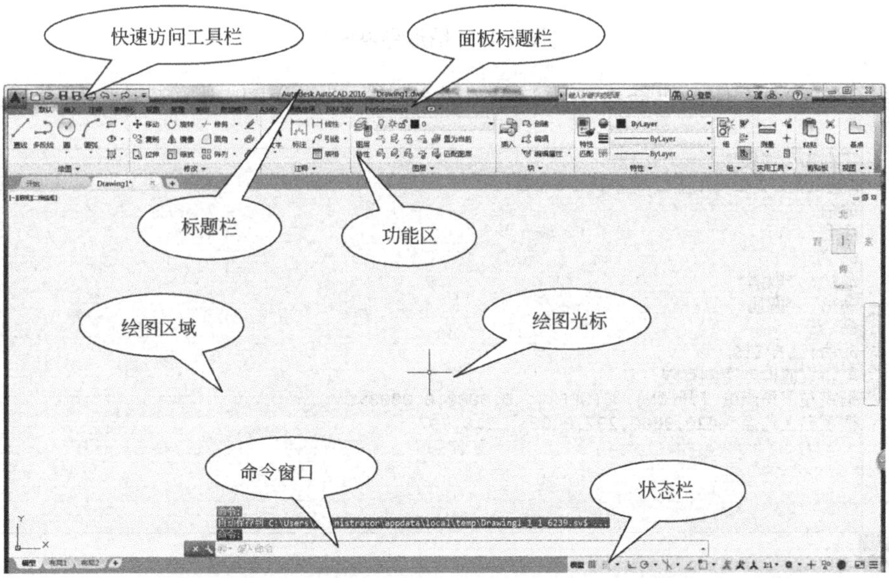

图 1-8 修改背景颜色后的 AutoCAD 2016 的工作界面

● AutoCAD 2016 的工作界面的组成：

①标题栏，②快速访问工具栏，③面板标题栏，④功能区，⑤绘图区域，⑥命令窗口，⑦状态栏。

● AutoCAD 自 2009 版本采用功能区（Ribbon）后，经典模式保留到 2014 版本，直到 2015 版本彻底取消，用了 5 个版本供用户过渡。事实上功能区（Ribbon）格式的确比经典模式（菜单+工具栏）具有更多的优点，把菜单和工具融为一体，熟练后效率比经典模式要高。考虑到使用过 AutoCAD 老版本用户的习惯，本教材将在实例 9 介绍采用经典模式绘图。

（1）设置图形界限。

在命令栏中输入“LIMITS”，如图 1-9 所示→按 Enter 键，显示如图 1-10 所示→按 Enter 键，显示如图 1-11 所示→键盘输入“210，297”→按 Enter 键，命令结束。图形界限设定为长为 210mm，宽为 297mm 的矩形平面。

LIMITS
LIMITS

图 1-9　图形界限 1

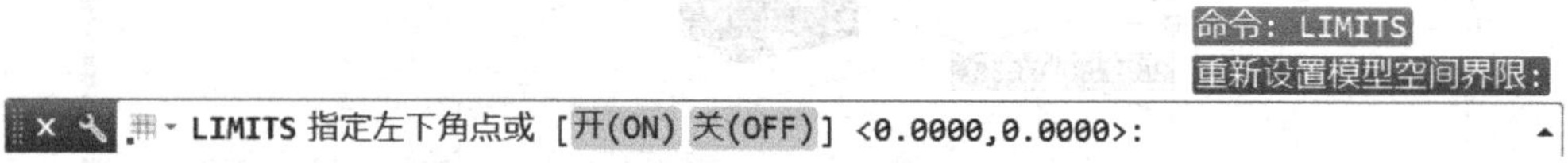
命令: LIMITS
重新设置模型空间界限:
LIMITS 指定左下角点或 [开(ON) 关(OFF)] <0.0000,0.0000>:

图 1-10　图形界限 2

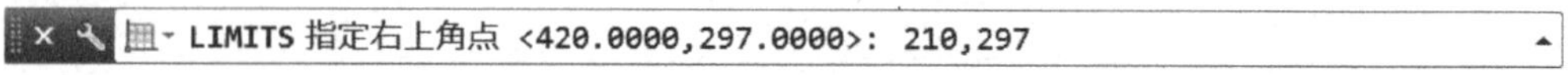
LIMITS 指定右上角点 <420.0000,297.0000>: 210,297

图 1-11　图形界限 3

单击命令窗口右侧的“命令历史记录”按钮 ▲，显示如图 1-12 所示命令历史记录。

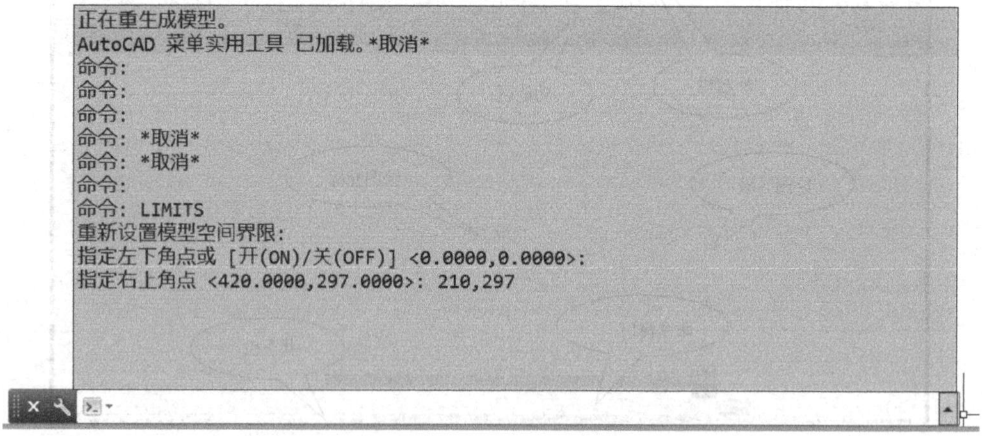
正在重生成模型。
AutoCAD 菜单实用工具 已加载。*取消*
命令:
命令:
命令:
命令: *取消*
命令: *取消*
命令:
命令: LIMITS
重新设置模型空间界限:
指定左下角点或 [开(ON)/关(OFF)] <0.0000,0.0000>:
指定右上角点 <420.0000,297.0000>: 210,297

图 1-12　命令历史记录

注：以后的命令操作叙述按以下形式呈现，黑体字表达命令窗口显示，（　）表示操作。

命令：'_limits （按 Enter 键）
重新设置模型空间界限：
指定左下角点或［开(ON)/关(OFF)］<0.0000，0.0000>: （按 Enter 键）
指定右上角点<420.0000，297.0000>：210，297 （按 Enter 键）

（2）设置界面栅格。

单击状态栏中“图形栅格”图标，关闭绘图区域栅格。

（3）设置捕捉。

右击状态栏中“捕捉模式”按钮→在弹出的快捷菜单（图 1-13）中单击“捕捉设置”选项→在弹出的“草图设置”对话框中单击“对象捕捉”选项卡→在“对象捕捉”选项卡中选择“端点”、“圆心”、“交点”、“切点”复选框，如图 1-14 所示→单击“确定”按钮。

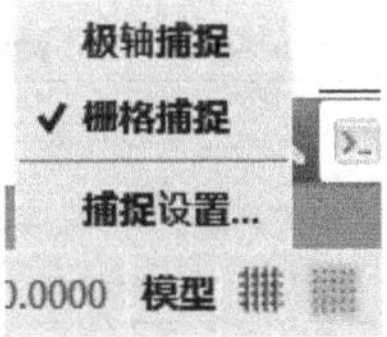

图 1-13 快捷菜单

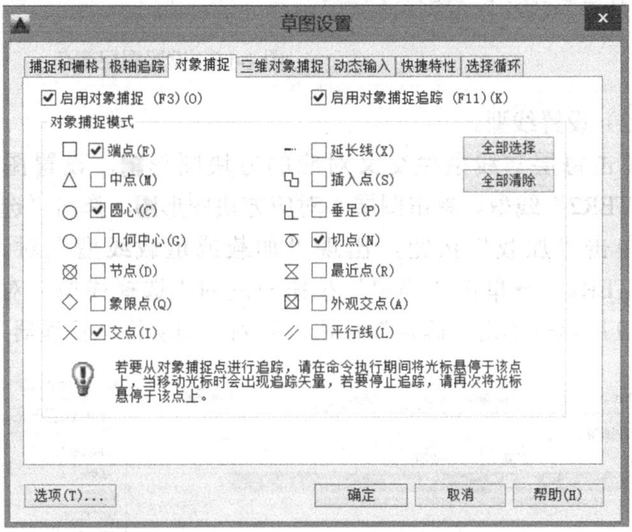

图 1-14 “草图设置”对话框

2. 设置图层。

单击图层面板中“图层特性管理器”图标，弹出“图层特性管理器”对话框→单击“新建图层”图标2 次，即建立了 2 个图层，如图 1-15 所示。

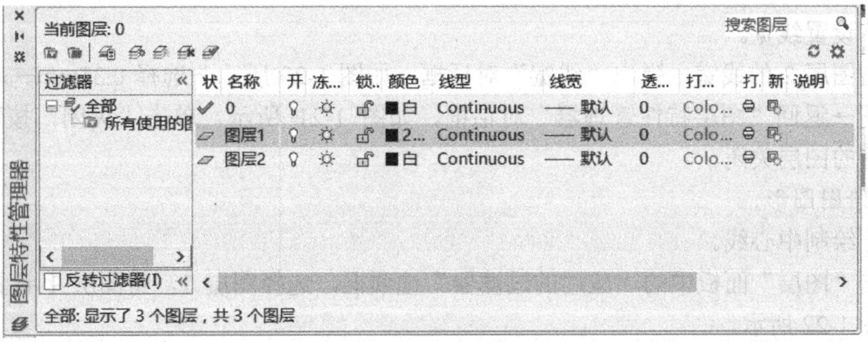

图 1-15 “图层特性管理器”对话框

（1）设置颜色。

单击每层与颜色栏交叉对应的方块图形■，可设置图层颜色，将图层 1 设置为“红”色，如图 1-16 所示。

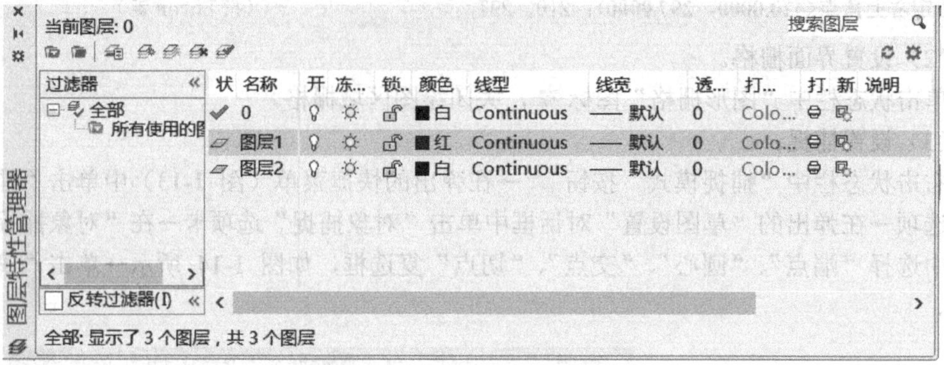

图 1-16　设置图层颜色

（2）设置线型。

单击每层与线型栏交叉对应的方块图形■，设置图层的线型，将图层 1 设置为“CENTER2”线型。单击图层 1 对应方块图形■，弹出“选择线型”对话框，如图 1-17 所示→单击“加载”按钮，出现“加载或重载线型”对话框，如图 1-18 所示→单击“CENTER2”→单击“确定”按钮→返回“选择线型”对话框→单击“CENTER2”，如图 1-19 所示→单击“确定”按钮，返回“图层特性管理器”对话框。

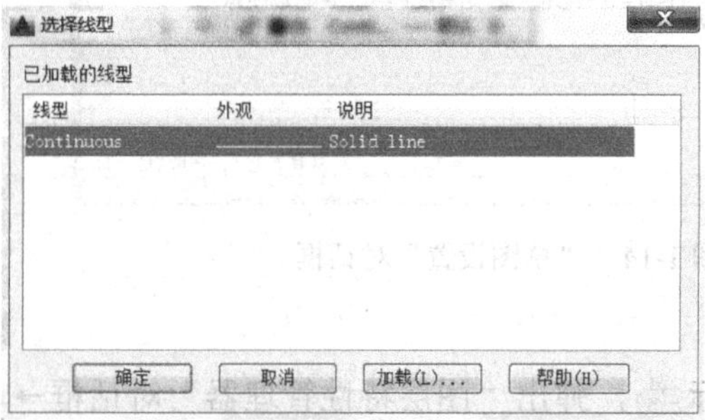

图 1-17　“选择线型”对话框

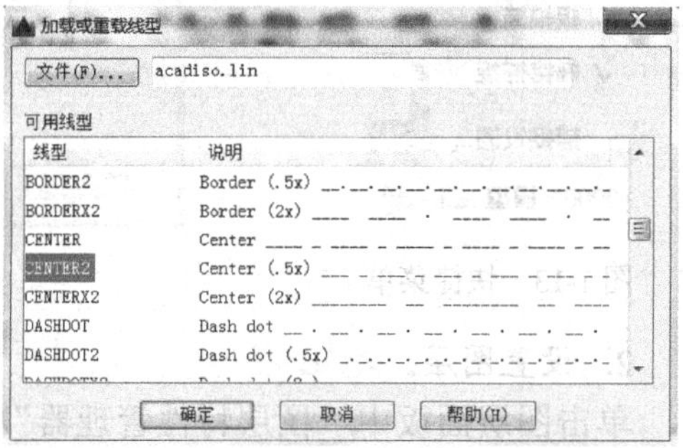

图 1-18　“加载或重载线型”对话框

（3）设置线宽。

单击图层 2 的线宽，弹出“线宽”对话框，如图 1-20 所示→选择 0.35mm→单击“确定”按钮→返回“图层特性管理器”对话框，如图 1-21 所示，单击“关闭”按钮 × ，将设置好的图层关闭。

3. 绘图图形。

（1）绘制中心线。

单击“图层”面板中的“应用的过滤器”选项框，选择图层 1，将图层 1 设置为当前层，如图 1-22 所示。

单击“绘图”面板中的“直线”图标／，则命令行及操作显示如下：

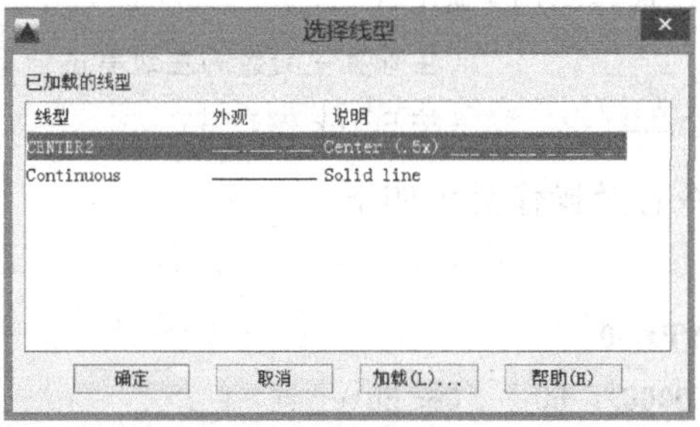

图 1-19 “选择线型”对话框

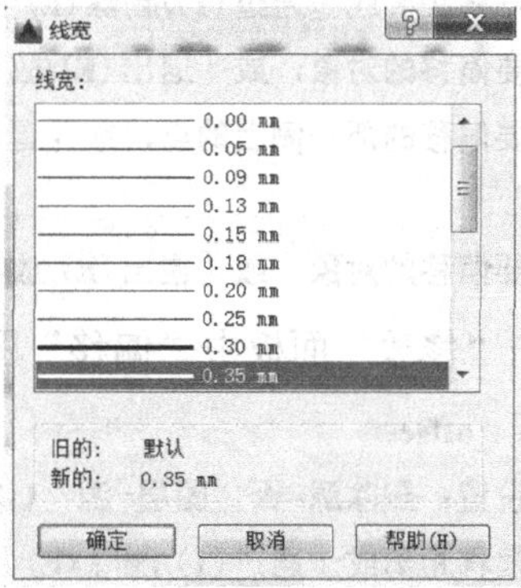

图 1-20 “线宽”对话框

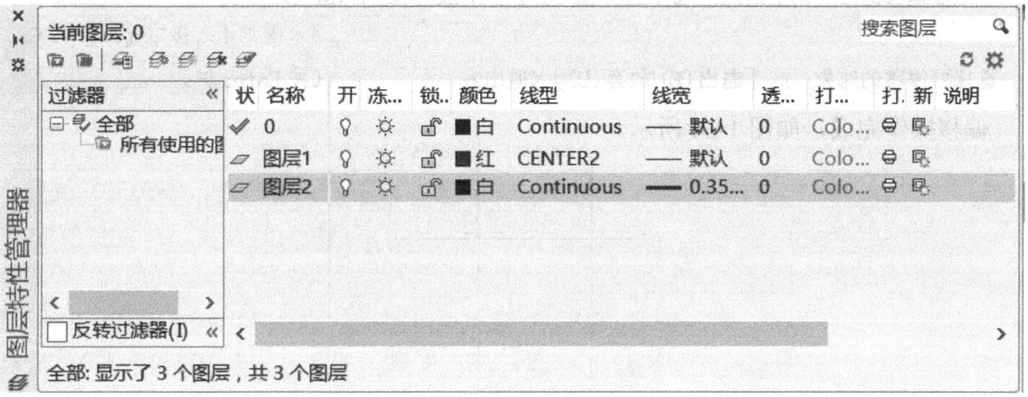

图 1-21 图层设置完成

命令：_line

指定第一个点：（单击绘图区域内偏上方任意一点，单击状态栏中的“正交”按钮）

指定下一点或［放弃(U)］：<正交开>（鼠标下移，合适的位置单击一下）

指定下一点或［放弃(U)］：（按 Enter 键）

用同样的方法画出一条水平线，如图 1-23 所示，画出了两条正交中心线。

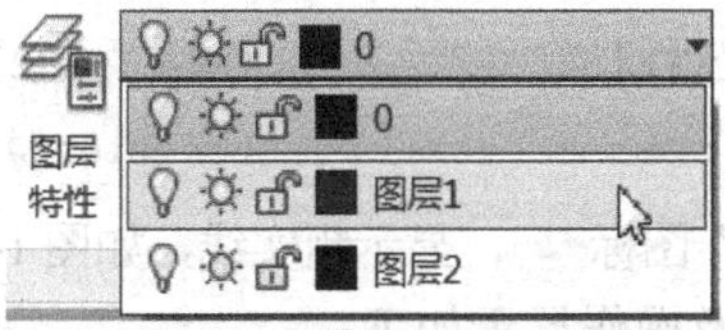

图 1-22 应用的过滤器

图 1-23 两条正交中心线

单击“修改”面板中“偏移”图标，命令行及操作显示如下：

命令：_offset

当前设置：删除源=否 图层=源 OFFSETGAPTYPE=0

指定偏移距离或［通过(T)/删除(E)/图层(L)］<1.0000>：75　　　（按 Enter 键）
选择要偏移的对象，或［退出(E)/放弃(U)］<退出>：　　　（单击垂直中心线）
指定要偏移的那一侧上的点，或［退出(E)/多个(M)/放弃(U)］<退出>：
（在垂直中心线的左边单击一下）
选择要偏移的对象，或［退出(E)/放弃(U)］<退出>：　　　（按 Enter 键）

单击“修改”面板中“偏移”图标，命令行及操作显示如下：

命令：_offset
当前设置：删除源=否　图层=源　OFFSETGAPTYPE=0
指定偏移距离或［通过(T)/删除(E)/图层(L)］<75.0000>：60　　　（按 Enter 键）
选择要偏移的对象，或［退出(E)/放弃(U)］<退出>：　　　（单击水平中心线）
指定要偏移的那一侧上的点，或［退出(E)/多个(M)/放弃(U)］<退出>：
（在水平中心线下面单击一下）
选择要偏移的对象，或［退出(E)/放弃(U)］<退出>：　　　（按 Enter 键）

偏移操作完成，如图 1-24 所示。

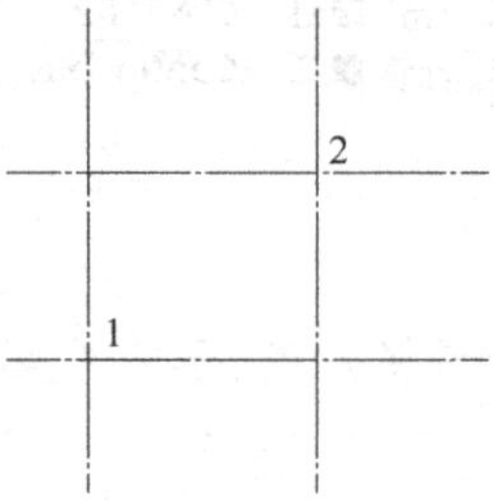

图 1-24　偏移中心线

（2）绘制圆。
将图层 2 设置为当前层。
单击“绘图”面板中“圆”图标，命令行及操作显示如下：

命令：_circle
指定圆的圆心或［三点(3P)/两点(2P)/切点、切点、半径(T)］：　　　（捕捉交点 1）
指定圆的半径或［直径(D)］：34　　　（按 Enter 键）

单击“绘图”面板中“圆”图标，命令行及操作显示如下：

命令：_circle
指定圆的圆心或［三点(3P)/两点(2P)/切点、切点、半径(T)］：　　　（捕捉交点 2）
指定圆的半径或［直径(D)］：45　　　（按 Enter 键）

绘制了 2 个圆，单击状态栏中“显示/隐藏线宽”图标，显示粗实线，如图 1-25 所示。
单击“绘图”面板中“圆”图标，命令行及操作显示如下：

命令：_circle
指定圆的圆心或［三点(3P)/两点(2P)/切点、切点、半径(T)］：t　　　（按 Enter 键）
指定对象与圆的第一个切点：　　　（在小圆 1 的右下方圆弧上单击一下）
指定对象与圆的第二个切点：　　　（在大圆 2 的左下方圆弧上单击一下）

指定圆的半径<45.0000>：45　　　　　　　　　　（按 Enter 键）

绘制相切圆，如图 1-26 所示。

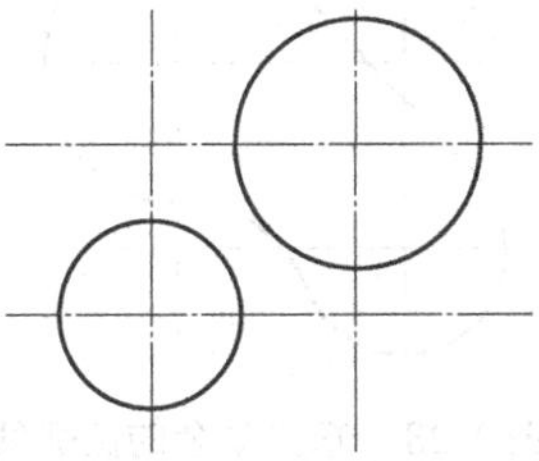

图 1-25　绘制两圆

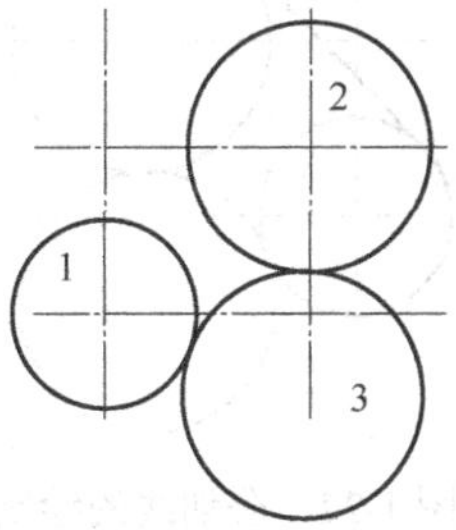

图 1-26　绘制相切圆

单击状态栏中的“正交”按钮，将正交模式关闭，单击“绘图”面板中的“直线”图标，命令行及操作显示如下：

命令：_line
指定第一个点：tan　　　　　　　　　　（按 Enter 键）
到　　　　　　　　　　（在圆 2 的左上方圆弧上单击一下）
指定下一点或［放弃(U)］：tan　　　　　　　　　　（按 Enter 键）
到　　　　　　　　　　（在圆 1 的左上方圆弧上单击一下）
指定下一点或［放弃(U)］：　　　　　　　　　　（按 Enter 键）

绘制出圆 1 与圆 2 的公切线，如图 1-27 所示。

说明：tan 是“圆切点捕捉”快捷键。

单击“修改”面板中“修剪”图标，命令行及操作显示如下：

命令：_trim
当前设置：投影=UCS，边=无
选择剪切边...
选择对象或<全部选择>：找到 1 个　　　　　　　　　　（单击圆 1）
选择对象：找到 1 个，总计 2 个　　　　　　　　　　（单击圆 2）
选择对象：找到 1 个，总计 3 个　　　　　　　　　　（单击圆 3）
选择对象：找到 1 个，总计 4 个　　　　　　　　　　（单击公切线）
选择对象：　　　　　　　　　　（右击）
选择要修剪的对象，或按住 Shift 键选择要延伸的对象，或
［栏选(F)/窗交(C)/投影(P)/边(E)/删除(R)/放弃(U)］：　　　　　　　　　　（单击圆 2 左下方圆弧）
选择要修剪的对象，或按住 Shift 键选择要延伸的对象，或
［栏选(F)/窗交(C)/投影(P)/边(E)/删除(R)/放弃(U)］：　　　　　　　　　　（单击圆 1 右上方圆弧）
选择要修剪的对象，或按住 Shift 键选择要延伸的对象，或
［栏选(F)/窗交(C)/投影(P)/边(E)/删除(R)/放弃(U)］：　　　　　　　　　　（单击圆 3 下方圆弧）
选择要修剪的对象，或按住 Shift 键选择要延伸的对象，或
［栏选(F)/窗交(C)/投影(P)/边(E)/删除(R)/放弃(U)］：　　　　　　　　　　（按 Enter 键）

裁剪多余圆弧线，完成六角扳手外形图的绘制，如图 1-28 所示。

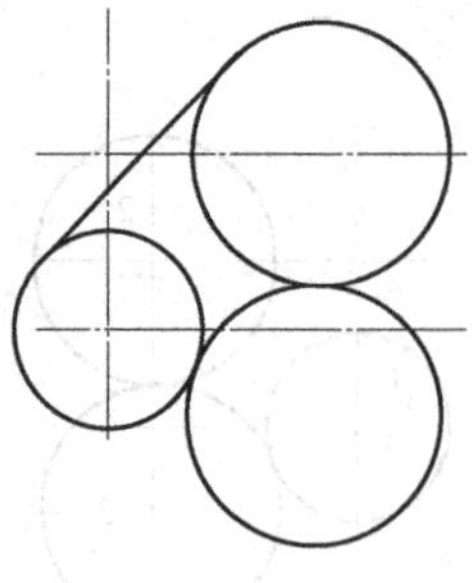

图 1-27　公切线的绘制

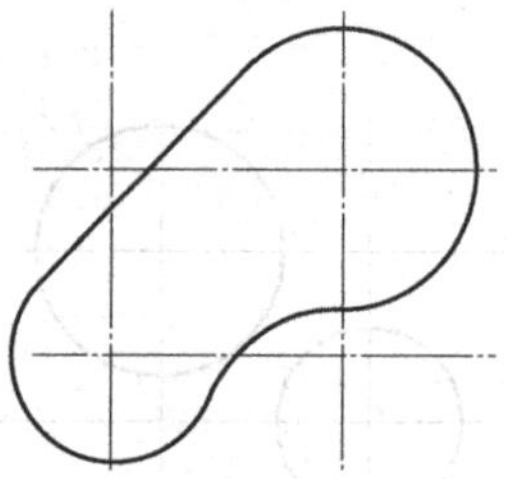

图 1-28　修剪多余的圆弧线

单击“绘图”面板中“矩形”图标下拉菜单，单击“多边形”图标，命令行及操作显示如下：

命令：_polygon 输入侧面数<4>：6	（按 Enter 键）
指定正多边形的中心点或［边(E)］：	（捕捉小圆的圆心）
输入选项：［内接于圆(I)/外切于圆(C)］<I>：c	（按 Enter 键）
指定圆的半径：17.5	（按 Enter 键）

单击“绘制”面板中“多边形”图标，命令行及操作显示如下：

命令：_polygon 输入侧面数<6>：	（按 Enter 键）
指定正多边形的中心点或［边(E)］：	（捕捉大圆的圆心）
输入选项：［内接于圆(I)/外切于圆(C)］<C>：	（按 Enter 键）
指定圆的半径：30	（按 Enter 键）

两个正六边形绘制完成，六角扳手平面图如图 1-29 所示。

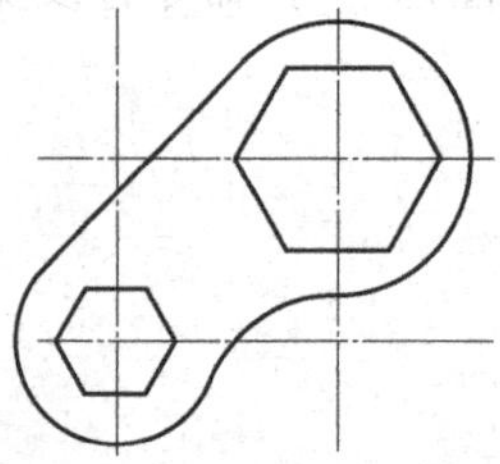

图 1-29　六角扳手平面图

实例 2　轴零件图的绘制

一、要点提示

根据图 2-1 所示，轴零件具有上下对称的图形特点，因此可先绘制一半的图形，再用“镜像”命令完成全图。

使用命令：直线、多段线、镜像、图案填充、标注等。

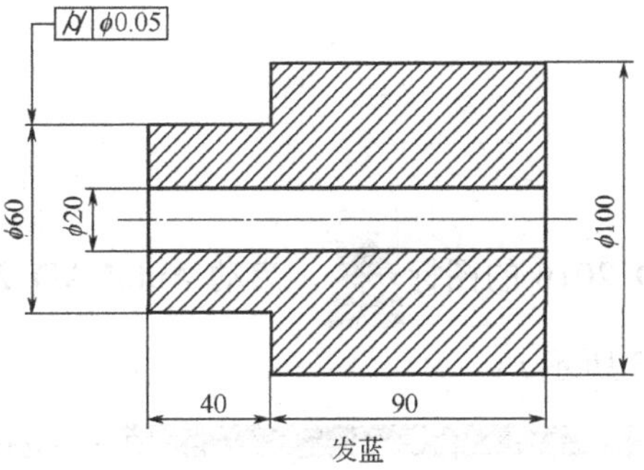

图 2-1　轴零件平面图

二、操作步骤

（一）绘图预设及流程（流程参见图 2-2 所示）

1．建立工作环境（图形界限，缩放，捕捉等）。
2．对象特性预定义（设置图层）。
3．绘图设计（绘制图形）。
4．剖面的图案填充。
5．尺寸、工程符号及文字的标注。

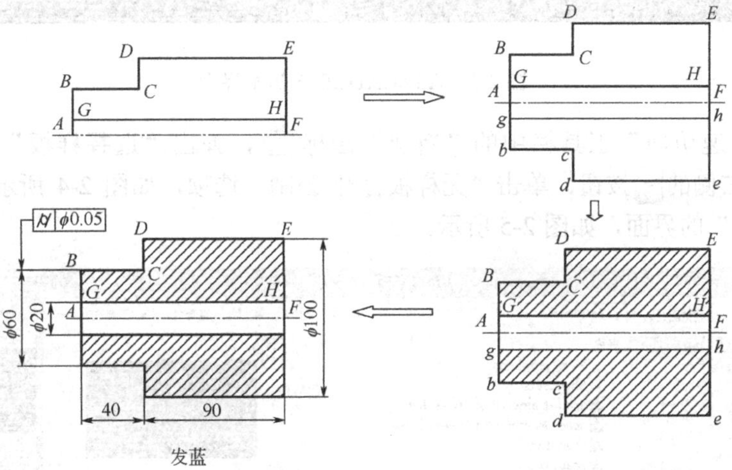

图 2-2　流程图

扫一扫：扫二维码，观看操作视频

（二）详细步骤

1. 建立工作环境。

双击桌面上 AutoCAD 2016 的图标，启动 AutoCAD 2016，进入 AutoCAD 2016 中文版初始界面，如图 2-3 所示。

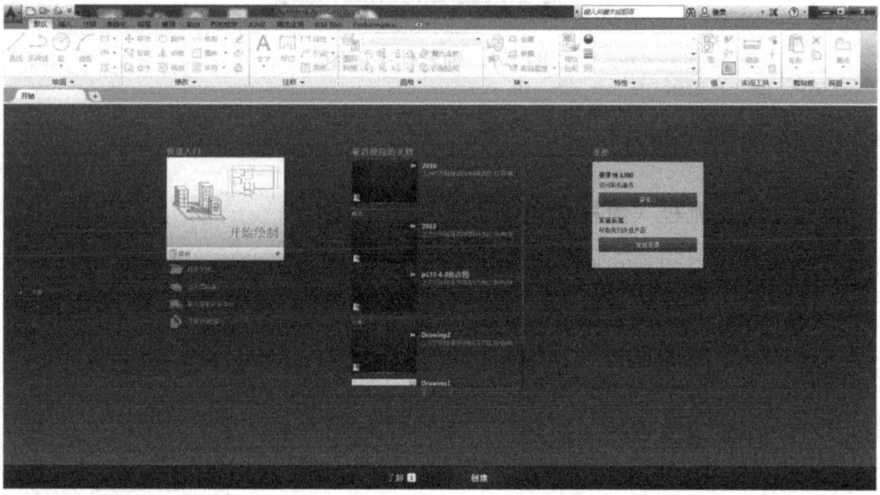

图 2-3　AutoCAD 2016 初始界面

单击“快速访问”工具栏中的“新建”图标，弹出“选择样板”对话框，单击“打开”按钮右侧的按钮，单击“无样板打开-公制”选项，如图 2-4 所示，即打开了一个“默认设置”的界面，如图 2-5 所示。

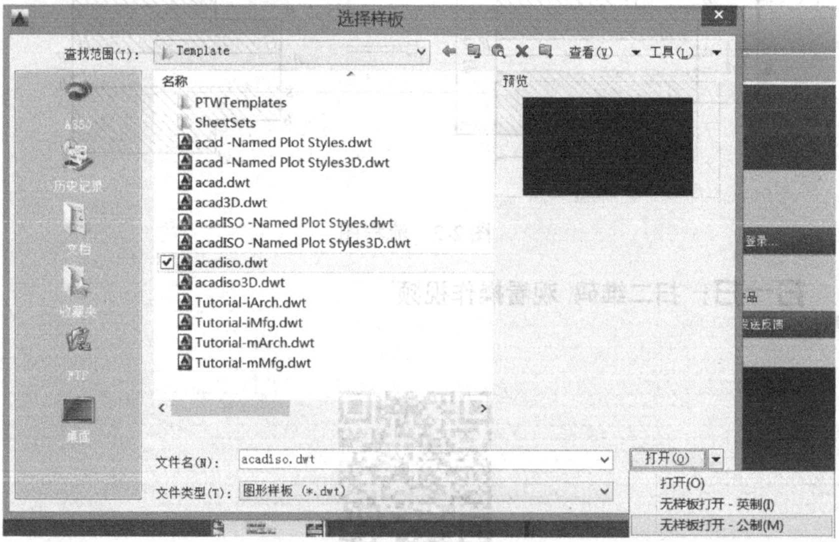

图 2-4　“选择样板”对话框

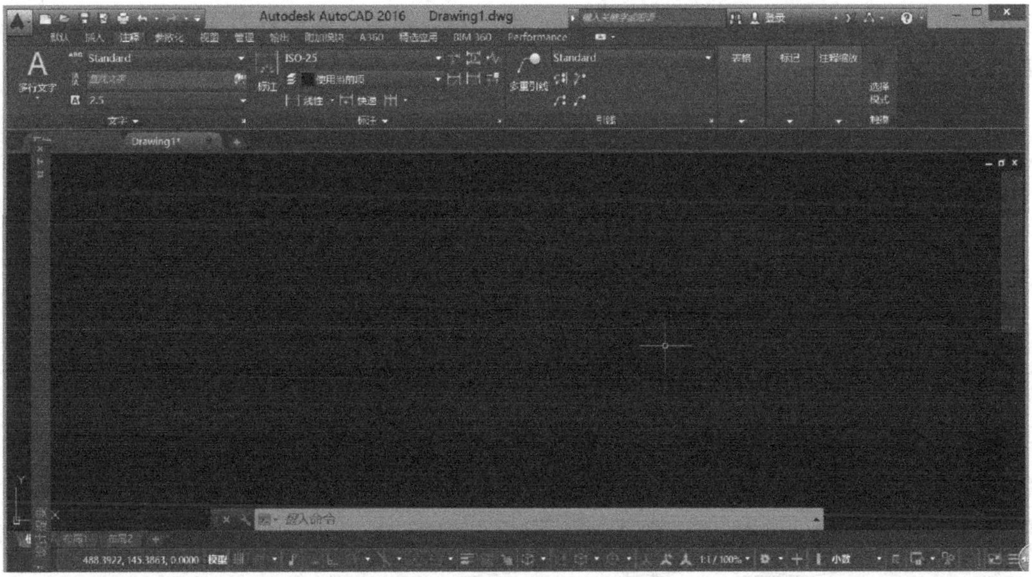

图 2-5 “默认设置”的界面

在绘图区域右击鼠标，弹出“快捷菜单”如图 2-6（a）所示→单击“选项”，弹出“选项”对话框，如图 2-6（b）所示→在“显示”选项卡中，将“窗口元素”的“配色方案”选为“明”→单击“颜色”按钮，弹出“图形窗口颜色”对话框→在“颜色”选项下拉框中选择“白”色，如图 2-7 所示，单击“应用并关闭”按钮，打开设置后的界面，如图 2-8 所示。

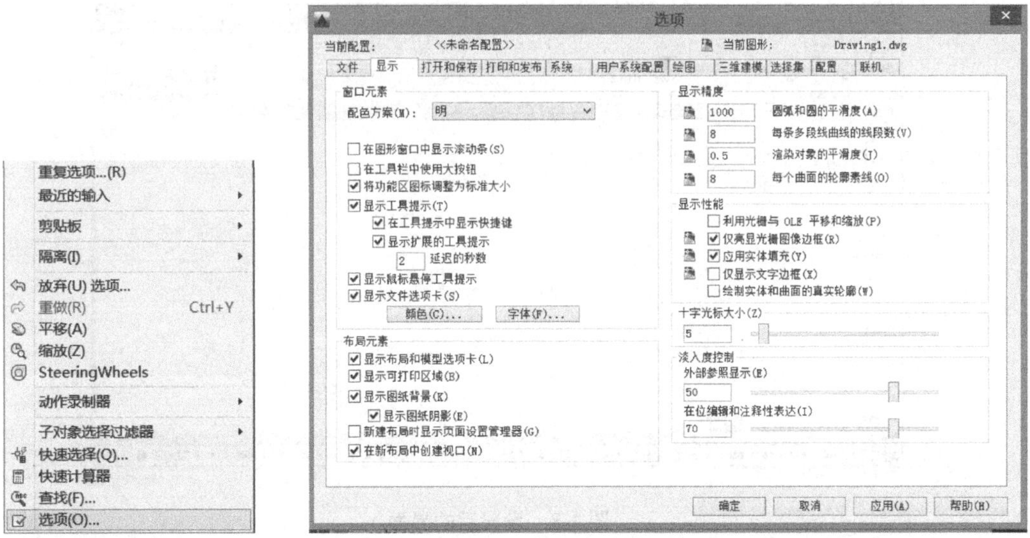

（a）快捷菜单　　　　（b）“选项”对话框

图 2-6　选项操作

（1）设置图形界限。

在命令栏中输入“LIMITS”，如图 2-9 所示，按 Enter 键，显示如图 2-10 所示，按

Enter 键，显示如图 2-11 所示，再按 Enter 键，命令结束，图形界限设定为长为 420mm，宽为 297mm 的矩形平面，即为默认设置。

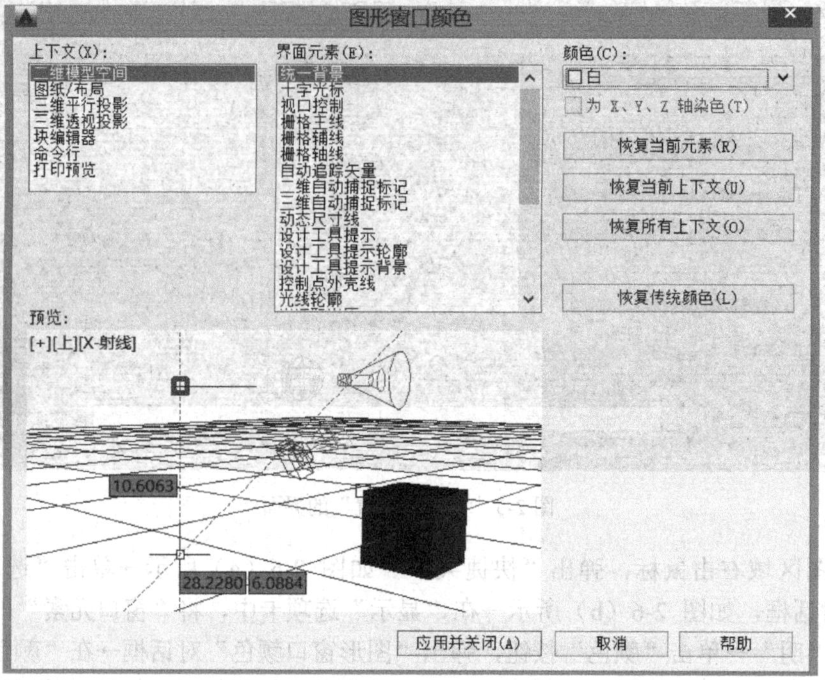

图 2-7 “图形窗口颜色”对话框

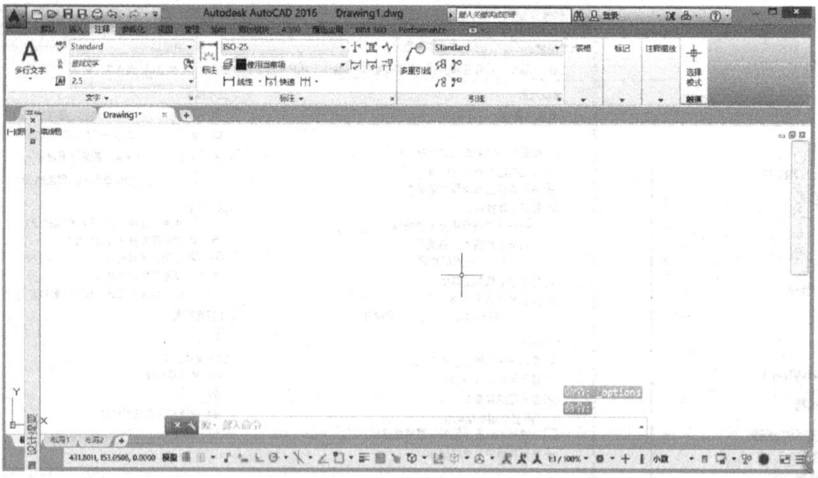

图 2-8 设置后的界面

图 2-9 图形界限 1

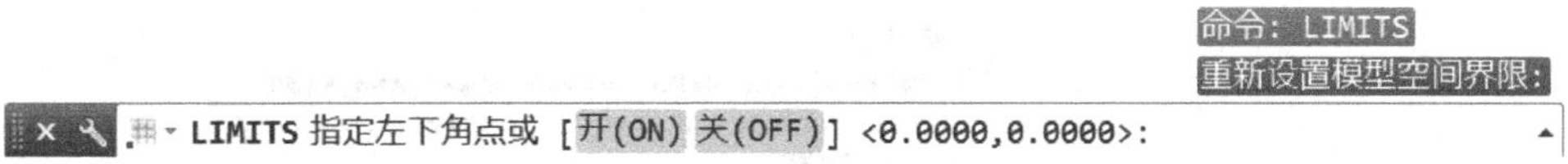

图 2-10　图形界限 2

图 2-11　图形界限 3

单击命令窗口右侧的“命令历史记录”按钮，显示如图 2-12 所示命令历史记录。

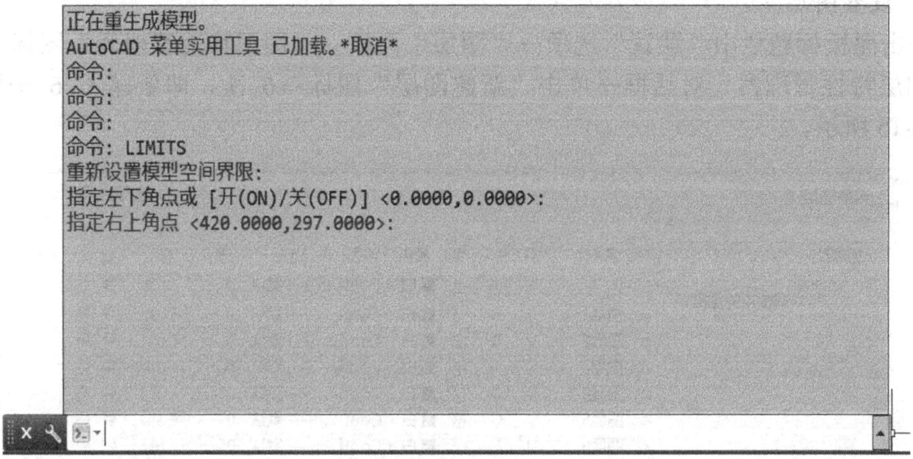

正在重生成模型。
AutoCAD 菜单实用工具 已加载。*取消*
命令：
命令：
命令：
命令：LIMITS
重新设置模型空间界限：
指定左下角点或 [开(ON)/关(OFF)] <0.0000,0.0000>:
指定右上角点 <420.0000,297.0000>:

图 2-12　命令历史记录

命令：LIMITS （按 Enter 键）
重新设置模型空间界限：
指定左下角点或[开(ON)/关(OFF)]<0.0000,0.0000>： （按 Enter 键）
指定右上角点<420.0000,297.0000>： （按 Enter 键）

（2）设置界面栅格。

单击状态栏中“显示图形栅格”图标，关闭绘图区域栅格。

（3）设置捕捉。

右击状态栏中“捕捉模式”按钮→在弹出的快捷菜单（图 2-13）中单击“捕捉设置”选项→在弹出的“草图设置”对话框中单击“对象捕捉”选项卡→在“对象捕捉”选项卡中选择“端点”、“圆心”、“交点”复选框，如图 2-14 所示→单击“确定”按钮。

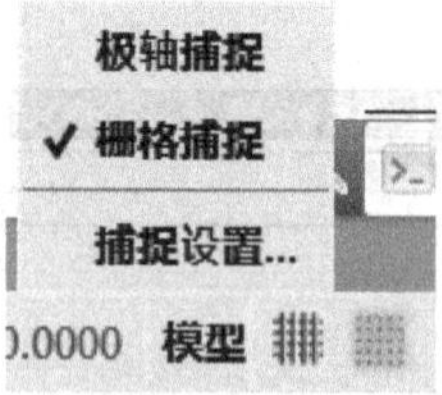

图 2-13　快捷菜单

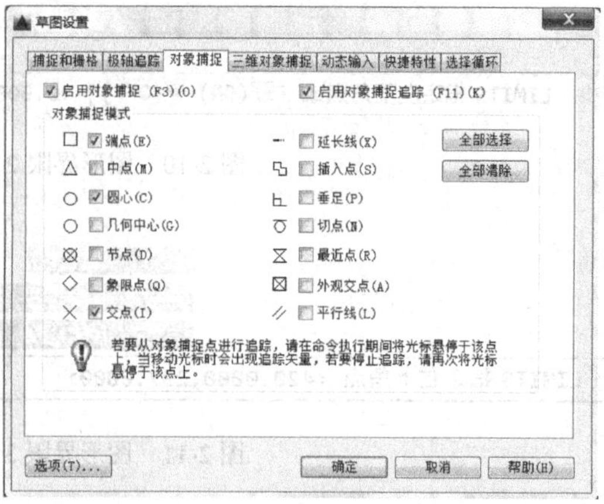

图 2-14　“草图设置”对话框

2. 设置图层。

单击面板标题栏中“默认”选项→“图层”面板→“图层特性管理器”图标，弹出“图层特性管理器”对话框→单击“新建图层”图标6 次，即新建了 6 个图层，如图 2-15 所示。

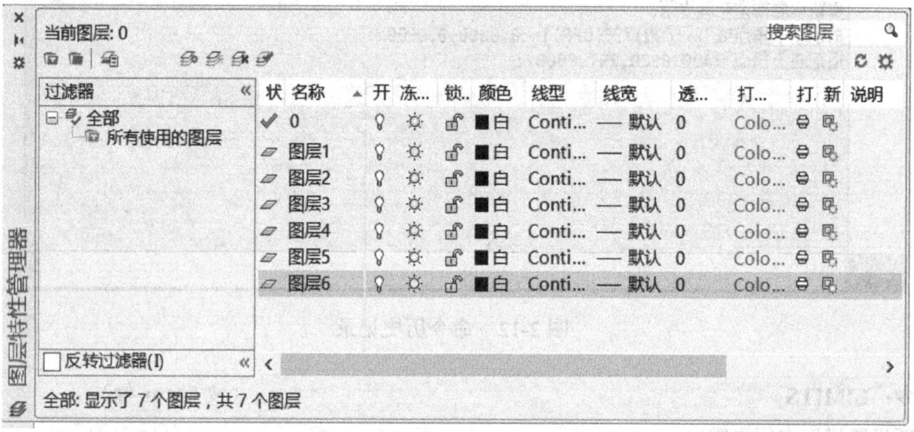

图 2-15　“图层特性管理器”对话框

（1）设置颜色。

单击每层与颜色栏交叉对应方块图形■，可设置图层颜色，将图层 1、2、3、4、5 分别设置为“红”、“黄”、“绿”、“洋红”、“蓝”色，如图 2-16 所示。

（2）设置线型。

单击每层与线型栏交叉对应方块图形■，设置图层的线型，将图层 1、2、3 别设置为“CENTER2”、“HIDDEN”、“PHANTOM”线型。单击图层 1 对应方块图形■，弹出“选择线型”对话框，如图 2-17 所示→单击“加载”按钮，出现“加载或重载线型”对话框，如图 2-18 所示→单击“CENTER2”→按下 Ctrl 键的同时，单击“HIDDEN”、“PHANTOM”线型选项→“确定”→返回“选择线型”对话框→单击“CENTER2”，如

图 2-19 所示→单击“确定”按钮，返回“图层特性管理器”对话框→单击图层 2 的线型，弹出“选择线型”对话框→单击“HIDDEN”→单击“确定”按钮。

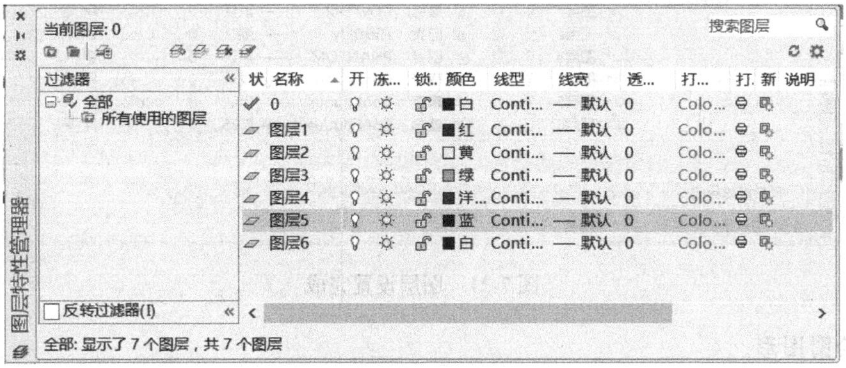

图 2-16 设置颜色

重复上述过程设置图层 3 的线型。

图 2-17 “选择线型”对话框

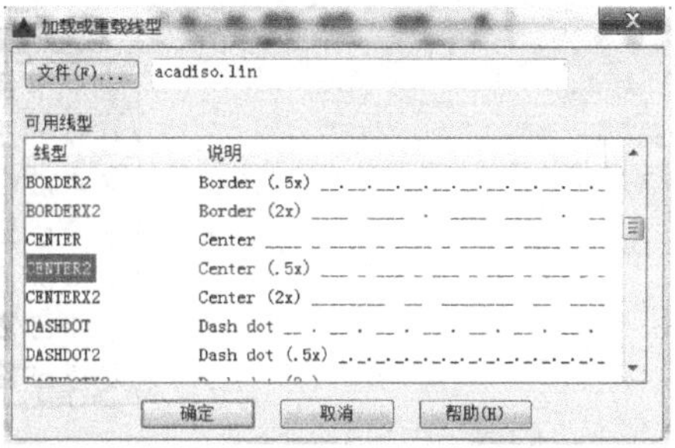

图 2-18 “加载或重载线型”对话框

（3）设置线宽。

单击图层 6 的线宽，弹出“线宽”对话框，如图 2-20 所示→选择 0.35mm→单击“确定”按钮→返回“图层特性管理器”对话框，如图 2-21 所示，单击“关闭”按钮 ×，将设置好的图层关闭。

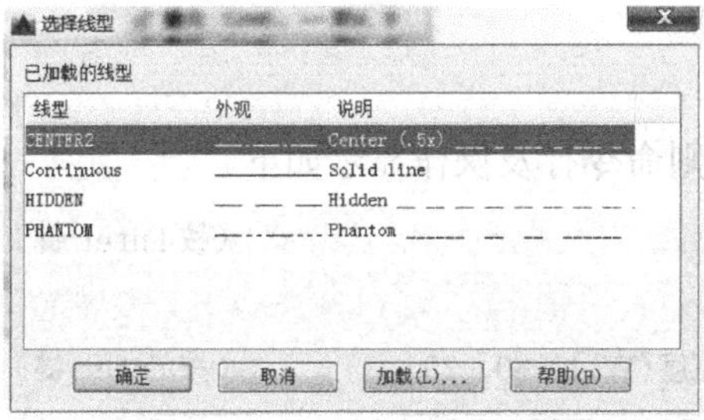

图 2-19 “选择线型”对话框

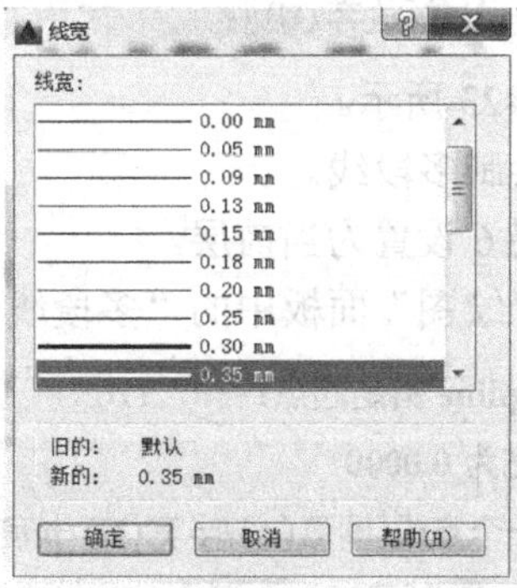

图 2-20 “线宽”对话框

图 2-21　图层设置完成

3. 绘图图形。

（1）绘制中心线。

单击“图层”面板中的“应用的过滤器”选项框，选择图层 1，将图层 1 设置为当前层，如图 2-22 所示。

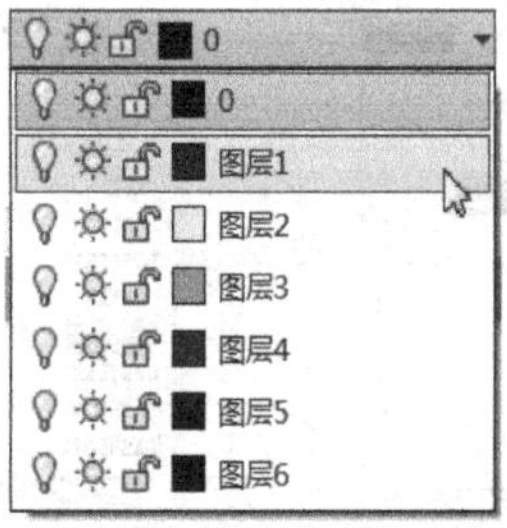

图 2-22　“图层”选项框

单击功能区的“默认”选项中“绘图”面板中“直线”图标，则命令行及操作显示如下。

命令：_line　指定第一个点：30，170　（按 Enter 键）
指定下一点或[放弃(U)]：@150，0　（按 Enter 键）
指定下一点或[放弃(U)]：　（按 Enter 键）

如图 2-23 所示。

（2）绘制多段线。

将图层 6 设置为当前层。

单击“绘图”面板中的“多段线”图标，则命令行及操作显示如下。

命令：_pline 指定起点：40，170　（按 Enter 键）
当前线宽为 0.0000
指定下一个点或[圆弧(A)/半宽(H)/长度(L)/放弃(U)/宽度(W)]：@0，30　（按 Enter 键）
指定下一点或[圆弧(A)/闭合(C)/半宽(H)/长度(L)/放弃(U)/宽度(W)]：@40，0　（按 Enter 键）
指定下一点或[圆弧(A)/闭合(C)/半宽(H)/长度(L)/放弃(U)/宽度(W)]：@0,20　（按 Enter 键）
指定下一点或[圆弧(A)/闭合(C)/半宽(H)/长度(L)/放弃(U)/宽度(W)]：@90,0　（按 Enter 键）

定下一点或[圆弧(A)/闭合(C)/半宽(H)/长度(L)/放弃(U)/宽度(W)]：@0,-50 （按 Enter 键）
指定下一点或[圆弧(A)/闭合(C)//半宽(H)/长度(L)/放弃(U)/宽度(W)]： （按 Enter 键）

单击“显示/隐藏线宽”图标，显示线宽，如图 2-24 所示。

图 2-23 画中心线

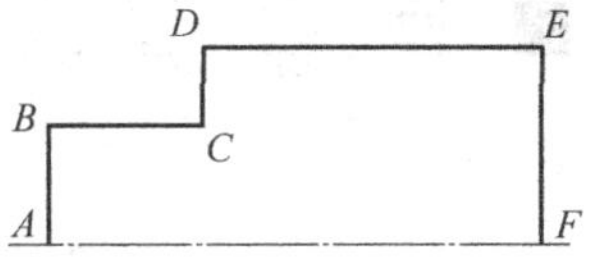

图 2-24 *ABCDEF* 多段线

（3）绘制 *GH* 线段。

单击“绘图”面板中的“直线”图标，则命令行及操作显示如下。

命令：_line
指定第一个点：40,180 （按 Enter 键）
指定下一点或[放弃(U)]：@130,0 （按 Enter 键）
指定下一点或[放弃(U)]： （按 Enter 键）

如图 2-25 所示。

（4）画中心线以下的图形。

单击“修改”面板中的“镜像”图标，则命令行及操作显示如下。

命令：_mirror
选择对象：找到 1 个 （单击 *ABCDEF* 多段线）
选择对象：找到 1 个，总计 2 个 （单击 *GH* 线段）
选择对象： （按 Enter 键）
指定镜像线的第一点： （捕捉 *A* 点）
指定镜像线的第二点： （捕捉 *F* 点）
是否删除源对象？[是(Y)/否(N)]<否>： （按 Enter 键）

如图 2-26 所示。

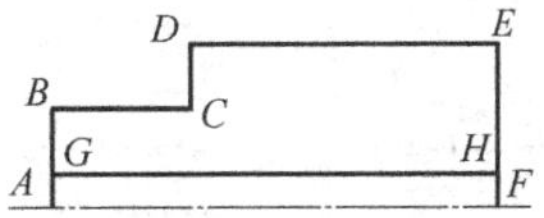

图 2-25 画 *GH* 线段

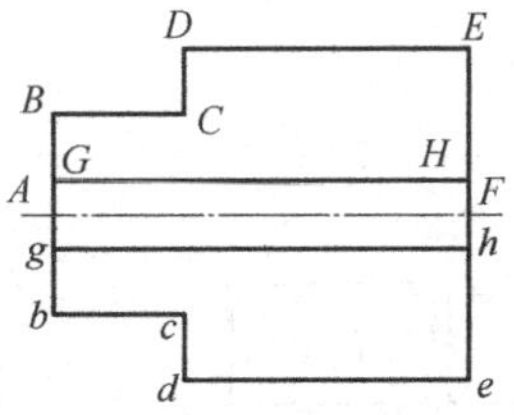

图 2-26 镜像结果

4. 剖面的图案填充。

设置图层 4 为当前层→单击“绘图”面板中“图案填充”图标，弹出“图案填充创建”选项框，如图 2-27 所示→单击“图案”面板中的“ANSI31”样例→单击

GBCDEHF 封闭区内一点和中心线以下对应的封闭区内一点→回车，如图 2-28 所示→单击“确认”，剖面线填充完成，如图 2-29 所示。

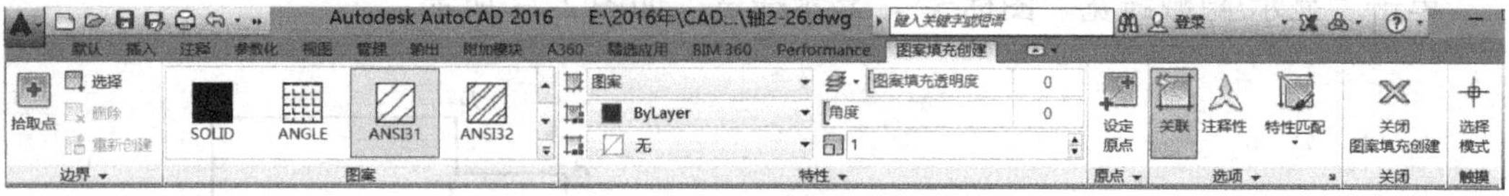

图 2-27 “图案填充创建”选项框

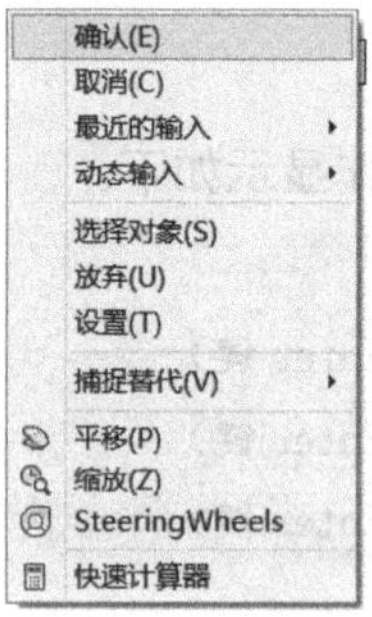

图 2-28 快捷菜单

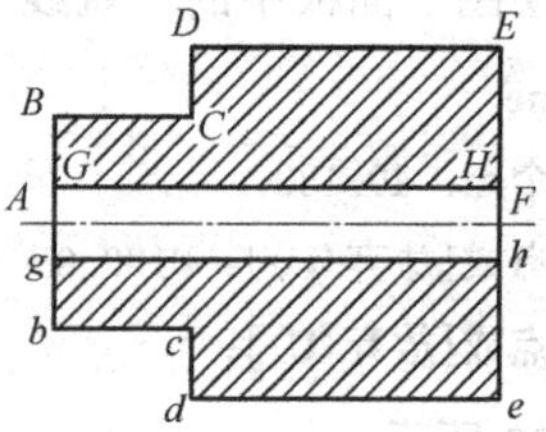

图 2-29 图案填充后图形

5. 尺寸、工程符号及文字的标注。

将图层 5 设置为当前层。

（1）设置文字样式。

在功能区中，单击“注释”→“文字样式”选项 Standard，弹出选项框，如图 2-30 所示→单击“管理文字样式…”，弹出“文字样式”对话框，如图 2-31 所示→单击“新建”按钮，弹出“新建文字样式”对话框，如图 2-32 所示→在样式名中采用默认：样式 1，单击“确定”按钮，回到“文字样式”对话框，→“字体”选择 isocp.shx，“高度”输入 5；“宽度因子”输入 0.7，如图 2-33 所示→单击“应用”按钮后→单击“关闭”按钮。

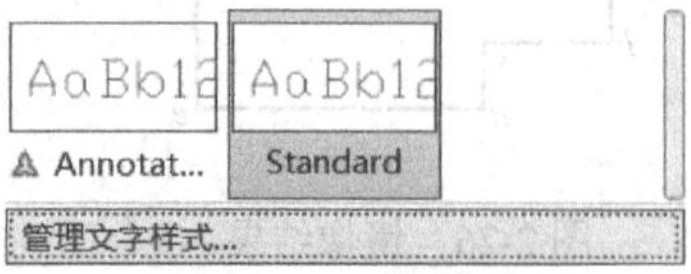

图 2-30 选项框

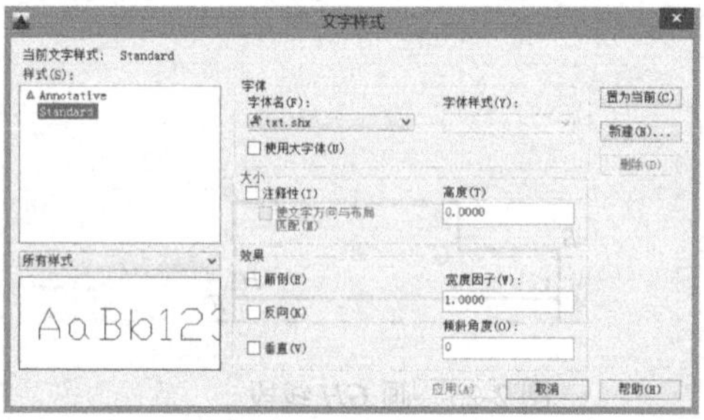

图 2-31 “文字样式”对话框

图 2-32　“新建文字样式”对话框

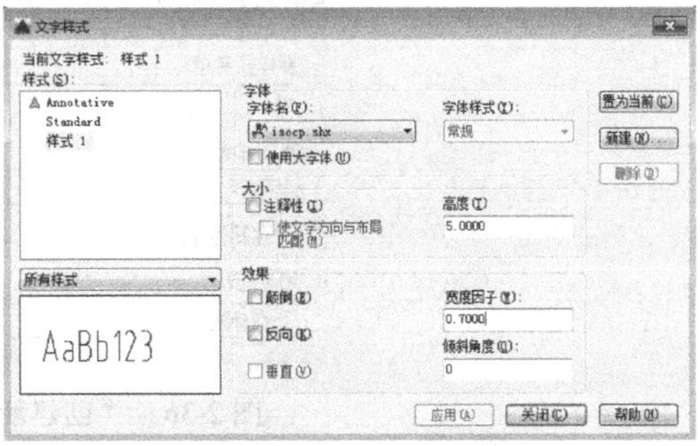

图 2-33　样式 1 的文字样式

（2）设置标注样式。

在功能区中，单击“注释”→“标注”功能区中的“管理标注样式...”，如图 2-34 所示，弹出“标注样式管理器”对话框，如图 2-35 所示→单击“新建”按钮，弹出“创建新标注样式”对话框，如图 2-36 所示。→新样式名输入 y1→单击“继续”按钮，弹出“新建标注样式”对话框，如图 2-37 所示。

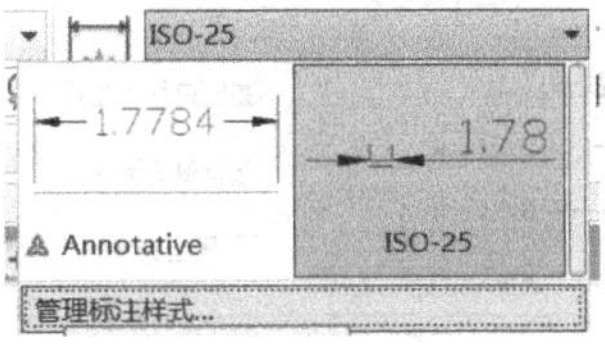

图 2-34　选项框

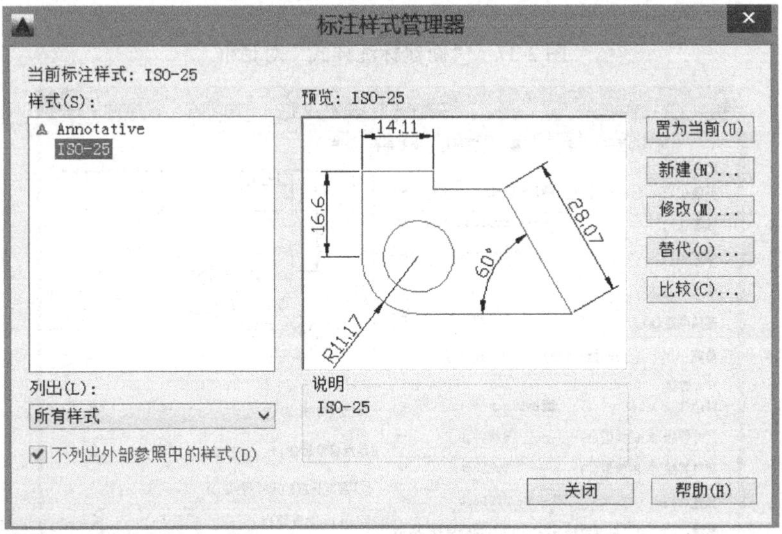

图 2-35　“标注样式管理器”对话框

● “线”选项卡中：“基线间距”中输入 7；“超出尺寸线”中输入 3；“起点偏移量”中输入 0，如图 2-38 所示。

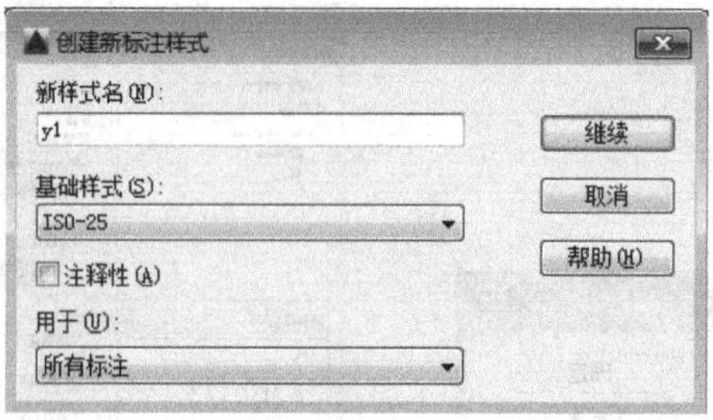

图 2-36 “创建新标注样式”对话框

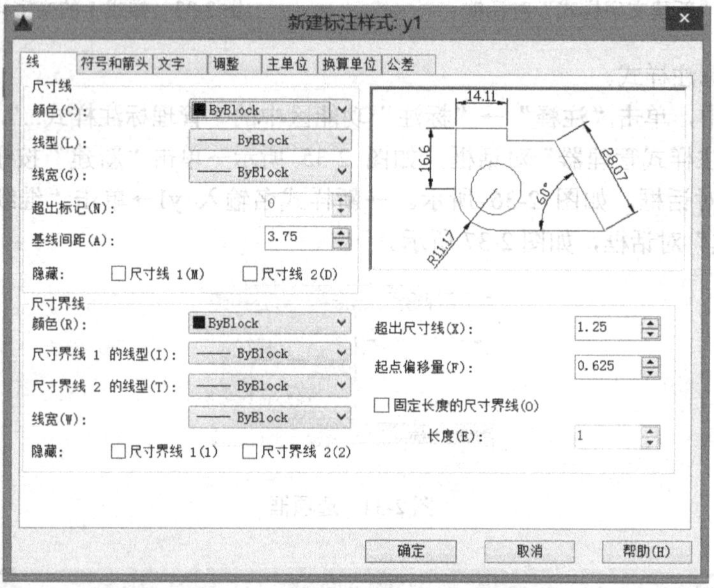

图 2-37 “新建标注样式”对话框

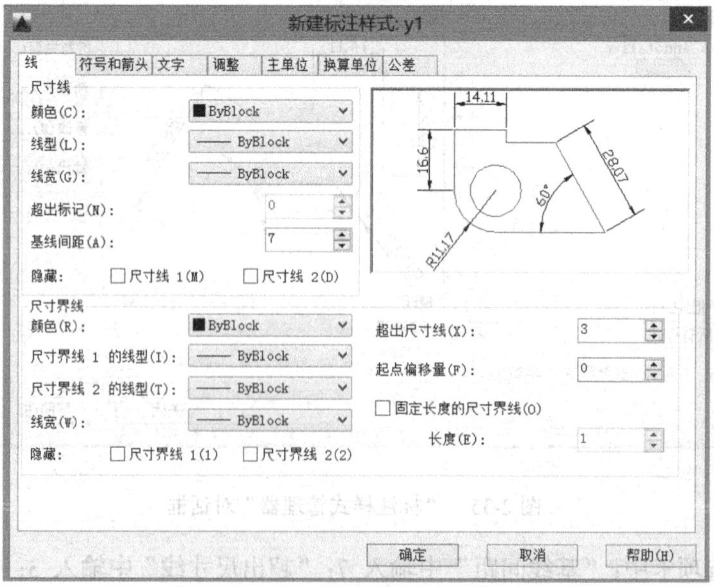

图 2-38 “线”选项卡

● “符号和箭头”选项卡中：“箭头大小”输入 5，如图 2-39 所示。

● “文字”选项卡中：“文字样式”选择“样式 1”；“从尺寸线偏移”输入 1，如图 2-40 所示。

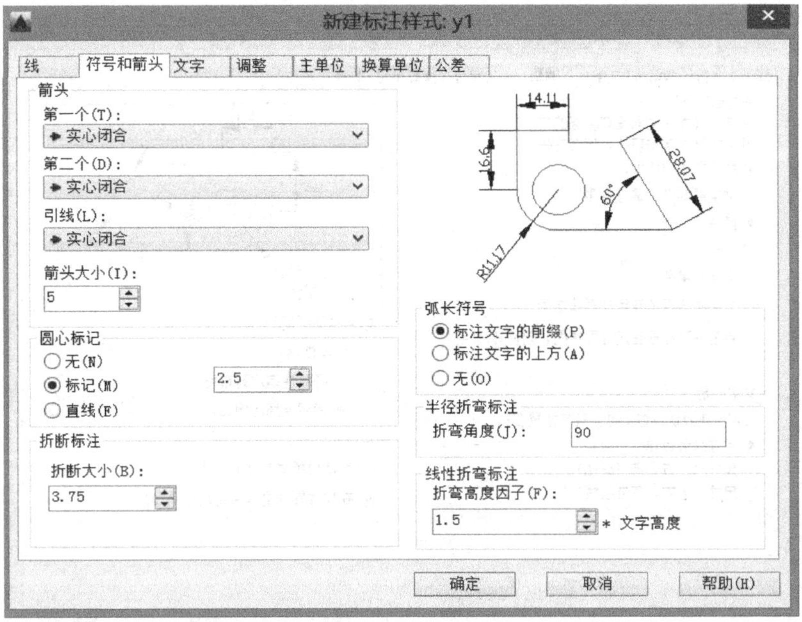

图 2-39　“符号和箭头”选项卡

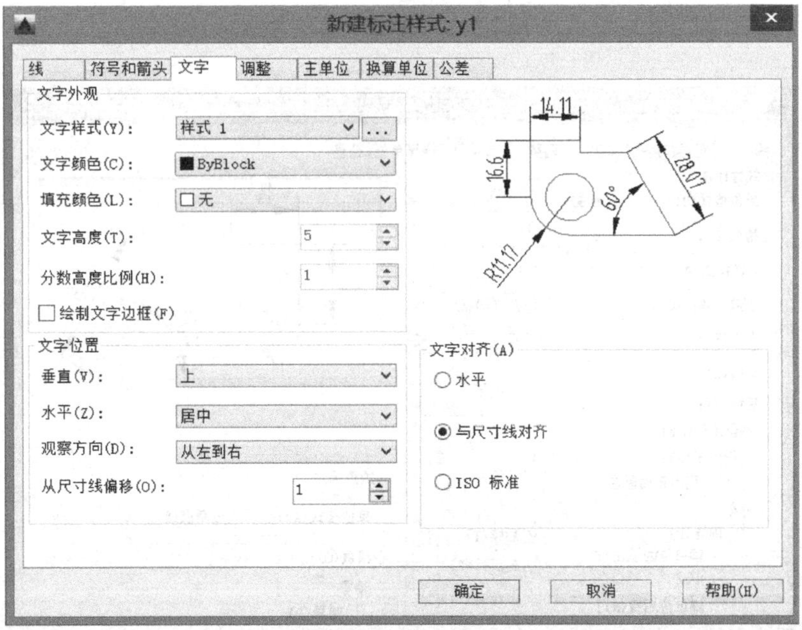

图 2-40　“文字”选项卡

● “调整”选项卡中：单击“箭头”单选框，如图 2-41 所示。

● “主单位”选项卡中：“精度”文本框中选“0”、“舍入”文本框中输入 0.005；“消零”复选框中选择“后续”，如图 2-42 所示。

单击“确定”按钮，返回“标注样式管理器”对话框，“样式”中选择 y1→单击“置为当前”按钮→单击“关闭”按钮。

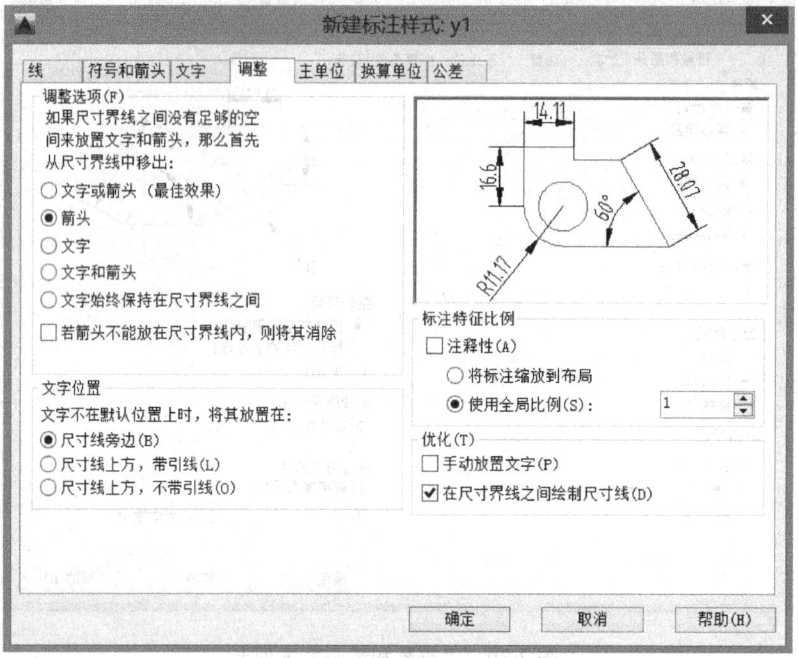

图 2-41 “调整”选项卡

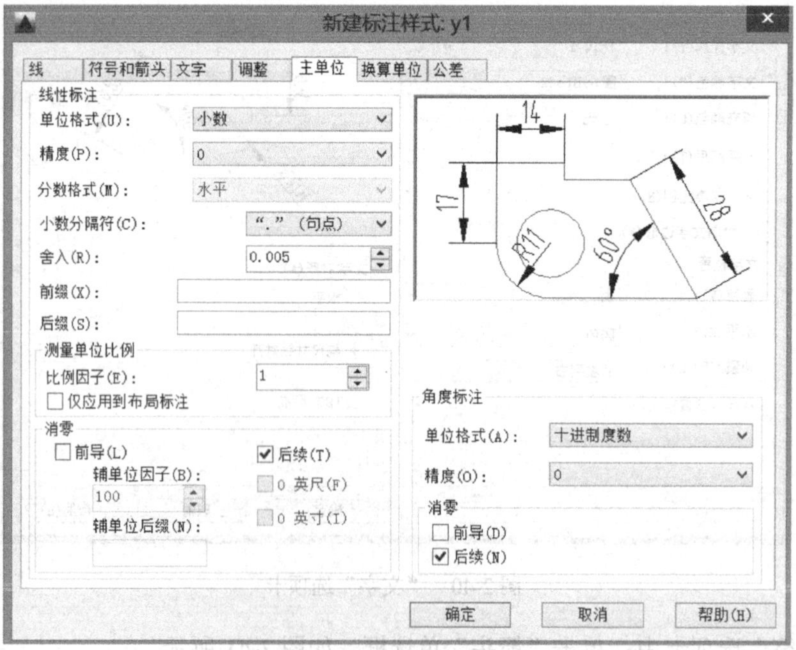

图 2-42 “主单位”选项卡

（3）标注轴向尺寸 40、90。

在面板标题栏中单击“默认”→选择“图层”面板中的“应用的过滤器”→单击图层 4 的“开/关图层”图标，将图层 4 关闭，图层 5 设置为当前层，如图 2-43 所示。

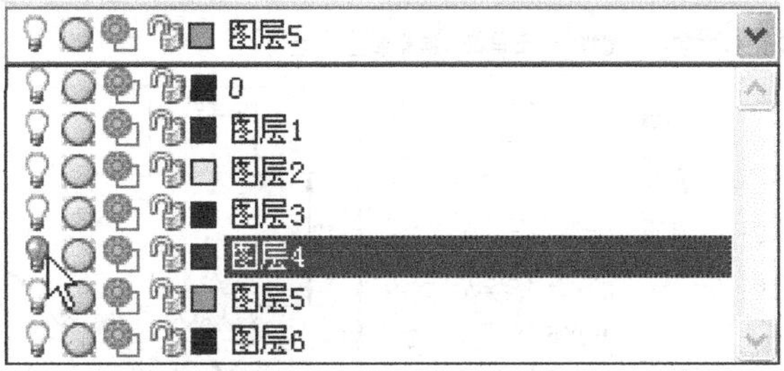

图 2-43　关闭图层 4

单击“注释”→“标注”→“线性”，则命令行及操作显示如下。

```
命令：_dimlinear
指定第一条尺寸界线原点或<选择对象>:                              （捕捉 b 点）
指定第二条尺寸界线原点:                                          （捕捉 d 点）
指定尺寸线位置或
[多行文字(M)/文字(T)/角度(A)/水平(H)/垂直(V)/旋转(R)]:           （在合适的位置单击一下）
标注文字 = 40
```

单击“注释”→“标注”→“连续”，则命令行及操作显示如下。

```
命令：_dimcontinue
指定第二条尺寸界线原点或[放弃(U)/选择(S)]<选择>:                 （捕捉 e 点）
标注文字 = 90
指定第二条尺寸界线原点或[放弃(U)/选择(S)]<选择>:                 （按 Enter 键）
```

轴向尺寸标注如图 2-44 所示。

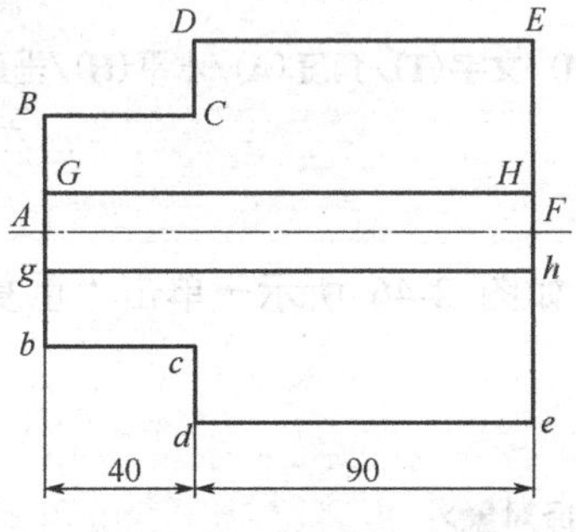

图 2-44　标注轴向尺寸

（4）标注径向尺寸。

单击“标注”面板中“标注样式”图标，弹出“标注样式管理器”对话框→单击“新建”按钮，弹出“创建新标注样式”对话框→在“新样式名”中输入：y2→单击“继续”按钮→选择“主单位”选项卡→在“前缀”文本框中输入：%%c，如图 2-45 所示→单击“确定”按钮→选择样式：y2→单击“置为当前”按钮→单击“关闭”按钮。

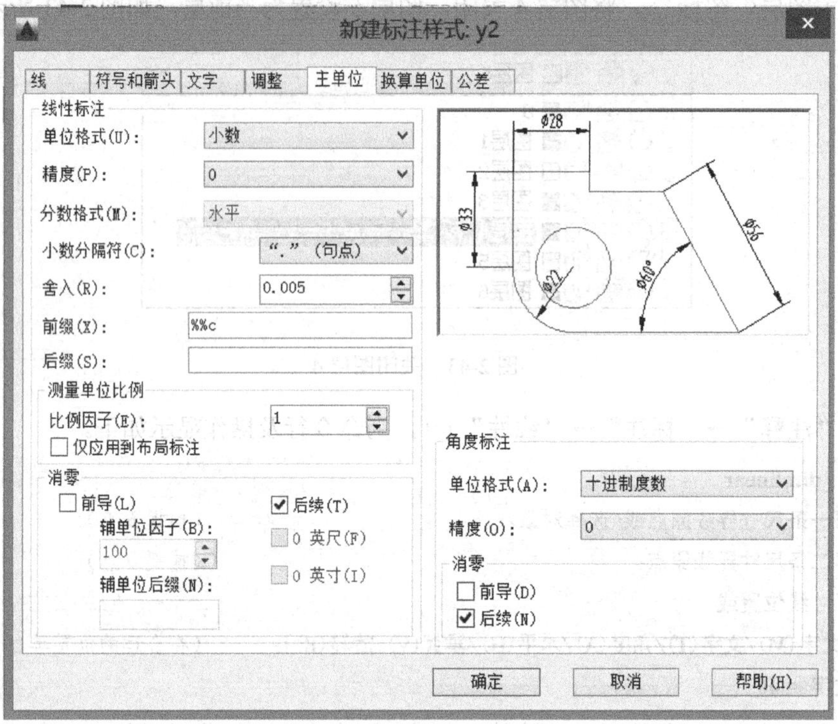

图 2-45 “新建标注样式：y2”对话框

单击“标注”工具栏中“线性标注”图标，则命令行及操作显示如下所述。

命令：DIMLINEAR
指定第一条尺寸界线原点或<选择对象>: （捕捉 *G* 点）
指定第二条尺寸界线原点: （捕捉 *g* 点）
指定尺寸线位置或[多行文字(M)/文字(T)/角度(A)/水平(H)/垂直(V)/旋转(R)]:
（在合适的位置单击一下）
标注文字 = 20

右击，弹出“快捷菜单”，如图 2-46 所示→单击“重复 DIMLINEAR(R)”，则命令行及操作显示如下所述。

命令：DIMLINEAR
指定第一条尺寸界线原点或<选择对象>: （捕捉 *B* 点）
指定第二条尺寸界线原点: （捕捉 *b* 点）
指定尺寸线位置或[多行文字(M)/文字(T)/角度(A)/水平(H)/垂直(V)/旋转(R)]:
（在合适的位置单击一下）
标注文字 = 60

右击，弹出“快捷菜单”→单击“重复 DIMLINEAR(R)”，则命令行及操作显示如下所述。

命令：DIMLINEAR
指定第一条尺寸界线原点或<选择对象>：　　（捕捉 *E* 点）
指定第二条尺寸界线原点：　　（捕捉 *e* 点）
指定尺寸线位置或[多行文字(M)/文字(T)/角度(A)/水平(H)/垂直(V)/旋转(R)]：
　　（在合适的位置单击一下）
标注文字 = 100

径向尺寸标注如图 2-47 所示。

图 2-46　“快捷菜单”

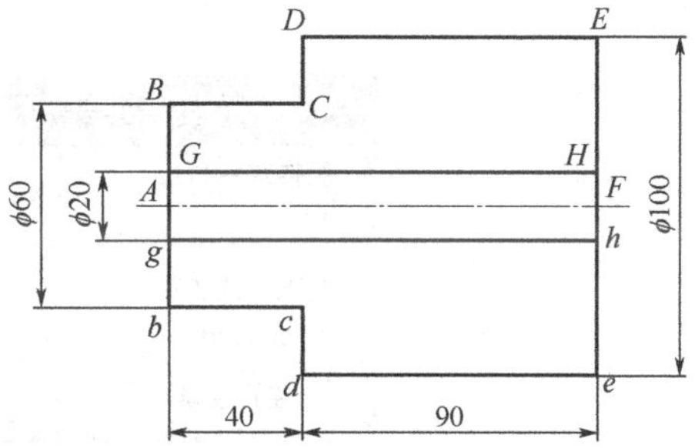

图 2-47　径向尺寸标注

（5）标注几何公差。

单击“注释”选项→“引线”面板右下角，弹出“多重引线样式管理器”对话框，如图 2-48 所示→单击“新建”按钮，弹出“创建新多重引线样式”对话框→在“新样式名”中输入 y1，如图 2-49 所示→单击“继续”按钮，弹出“修改多重引线样式：y1”对话框→单击“引线格式”选项卡，在“箭头—大小”框中输入 5，如图 2-50 所示→单击“引线结构”选项卡，在“最大引线点数”框中输入 3，如图 2-51 所示→单击“确定”按钮，回到“多重引线样式管理器”对话框→单击“样式”框中的 y1→单击“置为当前”按钮→单击“关闭”按钮，即将 y1 样式置为当前。

单击“状态栏”中“正交”按钮，启用正交模式。

单击“注释”选项→“引线”面板→“引线”图标，则命令行及操作显示如下。

命令：_mleader
指定引线基线的位置或[引线箭头优先(H)/内容优先(C)/选项(O)]<选项>：
　　（捕捉 ϕ60 尺寸线的上面箭头端点）
指定下一点：　　（鼠标向上，在合适的位置单击一下）
指定引线箭头的位置：　　（鼠标向右，在合适的位置单击一下）

再单击一下，引线命令结束，绘制出一条引线。

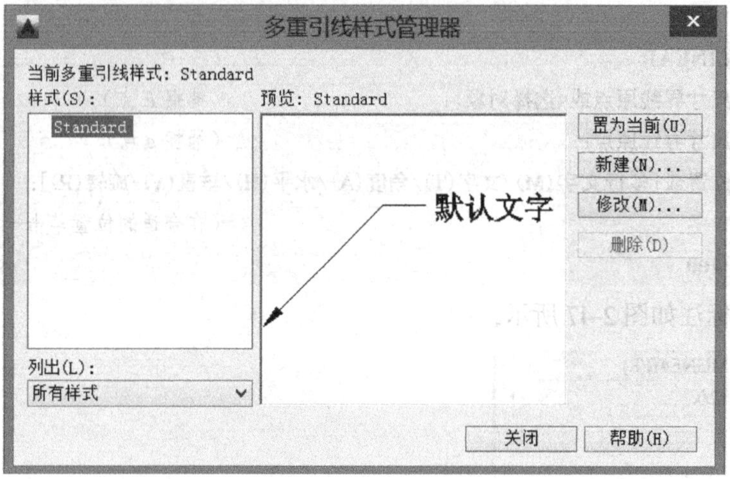

图 2-48 “多重引线样式管理器”对话框

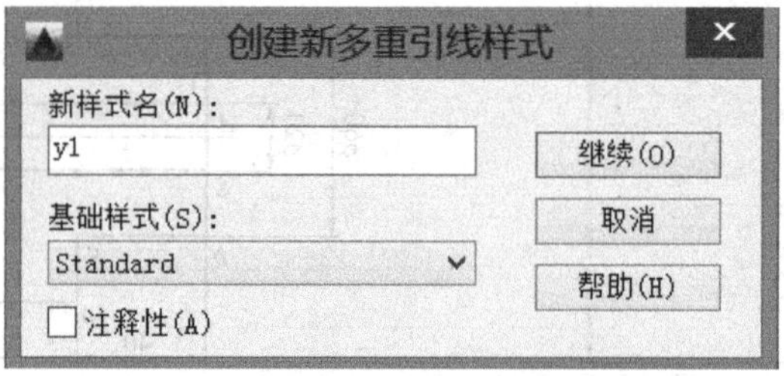

图 2-49 “创建新多重引线样式”对话框

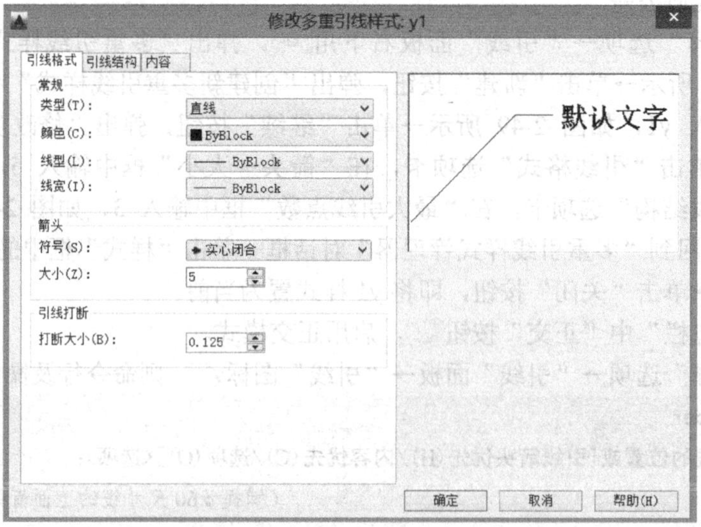

图 2-50 “引线格式”选项卡

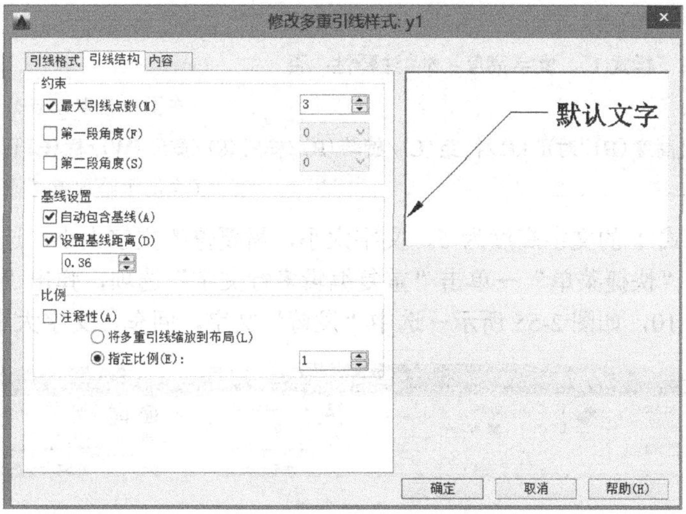

图 2-51 “引线结构”选项卡

单击“注释”选项→单击“标注”面板中“标注”下拉图标 标注 ▾ →单击“公差”图标，弹出“形位公差”对话框，如图 2-52 所示→单击“符号”框，弹出“特征符号”对话框，如图 2-53 所示→选择圆柱度符号→单击“公差 1”左边黑框，在中间框中输入 0.05→单击“确定”按钮→捕捉快速引线的右端点，结果如图 2-54 所示。

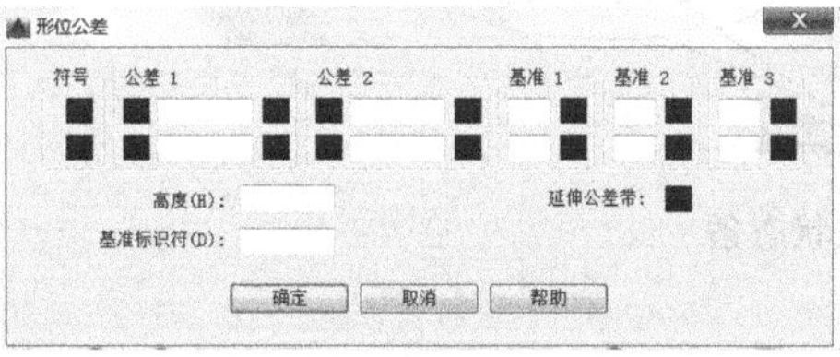

图 2-52 “形位公差”对话框

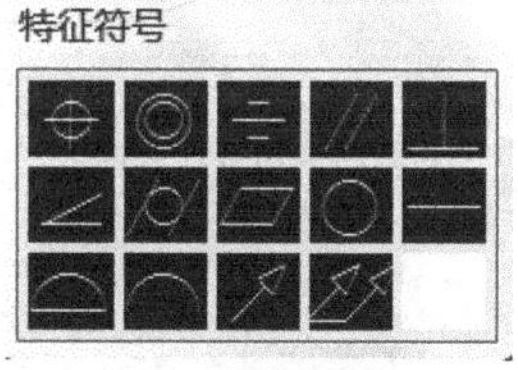

图 2-53 “特征符号”对话框

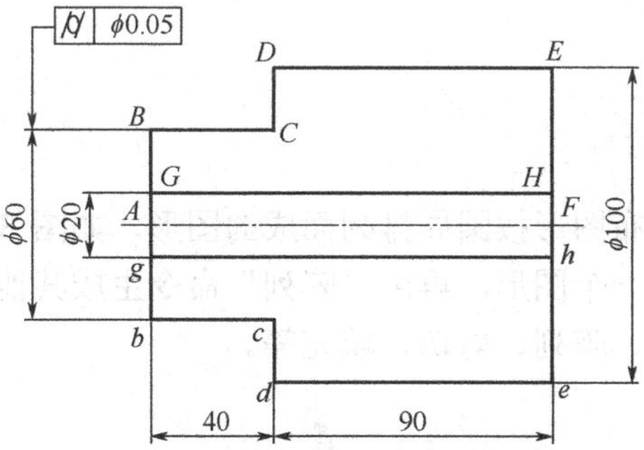

图 2-54 形位公差标注结果

（6）文字标注。

单击“文字”面板中“多行文字”图标 A，弹出下拉菜单选择多行文字，则命令行及操作显示如下所述。

命令：_mtext
当前文字样式："样式 1"　文字高度：5　注释性：否
指定第一角点：　（在图中拾取 1 点）
指定对角点或[高度(H)/对正(J)/行距(L)/旋转(R)/样式(S)/宽度(W)/栏(C)]：
（在图中拾取第 2 点）

因为文字样式 1 的文字高度为 5，文字太小，需要修改文字大小，选择“发蓝”两文字，右击，弹出“快捷菜单”→单击“重复编辑多行文字”选项，弹出“文字编辑器”→文字高度中输入 10，如图 2-55 所示→选中“发蓝”文字，回车，文字大小修改完成。

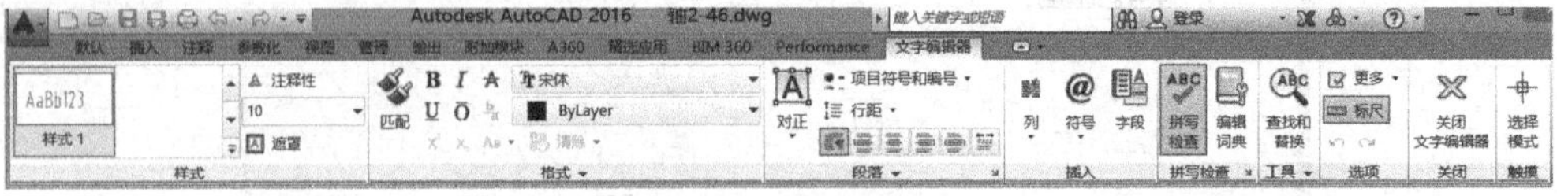

图 2-55　文字编辑器

显示图层 4，完成整个轴零件图，如图 2-1 所示。

注意：1. 分别以绝对坐标、相对坐标的方式输入点绘制直线。
2. 命令窗口中输入数字和符号时，应该是“英文”或状态，如图 2-56 所示。

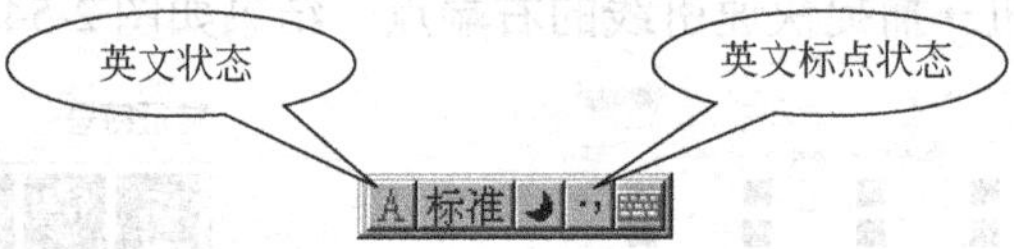

图 2-56 输入法状态条

实例 3　五角星的绘制

一、要点提示

五角星是由相同的均布图形按圆周排列而成的图形，如图 3-1 所示，根据这一图形特点，先绘制出均布结构的一个图形，再用“阵列”命令生成其他图形。

使用命令：圆、直线、阵列、剪切、填充等。

图 3-1　五角星

二、操作步骤

（一）绘图预设及流程（流程参见图 3-2 所示）

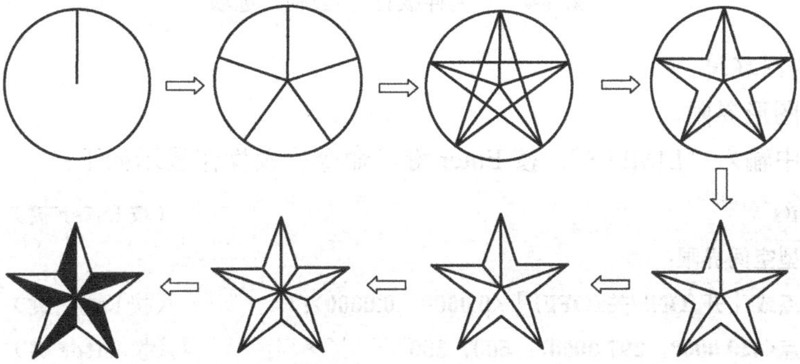

图 3-2　流程图

扫一扫： 扫二维码，观看操作视频

（二）详细步骤

双击桌面上 AutoCAD 2016 图标，启动 AutoCAD 2016，进入 AutoCAD 2016 中文版初始界面→单击快速访问工具栏中的“新建”图标，弹出“选择样板”对话框，如图 3-3 所示→单击“打开”按钮右侧→单击“无样板打开-公制”选项，如图 3-4 所示，即打开了一个“默认设置”的界面。

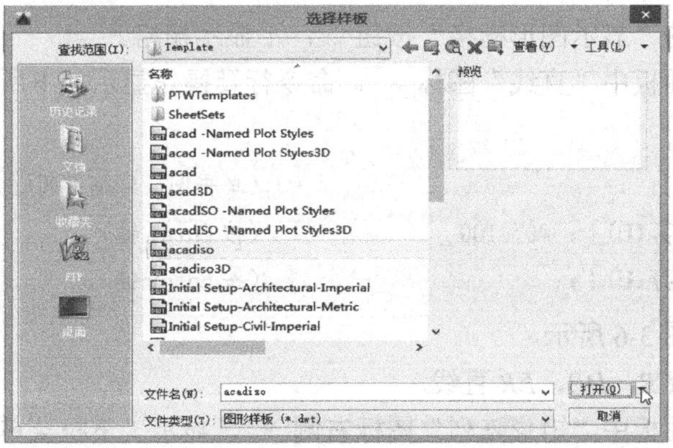

图 3-3“选择样板”对话框

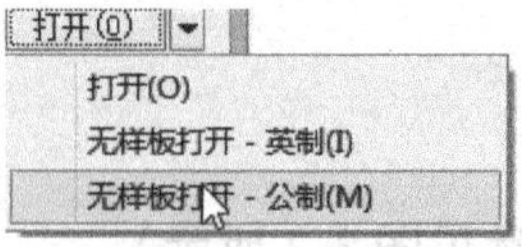

图 3-4 “无样板打开-公制”选项

1. 设置绘图环境。

（1）设置图形界限。

在命令栏中输入“LIMITS”，按 Enter 键，命令行及操作显示如下：

命令：'_limits （按 Enter 键）
重新设置模型空间界限：
指定左下角点或［开(ON)/关(OFF)］<0.0000，0.0000>： （按 Enter 键）
指定右上角点<420.0000，297.0000>：500，350 （按 Enter 键）

图形界限设定为长为 500mm，宽为 350mm 的矩形平面。

（2）设置捕捉。

右击状态栏中“捕捉模式”按钮→在弹出的快捷菜单中单击“捕捉设置”选项→在弹出的“草图设置”对话框中单击“对象捕捉”选项卡→在“对象捕捉”选项卡中选择“端点”、“圆心”、“交点”复选框→单击“确定”按钮。

2. 设置图层。

单击图层面板中“图层特性管理器”图标，弹出“图层特性管理器”对话框→新建 1 个图层，将图层 1 的颜色设置为红色→单击“确定”按钮。

3. 绘制图形。

（1）绘圆。

单击“绘图”面板中“圆”图标，命令行及操作显示如下：

命令：_circle
指定圆的圆心或［三点(3P)/两点(2P)/切点、切点、半径(T)］：250，150 （按 Enter 键）
指定圆的半径或［直径(D)］：100 （按 Enter 键）

绘制了一个圆心坐标为（250，150），半径为 100 的圆，如图 3-5 所示。

（2）绘制 *AR* 直线。

单击状态栏中的“显示图形栅格”按钮，不显示栅格。

单击“绘图”面板中“直线”图标，命令行及操作显示如下所述：

命令：_line
指定第一个点： （单击圆，即捕捉圆心）
指定下一点或［放弃(U)］：@0，100 （按 Enter 键）
指定下一点或［放弃(U)］： （按 Enter 键）

绘制的直线如图 3-6 所示。

（3）绘制 *BR*，*CR*，*DR*，*ER* 直线。

单击“修改”面板中“矩形阵列”图标右侧 ▾ ，显示“下拉菜单”，如图 3-7 所示→单击“环形阵列”，命令行及操作显示如下：

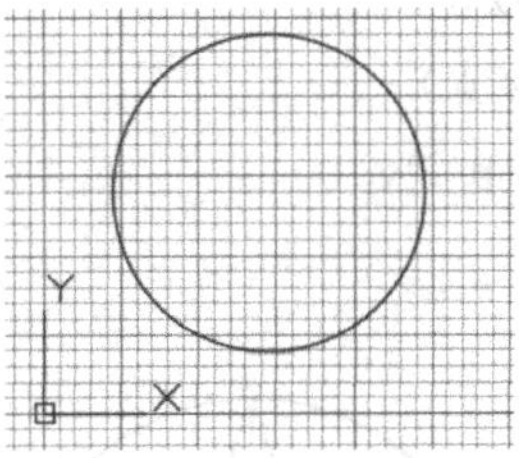

图 3-5　绘圆

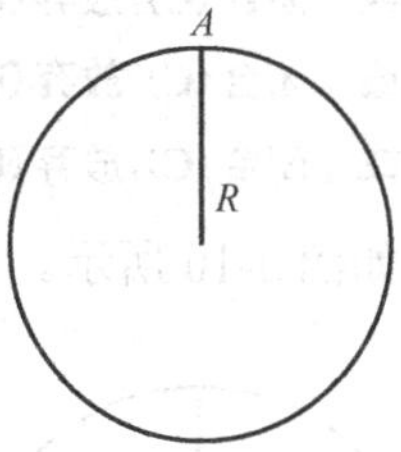

图 3-6　绘制 *AR* 直线

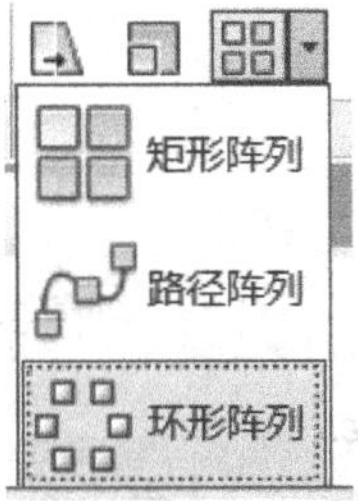

图 3-7　下拉菜单

命令：_arraypolar

选择对象：找到 1 个　　　　　　　　　　　　　　（单击 *AR* 直线）

选择对象：　　　　　　　　　　　　　　　　　　（右击）

类型=极轴　关联=是

指定阵列的中心点或［基点(B)/旋转轴(A)］：　　　　（捕捉 *R* 点）

选择夹点以编辑阵列或［关联(AS)/基点(B)/项目(I)/项目间角度(A)/填充角度(F)/行(ROW)/层(L)/旋转项目(ROT)/退出(X)］<退出>：　　（在“阵列创建”功能面板中的项目数中输入 5，如图 3-8 所示，按 Enter 键）

选择夹点以编辑阵列或［关联(AS)/基点(B)/项目(I)/项目间角度(A)/填充角度(F)/行(ROW)/层(L)/旋转项目(ROT)/退出(X)］<退出>：　　（按 Enter 键）

绘制的 *BR*，*CR*，*DR*，*ER* 直线如图 3-9 所示。

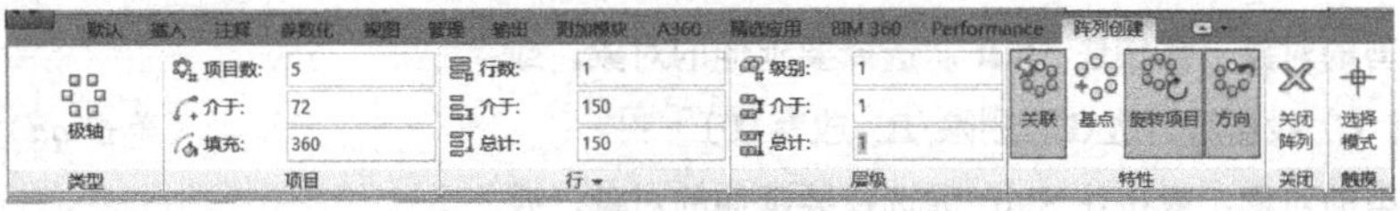

图 3-8　“阵列创建”功能面板

（4）绘制 *AC*、*CE*、*EB*、*BD*、*DA* 直线。

单击“绘图”面板中“直线”图标 ／，命令行及操作显示如下：

命令：_line

指定第一个点：　　　　　　　　　　　　　　　　（捕捉 *A* 点）

指定下一点或［放弃(U)］：　　　　　　　　　　（捕捉 *C* 点）

指定下一点或［放弃(U)］：　　　　　　　　　　（捕捉 *E* 点）

指定下一点或［闭合(C)/放弃(U)］：　　　　　　（捕捉 *B* 点）

指定下一点或［闭合(C)/放弃(U)］：　　　　　　　　（捕捉 *D* 点）
指定下一点或［闭合(C)/放弃(U)］：　　　　　　　　（捕捉 *A* 点）
指定下一点或［闭合(C)/放弃(U)］：　　　　　　　　（按 Enter 键）

绘制结果如图 3-10 所示。

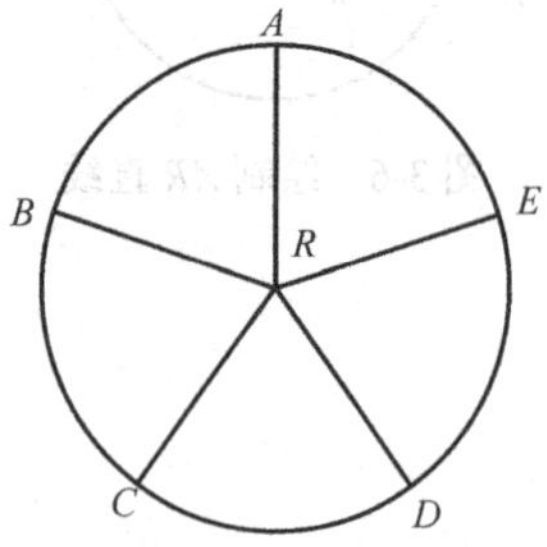

图 3-9　阵列结果

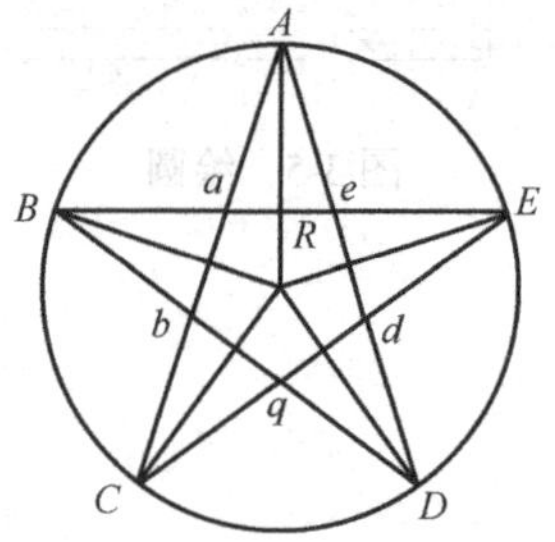

图 3-10　绘制 *AC*，*CE*，*EB*，*BD*，*DA* 直线

（5）剪去线段 *ab*、*bq*、*qd*、*de*、*ea*。

单击“修改”面板中“修剪”图标，命令行及操作显示如下：

命令：_trim
当前设置：投影=UCS，边=无
选择剪切边…
选择对象或<全部选择>：找到 1 个　　　　　　　　（单击 *AC* 直线）
选择对象：找到 1 个，总计 2 个　　　　　　　　（单击 *AD* 直线）
选择对象：找到 1 个，总计 3 个　　　　　　　　（单击 *BD* 直线）
选择对象：找到 1 个，总计 4 个　　　　　　　　（单击 *BE* 直线）
选择对象：找到 1 个，总计 5 个　　　　　　　　（单击 *CE* 直线）
选择对象：　　　　　　　　　　　　　　　　　　（按 Enter 键）
选择要修剪的对象，或按住 Shift 键选择要延伸的对象，或
［栏选(F)/窗交(C)/投影(P)/边(E)/删除(R)/放弃(U)］：　　　　（单击 *ab*）
选择要修剪的对象，或按住 Shift 键选择要延伸的对象，或
［栏选(F)/窗交(C)/投影(P)/边(E)/删除(R)/放弃(U)］：　　　　（单击 *bq*）
选择要修剪的对象，或按住 Shift 键选择要延伸的对象，或
［栏选(F)/窗交(C)/投影(P)/边(E)/删除(R)/放弃(U)］：　　　　（单击 *qd*）
选择要修剪的对象，或按住 Shift 键选择要延伸的对象，或
［栏选(F)/窗交(C)/投影(P)/边(E)/删除(R)/放弃(U)］：　　　　（单击 *de*）
选择要修剪的对象，或按住 Shift 键选择要延伸的对象，或
［栏选(F)/窗交(C)/投影(P)/边(E)/删除(R)/放弃(U)］：　　　　（单击 *ae*）
选择要修剪的对象，或按住 Shift 键选择要延伸的对象，或
［栏选(F)/窗交(C)/投影(P)/边(E)/删除(R)/放弃(U)］：　　　　（按 Enter 键）

修剪结果如图 3-11 所示。

（6）删除圆。

单击“修改”面板中“删除”图标，命令行及操作显示如下：

命令：_erase
选择对象：找到1个　　　　（单击圆）
选择对象：　　　　（按 Enter 键）

删除之后如图 3-12 所示。

（7）绘制 *aR* 直线。

单击“绘图”面板中“直线”图标，命令行的显示如下所述：

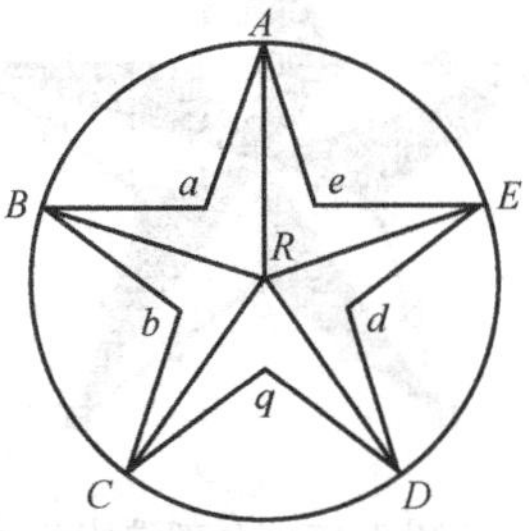

图 3-11　剪去线段 *ab*，*bq*，*qd*，*de*，*ea*

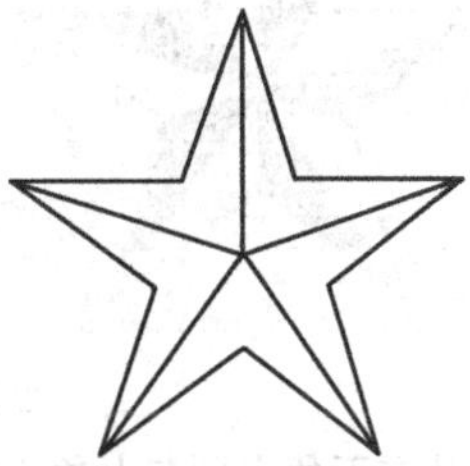

图 3-12　删除圆

命令：_line
指定第一个点：　　　　（捕捉 *a* 点）
指定下一点或［放弃(U)］：　　　　（捕捉 *R* 点）
指定下一点或［放弃(U)］：　　　　（按 Enter 键）

绘制结果如图 3-13 所示。

（8）绘制 *bR*，*qR*，*dR*，*eR* 直线。

单击“修改”面板中“阵列”图标下拉菜单→选择“环形阵列”→单击 *aR* 直线→右击→捕捉圆心，弹出“阵列创建”功能面板→更改“项目数”为 5→回车，再回车，结果如图 3-14 所示。

图 3-13　绘制 *aR* 直线

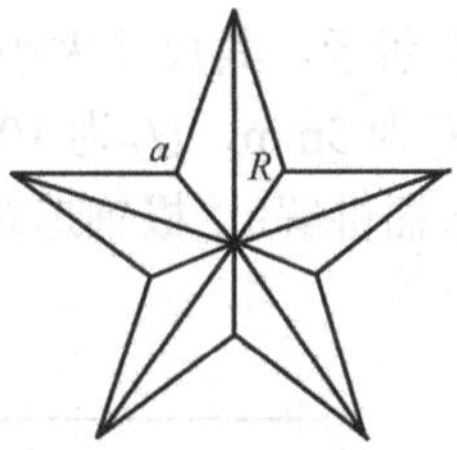

图 3-14　阵列 *aR* 直线

4. 填充图案。

单击“绘图”面板中“图案填充”图标，弹出“图案填充创建”功能面板，如图 3-15 所示→单击“图案”面板中“SOLID”样例→单击“边界”面板中“拾取点”按钮→分别单击五角星的 5 个三角形内部点（5 个三角形间隔选取）→右击→弹出“快捷菜单”→单击“确认”，填充完成参见图 3-1 所示。

从右下角点到左上角点框选图形，如图 3-16 所示。只要被框选矩形包含或相交的对象全部选中，如图 3-17 所示→单击“图层”面板中的“图层”选框→选择图层 1，将图层 1 设置为当前层。按“Esc”键，五角星变成了红色，如图 3-1 所示。

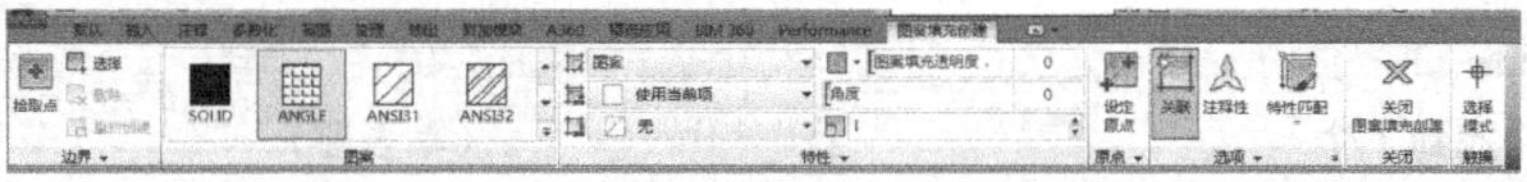

图 3-15 “图案填充创建”功能面板

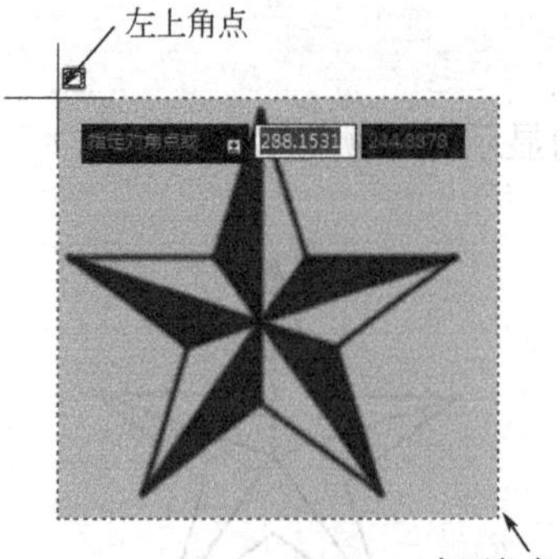

图 3-16 从右下角点到左上角点框选图形

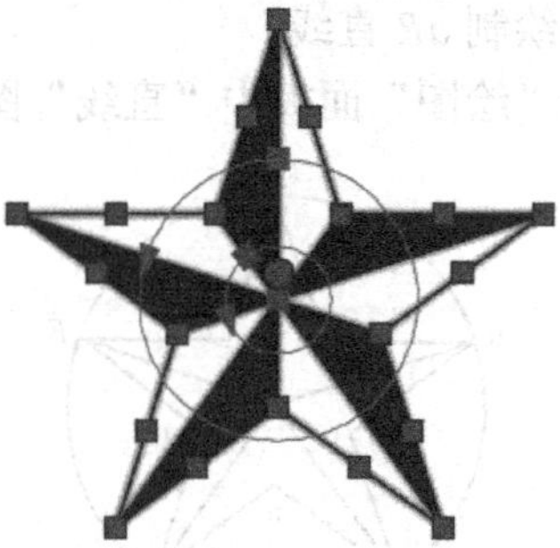

图 3-17 全部选中

注意：框选图形是有方向性的。从右下角点到左上角点框选图形，只要被框选矩形包含或相交的对象全部选中；从左上角点到右下角点框选图形，被框选矩形包含的对象全部选中，相交的对象将不被选中。

实例 4 粗糙度的绘制

一、要点提示

粗糙度的图形特点：尖角向下的正三角形加其右斜边向上的延长线段再加一条水平线，如图 4-1 所示。其尺寸大小可参照国家标准相应的规定，当粗糙度参数和字母高度为 3.5mm 时，H_1 为 5mm，H_2 为 10.5mm，如图 4-2 所示。

本单元穿插讲解：“极轴追踪”功能的综合应用。

图 4-1 表面粗糙度符号

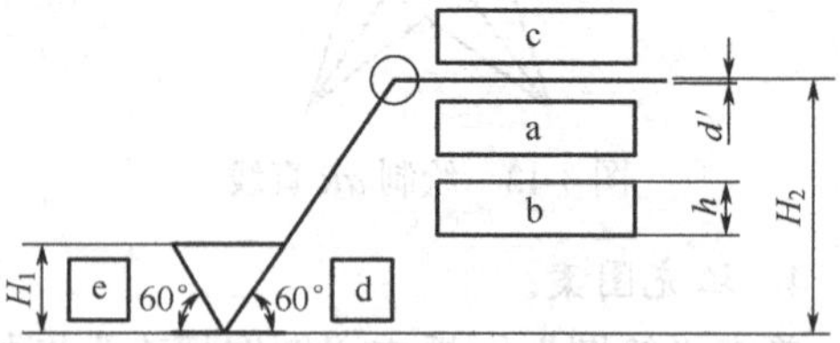

图 4-2 表面粗糙度符号尺寸

二、绘图步骤

（一）绘图预设及流程（流程参见图 4-3）

本单元采用了两种方法绘制粗糙度符号。

● 画法一：先绘制一条水平线→根据规定的距离等距画出两条线→运用“极轴追踪”功能绘制出两条与水平成 60°、120° 的斜线→运用“修剪”、“删除”命令剪掉和删除多余的线段。

● 画法二：利用“直线”、“正多边形”命令及“极轴追踪”功能绘制出尖角向下的正三角形→利用“分解”命令将正三角形进行分解→将正三角形的水平边向上等距规定的距离→将等距得到的线段水平向右拉伸适当的长度→将正三角形右边斜边延伸到规定的距离→运用“修剪”或“延伸”命令绘制出粗糙度符号。

使用命令：直线、偏移、修剪、正多边形、分解、延伸、删除等。

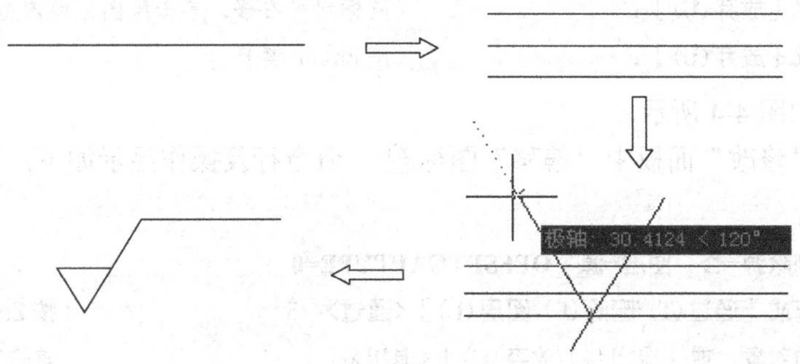

（a）画法一

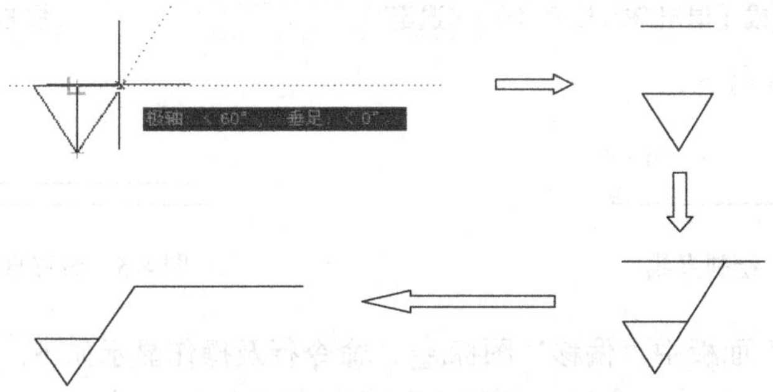

（b）画法二

图 4-3　流程图

扫一扫：扫二维码，观看操作视频

（二）详细步骤

1．画法一。

（1）双击 Windows 桌面上的 AutoCAD 2016 中文版图标，打开 AutoCAD 2016。

（2）单击状态栏中的“正交限制开关”按钮，使其处于按下状态（“正交”模式）→单击“绘图”面板中“直线”图标，命令行及操作显示如下：

命令：_line	
指定第一个点：	（单击绘图区域内任意一点）
指定下一点或［放弃(U)］：	（鼠标水平右移，单击绘图区域内另一点）
指定下一点或［放弃(U)］：	（按 Enter 键）

绘制直线如图 4-4 所示。

（3）单击“修改”面板中“偏移”图标，命令行及操作显示如下：

命令：_offset	
当前设置：删除源=否　图层=源　OFFSETGAPTYPE=0	
指定偏移距离或［通过(T)/删除(E)/图层(L)］<通过>： 5	（按 Enter 键）
选择要偏移的对象，或［退出(E)/放弃(U)］<退出>：	（单击直线）
指定要偏移的那一侧上的点，或［退出(E)/多个(M)/放弃(U)］<退出>：	（单击直线上方一点）
选择要偏移的对象，或［退出(E)/放弃(U)］<退出>：	（按 Enter 键）

偏移直线如图 4-5 所示。

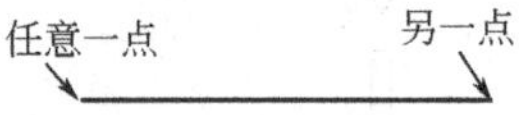

图 4-4　绘制直线

图 4-5　偏移直线

（4）单击“修改”面板中“偏移”图标，命令行及操作显示如下：

命令：_offset	
当前设置：删除源=否　图层=源　OFFSETGAPTYPE=0	
指定偏移距离或［通过(T)/删除(E)/图层(L)］<5.0000>： 10.5	（按 Enter 键）
选择要偏移的对象，或［退出(E)/放弃(U)］<退出>：	（单击下面一条直线）
指定要偏移的那一侧上的点，或［退出(E)/多个(M)/放弃(U)］<退出>：	（单击直线上方一点）
选择要偏移的对象，或［退出(E)/放弃(U)］<退出>：	（按 Enter 键）

偏移结果如图 4-6 所示。

图 4-6　偏移上面一条线

（5）单击状态栏中的“极轴追踪”按钮，使其处于按下状态→鼠标放在“极轴追踪”按钮上→右击，弹出“快捷菜单”→单击“正在追踪设置”选项，弹出“草图设置”

对话框，如图 4-7 所示→单击“极轴追踪”选项卡→“增量角”选择 30 度→单击“确定”按钮。

（6）单击“绘图”面板中“直线”图标→单击图形中一点→鼠标向右上方移动，出现与水平方向成 60° 的虚线时，沿着这条虚线，在上面一条水平线的上方单击一下→按 Enter 键，如图 4-8 所示。

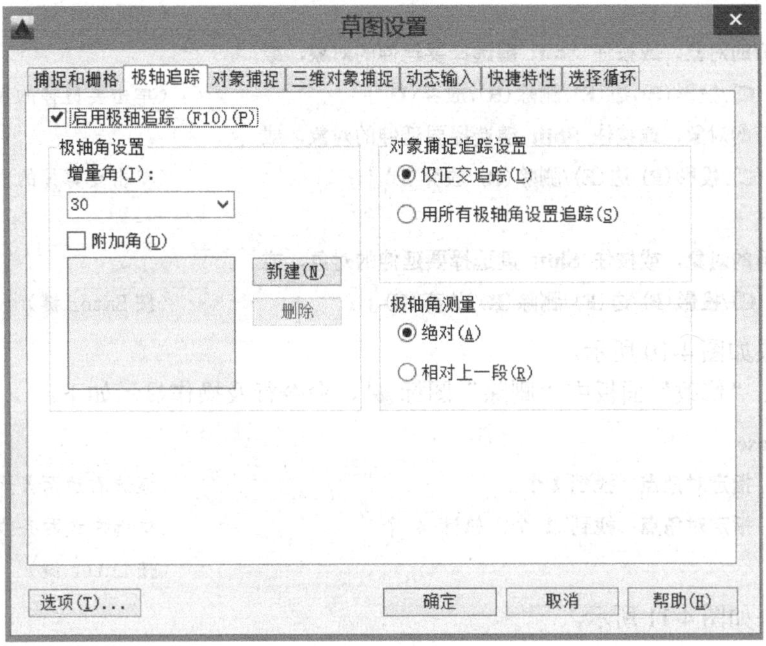

图 4-7 “草图设置”对话框

（7）单击“绘图”面板中“直线”图标，命令行及操作显示如下：

命令：_line
指定第一个点： （捕捉斜线与下水平线的交点）
指定下一点或［放弃(U)］： （沿与水平方向成 120° 的虚线，且在 3 条水平线的上方单击一下）
指定下一点或［放弃(U)］： （按 Enter 键）

绘制结果如图 4-9 所示。

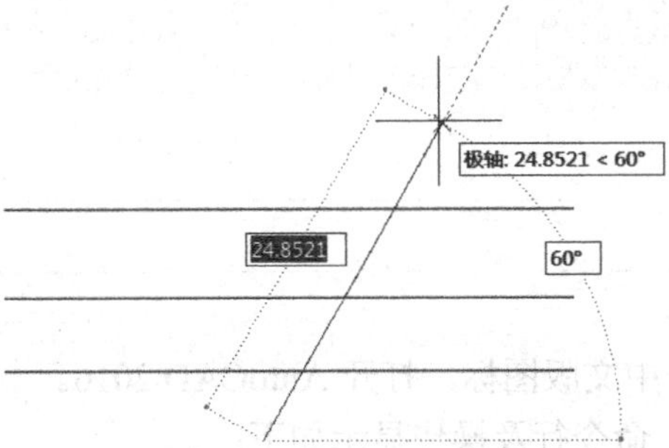

图 4-8 绘制与水平线成 60° 的斜线

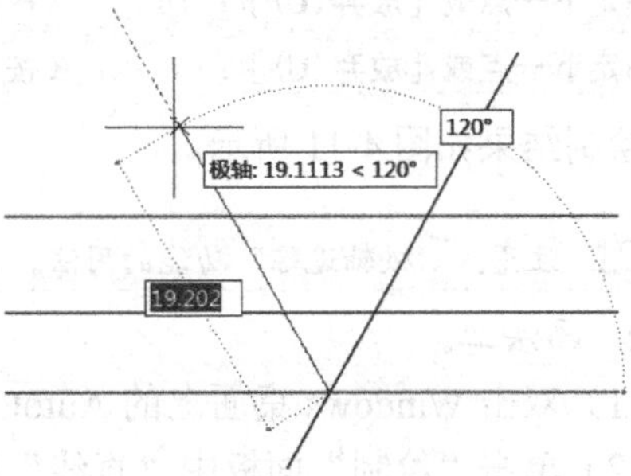

图 4-9 绘制与水平线成 120° 的斜线

（8）单击“修改”面板中“修剪”图标，命令行及操作显示如下：

命令：_trim
当前设置：投影=UCS，边=无
选择剪切边...
选择对象或<全部选择>：指定对角点：找到 5 个　　（框选所有直线）
选择对象：　　（按 Enter 键）
选择要修剪的对象，或按住 Shift 键选择要延伸的对象，或
[栏选(F)/窗交(C)/投影(P)/边(E)/删除(R)/放弃(U)]：　　（单击要剪掉的线段）
选择要修剪的对象，或按住 Shift 键选择要延伸的对象，或
[栏选(F)/窗交(C)/投影(P)/边(E)/删除(R)/放弃(U)]：　　（单击要剪掉的线段）
……
选择要修剪的对象，或按住 Shift 键选择要延伸的对象，或
[栏选(F)/窗交(C)/投影(P)/边(E)/删除(R)/放弃(U)]：　　（按 Enter 键）

修剪结果如图 4-10 所示。

（9）单击“修改”面板中“删除”图标，命令行及操作显示如下：

命令：_erase
选择对象：指定对角点：找到 2 个　　（框选右边两条线）
选择对象：指定对角点：找到 2 个，总计 4 个　　（框选左边两条线）
选择对象：　　（按 Enter 键）

删除结果如图 4-11 所示。

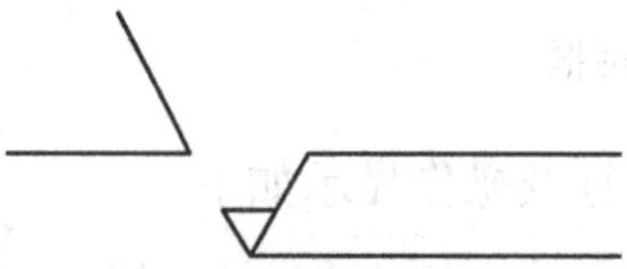

图 4-10　修剪

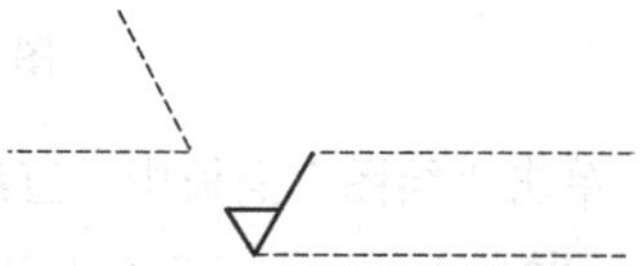

图 4-11　删除

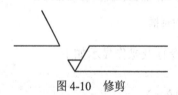

（10）单击“绘图”面板中“直线”图标，命令栏及操作显示如下：

命令：_line
指定第一个点：　　（捕捉右斜边的上端点，在正交命令打开的状态下鼠标右移）
指定下一点或［放弃(U)］：15　　（按 Enter 键）
指定下一点或［放弃(U)］：　　（按 Enter 键）

绘制结果如图 4-11 所示。

注意：“极轴追踪”功能的用法。

2. 画法二。

（1）双击 Windows 桌面上的 AutoCAD 2016 中文版图标，打开 AutoCAD 2016。

（2）单击“绘制”面板中“直线”图标，命令行及操作显示如下：

命令：_line
指定第一个点：<正交 开>　　（在正交模式下，单击绘图区域内任意一点，鼠标上移）

指定下一点或［放弃(U)］：5　　（按 Enter 键）
指定下一点或［放弃(U)］：　　（按 Enter 键）

（3）双击鼠标中键，将图形显示放大。放大结果如图 4-12 所示。

（4）单击“绘制”面板中“矩形”图标下拉菜单 →选择“多边形”图标，命令行及操作显示如下：

命令：_polygon 输入侧面数<4>：3　　（按 Enter 键）
指定正多边形的中心点或［边(E)］：e　　（按 Enter 键）
指定边的第一个端点：<正交 关>　　（在非正交模式下，捕捉直线的下端点）
指定边的第二个端点：　　（将极轴追踪功能打开，同时将增量角设置为 30 度的极轴功能打开，将光标移至直线的上端点，再慢慢水平向右移动光标，直到图形如图 4-13 所示时，单击鼠标）

绘制多边形结果如图 4-13 所示。

图 4-12　绘制长度为 5 的直线

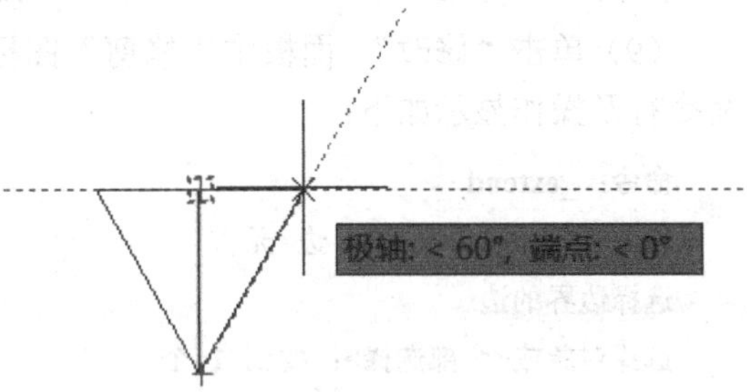

图 4-13　绘制正三边形

（5）单击“修改”面板中“分解”图标，命令行及操作显示如下：

命令：_explode
选择对象：找到 1 个　　（单击正三角形）
选择对象：　　（右击）

（6）单击“修改”面板中“删除”图标，命令行及操作显示如下：

命令：_erase
选择对象：找到 1 个　　（单击长度为 5 的直线）
选择对象：　　（右击）

将长度为 5 的直线删除。

（7）单击“修改” 面板中“偏移”图标，命令行及操作显示如下：

命令：_offset
当前设置：删除源=否　图层=源　OFFSETGAPTYPE=0
指定偏移距离或［通过(T)/删除(E)/图层(L)］<通过>：5.5　　（按 Enter 键）
选择要偏移的对象，或［退出(E)/放弃(U)］<退出>：　　（单击水平边）
指定要偏移的那一侧上的点，或［退出(E)/多个(M)/放弃(U)］<退出>：　　（在水平边上部单击一下）
选择要偏移的对象，或［退出(E)/放弃(U)］<退出>：　　（按 Enter 键）

偏移结果如图 4-14 所示。

（8）单击偏移得到的直线，即选中直线→单击右端蓝色的夹点，使其变成红色的点→将其水平拉伸（在“正交”模式下）到合适位置单击一下，如图 4-15 所示→按“Esc”键，得到的图形如图 4-16 所示。

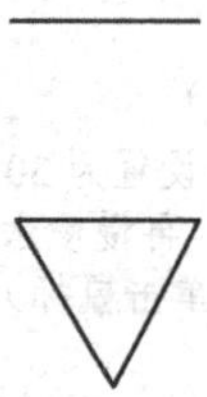

图 4-14　偏移

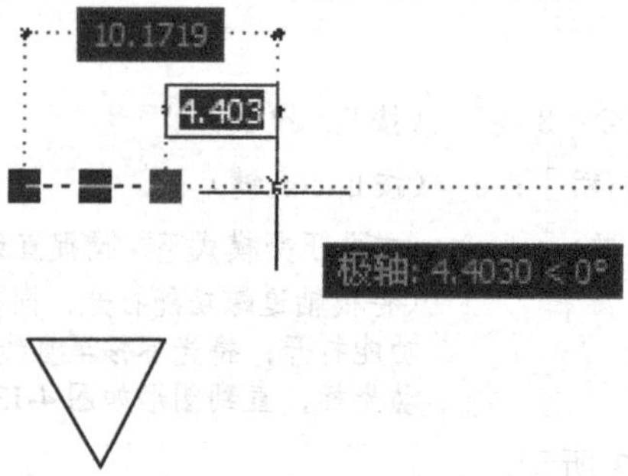

图 4-15　拉伸直线过程

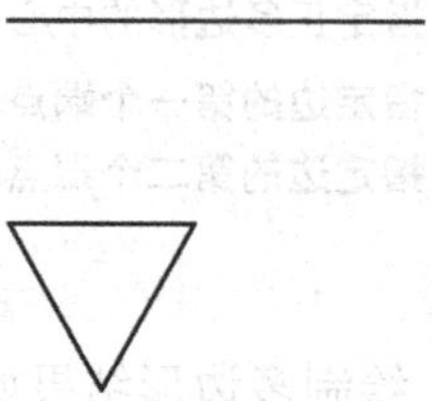

图 4-16　拉伸直线结果

（9）单击“修改” 面板中“修剪”图标 修剪 下拉菜单→选择“延伸”图标，命令行及操作显示如下：

命令：_extend
当前设置：投影=UCS，边=无
选择边界的边...
选择对象或<全部选择>：找到 1 个　　（单击拉伸后的直线）
选择对象：　　（按 Enter 键）
选择要延伸的对象，或按住 Shift 键选择要修剪的对象，或
[栏选(F)/窗交(C)/投影(P)/边(E)/放弃(U)]：　　（单击与水平成 60°的边）
选择要延伸的对象，或按住 Shift 键选择要修剪的对象，或
[栏选(F)/窗交(C)/投影(P)/边(E)/放弃(U)]：　　（按 Enter 键）

延伸结果如图 4-17 所示。

（10）删除上面的水平线，如图 4-18 所示。

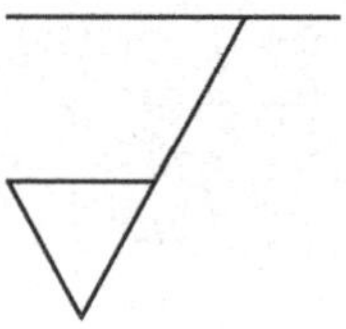

图 4-17　延伸

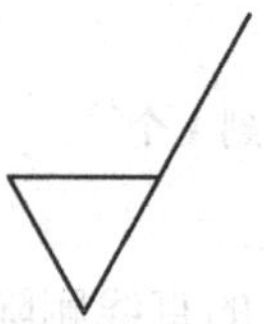

图 4-18　删除

（11）单击“绘图”面板中的“直线”图标，命令行及操作显示如下：

命令：_line
指定第一个点：　　（捕捉右斜边的上端点，在正交命令打开的状态下鼠标右移）
指定下一点或 [放弃(U)]：15　　（按 Enter 键）
指定下一点或 [放弃(U)]：　　（按 Enter 键）

绘制结果如图 4-1 所示。

注意：直线“拉伸”和直线“延伸”的区别。

实例 5　图框、标题栏绘制及保存成样板图文件

一、要点提示

图框的图形特点：两个矩形，图框的大小和相互位置尺寸有相应的国家标准规定。本实例以 A3 图幅的图框绘制为例，图框如图 5-1 所示。

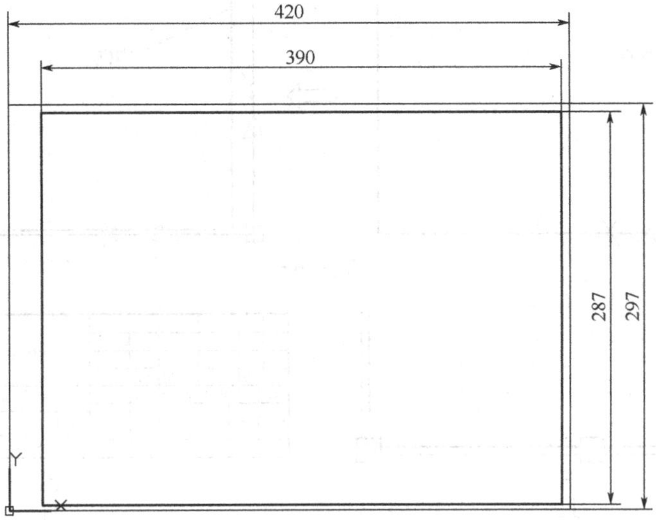

图 5-1　A3 图框

标题栏的图形特点：由水平、垂直线组成的矩形格子。尺寸有相应的国家标准规定，如图 5-2 所示。

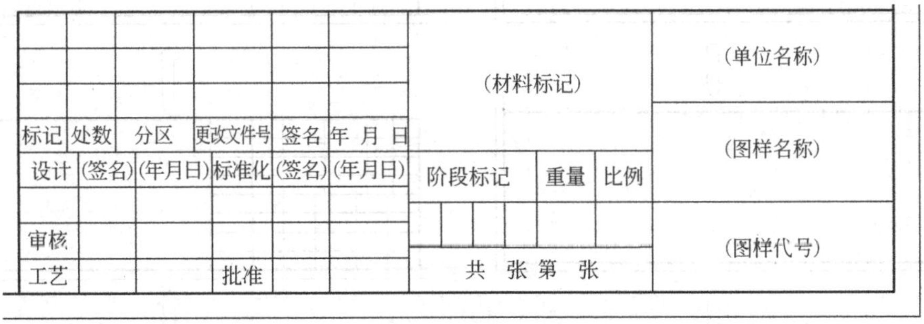
(材料标记)
(单位名称)
标记 处数 分区 更改文件号 签名 年 月 日
(图样名称)
设计 (签名) (年月日) 标准化 (签名) (年月日)
阶段标记 重量 比例
审核
(图样代号)
工艺
批准
共 张 第 张

图 5-2　标题栏

在手工绘图时绘制图框及标题栏，常常是做简单的重复性劳动，显得非常枯燥。对于运用 AutoCAD 软件绘图来说就不是很麻烦，这是因为该软件可以将标准的图框和标题栏都保存成固定的文件块，这样可以在以后需要的时候直接调用，以提高绘图的工作效率。

绘制图框、标题栏的方法有多种，我们仅介绍一种，目的是拓展学员对软件部分命令及功能实际应用的思路。

使用命令：直线、偏移、移动、特性匹配、多行文字等。

本单元穿插讲解：“图形界限”、“缩放”、“捕捉”、“图层”、“文字样式”的设置；“窗口放大”、“保存成样板图文件”功能的应用。

二、操作步骤

（一）绘图预设及流程（流程参见图 5-3）

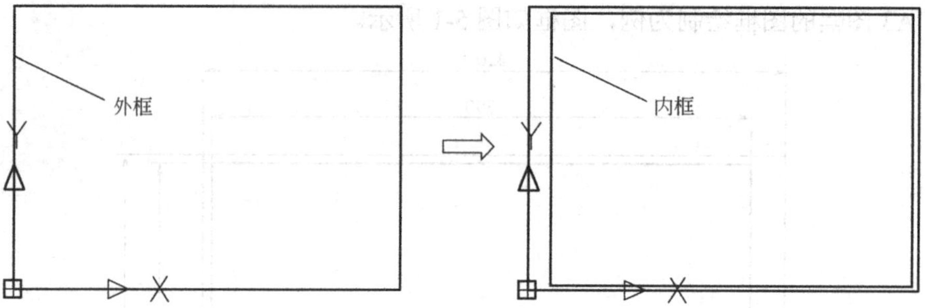

（a）内框

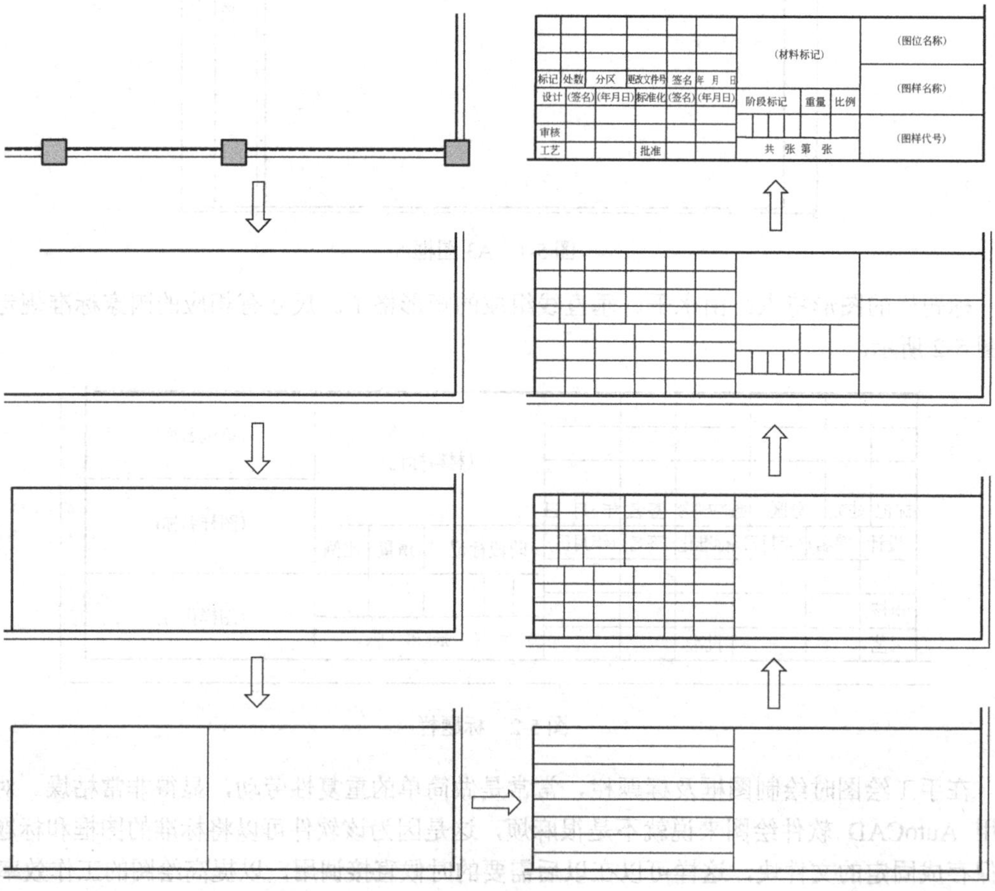

（b）标题栏

图 5-3 流程图

根据图框的图形特点，图框的绘制利用“直线”命令，采用“方向+距离”的方法。

根据标题栏的图形特点，标题栏的绘制利用“直线”命令绘制出规定的长度，再将其移动到规定的位置。有时利用“偏移”命令将直线偏移到规定距离的位置。

扫一扫：扫二维码，观看操作视频

（二）详细步骤

1. 建立工作环境（图形界线、缩放、捕捉）。

（1）设置图形界限。

在命令栏中输入“LIMITS”→“回车”，命令栏及操作显示如下：

```
命令：'_limits
重新设置模型空间界限：
指定左下角点或［开(ON)/关(OFF)］<0.0000，0.0000>：          （按 Enter 键）
指定右上角点<420.0000，297.0000>：                          （按 Enter 键）
```

采用默认的图形界限设置，即图形界限为长=420，宽=297 的矩形区域。

（2）设置界面栅格。

在状态栏中单击“显示图形栅格”图标，不显示栅格。

（3）设置捕捉。

右击状态栏中“捕捉模式”按钮→在弹出的快捷菜单中单击“捕捉设置”选项→在弹出的“草图设置”对话框中单击“对象捕捉”选项卡→在“对象捕捉”选项卡中选择“端点”、“中点”、“交点”复选框→单击“确定”按钮。

2. 设置图层。

单击图层面板中“图层特性管理器”图标，弹出“图层特性管理器”对话框→单击“新建图层”图标7 次，即建立了 7 个图层→将这 7 个图层分别起名为粗实线、细实线、文字、标注、中心线、虚线、剖面线。

（1）设置颜色。

单击“颜色”列与“文字”行的交叉处■白，弹出“选择颜色”对话框→单击洋红→单击“确定”按钮，可设置文字层为洋红，同样的方法将 7 个图层依次分别设置为“黑”(背景为白色)、“黑”、“洋红”、“蓝”、“红”、“黄”、“绿”。

（2）设置线型。

单击“线型”列与“中心线”行的交叉处“Continuous”，弹出“选择线型”对话框→

单击“加载”按钮，弹出“加载或重载线型”对话框→单击“CENTER2”，按下 Ctrl 键的同时，单击“HIDDEN”线型选项→单击“确定”按钮。返回“选择线型”对话框→单击“CENTER2”→单击“确定”按钮→返回到“图层特性管理器”对话框→单击“线型”列与虚线行的交叉处“Continuous”线型，弹出“选择线型”对话框→单击“HIDDEN”→单击“确定”按钮。

（3）设置线宽。

单击“线宽”列与“粗实线”行的交叉处“默认”，弹出“线宽”对话框→选择0.35mm→单击“确定”按钮→单击“图层特性管理器”对话框的“关闭”按钮 ×，将设置好的图层关闭。设置好的图层如图 5-4 所示。

图 5-4 “图层特性管理器”对话框

3. 设置文字样式。

单击面板标题栏中的“注释”→单击“文字”面板右下角“文字样式”按钮 ↘ →弹出“文字样式”对话框→单击“新建”按钮，弹出“新建文字样式”对话框，如图 5-5 所示→在“样式名”中输入“数字”→单击“确定”按钮，返回到“文字样式”对话框，如图 5-6 所示→“字体名”选择 isocp.shx，“高度”输入 5；“宽度因子”输入 0.7→单击“应用”按钮→单击“关闭”按钮。用同样的方法设置“文字”的文字样式，设置结果如图 5-7、图 5-8 所示。

图 5-5 数字“新建文字样式”对话框

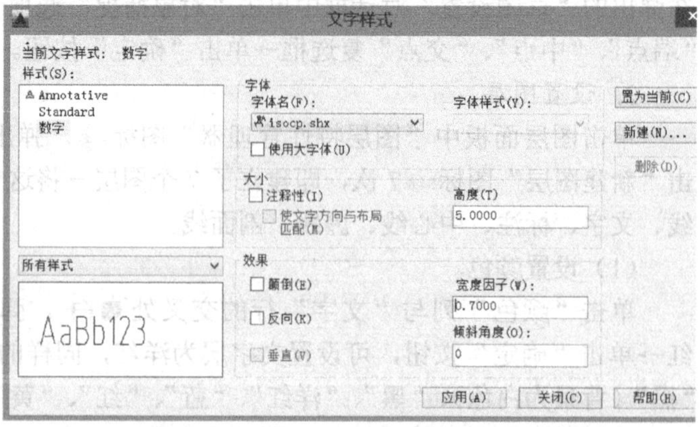

图 5-6 数字“文字样式”对话框

4. 绘制图形。

（1）绘制图框（如图 5-1 所示）。

- 画法一：

①绘制外框，用“矩形”命令绘制。

②绘制内框，用“多段线”命令绘制或定义用户坐标系统，将新的用户坐标原点定义在外框左下角。

- 画法二：采用“直线”命令（推荐采用），“方向+距离”的方法。
- 画法三：采用“偏移”、“修剪”命令。

图 5-7　文字“新建文字样式”对话框

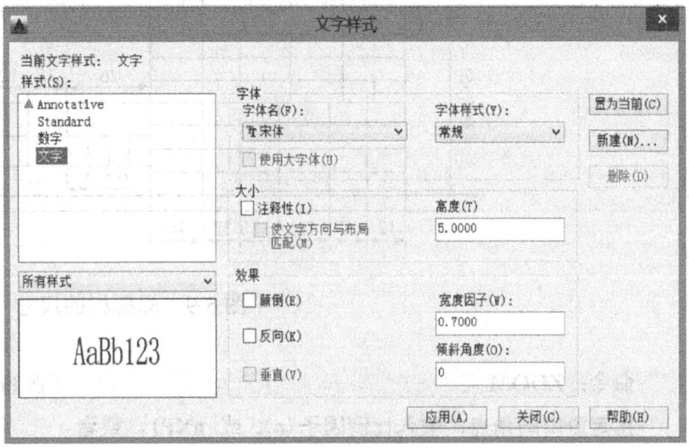

图 5-8　文字“文字样式”对话框

绘图步骤如下（采用画法 2）：

① 绘制外框。

将细实线层设置为当前层。

单击“绘图”面板中的“直线”图标，命令行及操作显示如下：

命令：_line 指定第一个点：0，0	（按 Enter 键，按下状态栏中的“正交”按钮，鼠标右移）
指定下一点或［放弃(U)］：<正交 开> 420	（按 Enter 键，鼠标上移）
指定下一点或［放弃(U)］：297	（按 Enter 键，鼠标左移）
指定下一点或［闭合(C)/放弃(U)］：420	（按 Enter 键）
指定下一点或［闭合(C)/放弃(U)］：c	（按 Enter 键）

② 绘制内框。

将粗实线层设置为当前层。

单击“绘图”面板中的“直线”图标，命令行及操作显示如下：

命令：_line 指定第一个点：25，5	（按 Enter 键，鼠标右移）
指定下一点或［放弃(U)］：390	（按 Enter 键，鼠标上移）
指定下一点或［放弃(U)］：287	（按 Enter 键，鼠标左移）
指定下一点或［闭合(C)/放弃(U)］：390	（按 Enter 键）
指定下一点或［闭合(C)/放弃(U)］：c	（按 Enter 键）

单击状态栏中“显示/隐藏线宽”图标，显示粗实线。

注意：用“方向+距离”的方法绘制直线。

（2）绘制标题栏（如图 5-9 所示）。

将细实线层设置为当前层。

① 利用“窗口放大”命令将图框右下部分放大，如图 5-10 所示。

在命令窗口中输入“ZOOM”，命令栏及操作显示如下：

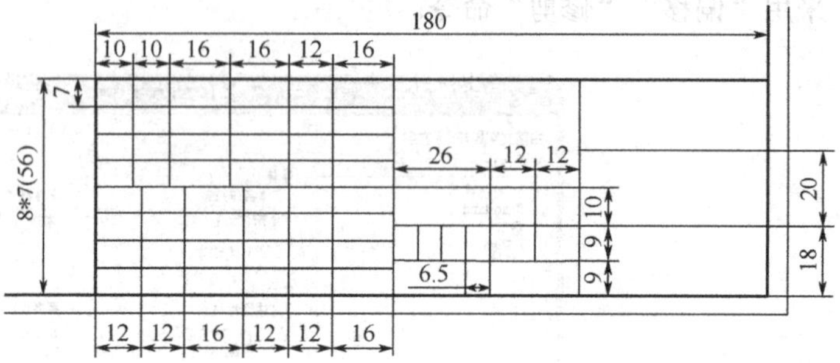

图 5-9　标题栏的尺寸

```
命令：ZOOM                                          （按 Enter 键）
指定窗口的角点，输入比例因子(nX 或 nXP)，或者
[全部(A)/中心(C)/动态(D)/范围(E)/上一个(P)/比例(S)/窗口(W)/对象(O)] <实时>:
                                                    （单击框选区域的左上角点）
指定对角点：                                        （单击框选区域的右下角点）
```

② 单击“绘图”面板中的“直线”图标，命令行及操作显示如下：

```
命令：_line
指定第一个点：                                      （捕捉内框的右下角点，鼠标左移）
指定下一点或 [放弃(U)]：180                         （按 Enter 键）
指定下一点或 [放弃(U)]：                            （按 Enter 键）
```

③ 从左上角点到右下角点框选所绘制的直线，框选区域如图 5-11 所示。框选结果如图 5-12 所示。

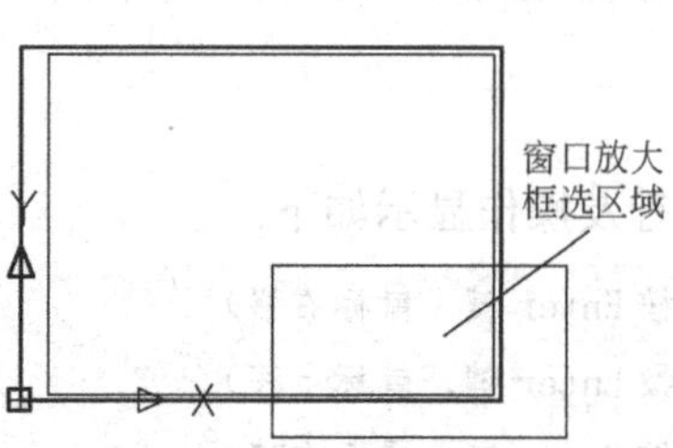

图 5-10　窗口放大

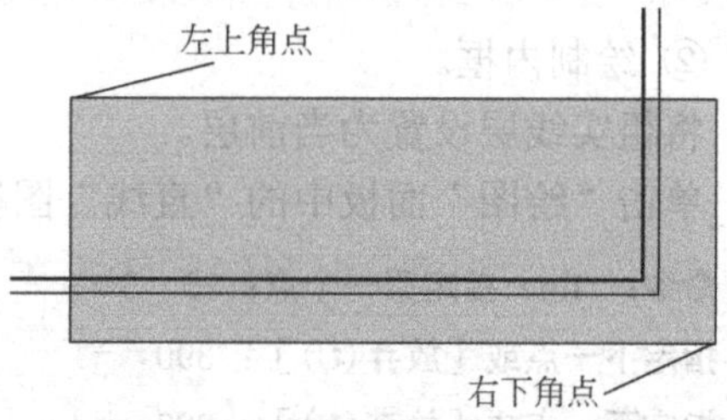

图 5-11　框选所绘制的直线

④ 单击“修改”面板中的“移动”图标，命令行及操作显示如下：

命令：_move 找到 1 个
指定基点或［位移(D)］<位移>：　（捕捉直线的右端点，鼠标上移）
指定第二个点或<使用第一个点作为位移>：56　（按 Enter 键）

移动后的直线如图 5-13 所示。

说明：鼠标上移是在“正交”模式下。

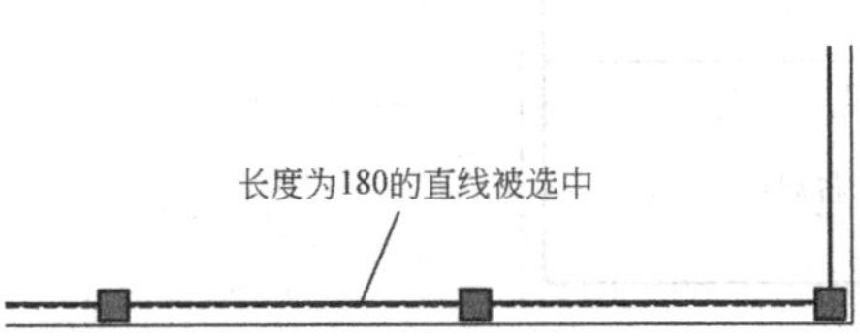

图 5-12　框选结果

图 5-13　移动框选的直线

⑤ 单击“绘图”面板中的“直线”图标，命令行及操作显示如下：

命令：_line
指定第一个点：　（捕捉直线的左端点）
指定下一点或［放弃(U)］：　（捕捉垂足点）
指定下一点或［放弃(U)］：　（按 Enter 键）

绘制的直线如图 5-14 所示。

⑥ 单击“修改”面板中的“偏移”图标，命令行及操作显示如下：

命令：_offset
当前设置：删除源=否　图层=源　OFFSETGAPTYPE=0
指定偏移距离或［通过(T)/删除(E)/图层(L)］<通过>：80　（按 Enter 键）
选择要偏移的对象，或［退出(E)/放弃(U)］<退出>：　（单击长为 56 的直线）
指定要偏移的那一侧上的点，或［退出(E)/多个(M)/放弃(U)］<退出>：　（直线右边单击一下）
选择要偏移的对象，或［退出(E)/放弃(U)］<退出>：　（按 Enter 键）

偏移结果如图 5-15 所示。

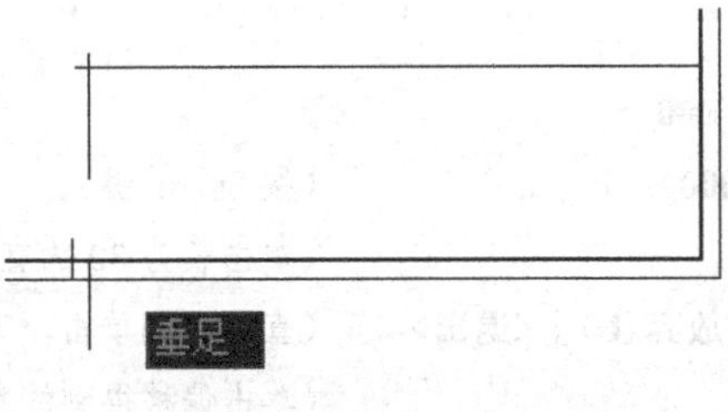

图 5-14　绘图长为 56 的直线

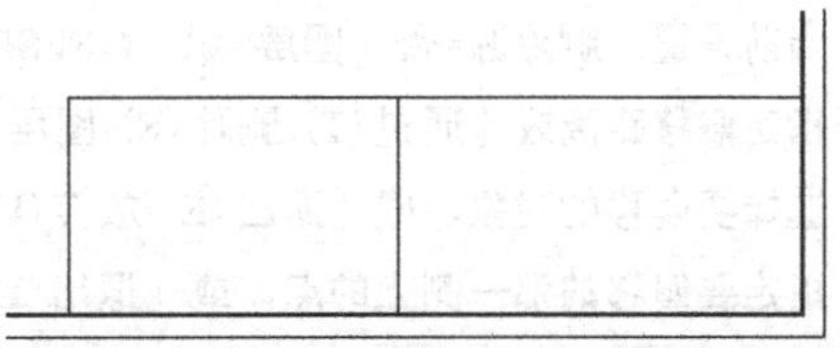

图 5-15　偏移长为 56 的直线

⑦ 单击“绘图”面板中的“直线”图标，命令行及操作显示如下：

命令：_line
指定第一个点： （捕捉左端点）
指定下一点或［放弃(U)］： （捕捉右端点）
指定下一点或［放弃(U)］： （按 Enter 键）

绘制直线如图 5-16 所示。

⑧ 从左上角点到右下角点框选所绘制的直线，框选过程如图 5-17 所示，框选结果如图 5-18 所示。

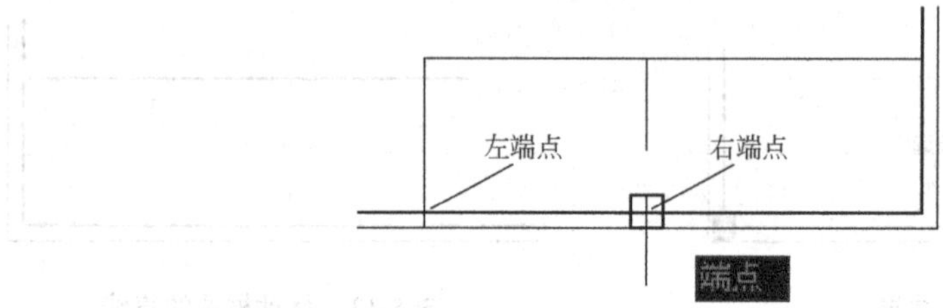

图 5-16 绘图直线

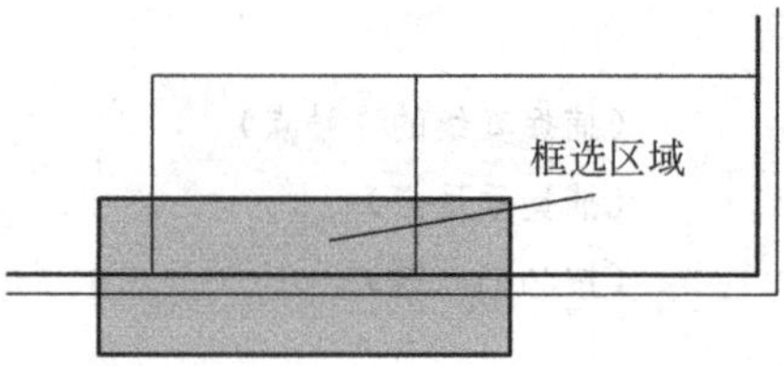

图 5-17 框选区域

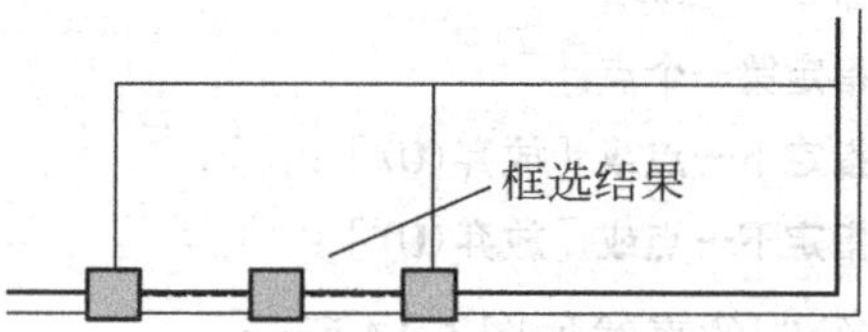

图 5-18 框选结果

⑨ 单击“修改”面板中的“移动”图标，命令行及操作显示如下：

命令：_move 找到 1 个
指定基点或［位移(D)］<位移>： （捕捉直线的右端点，鼠标上移）
指定第二个点或<使用第一个点作为位移>：7 （按 Enter 键）

移动后结果如图 5-19 所示。

说明：鼠标上移是在“正交”模式下。

⑩ 单击“修改”面板中的“偏移”图标，命令行及操作显示如下：

命令：_offset
当前设置：删除源=否 图层=源 OFFSETGAPTYPE=0
指定偏移距离或［通过(T)/删除(E)/图层(L)］<80.0000>：7 （按 Enter 键）
选择要偏移的对象，或［退出(E)/放弃(U)］<退出>： （单击长为 80 的直线）
指定要偏移的那一侧上的点，或［退出(E)/多个(M)/放弃(U)］<退出>： （直线上侧单击一下）
选择要偏移的对象，或［退出(E)/放弃(U)］<退出>： （单击偏移得到的直线）
指定要偏移的那一侧上的点，或［退出(E)/多个(M)/放弃(U)］<退出>： （直线上侧单击一下）
……

偏移结果如图 5-20 所示。

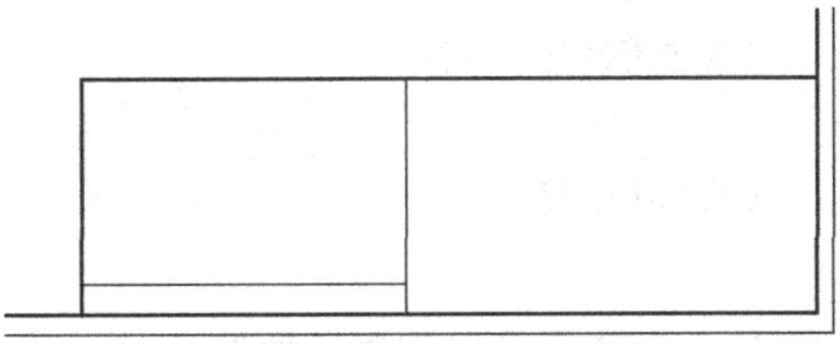

图 5-19　移动直线

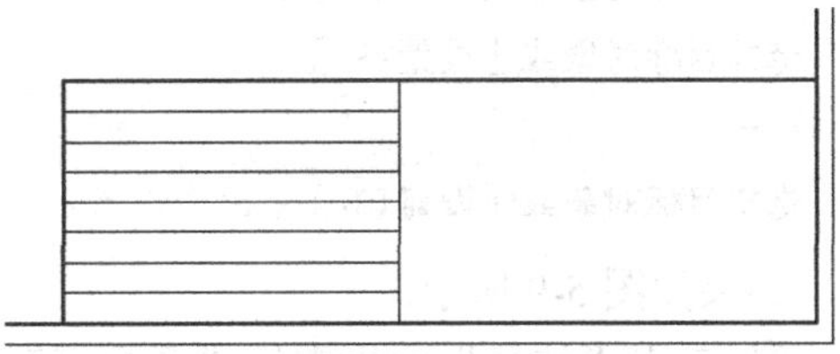

图 5-20　偏移直线

⑪ 单击“绘图”面板中的“直线”图标，绘制长 28 的直线，绘制结果如图 5-21 所示。

⑫ 单击“修改”面板中的“移动”图标，移动长 28 的直线，移动距离为 12，如图 5-22 所示。

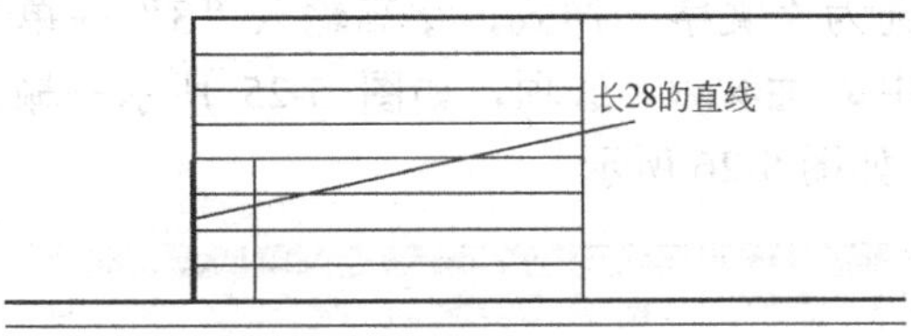

图 5-21　绘图长 28 的直线

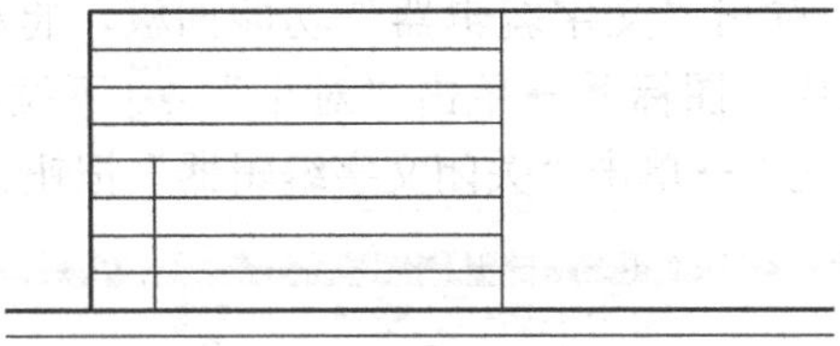

图 5-22　移动长 28 的直线

⑬ 单击“修改”面板中的“偏移”图标，偏移距离分别为 12、16、12、12，如图 5-23 所示。

⑭ 绘制方法同⑪、⑫、⑬步骤。绘制左上方长 28 的直线；移动长 28 的直线，移动距离为 10；将移动得到的直线进行偏移，偏移距离分别为 10、16、16、12，如图 5-24 所示。

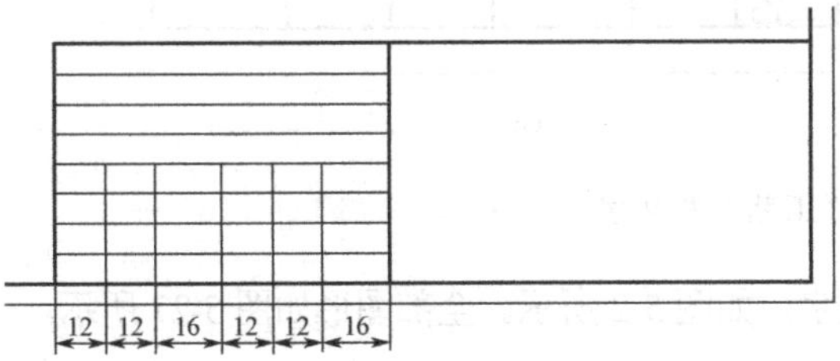

图 5-23　偏移结果

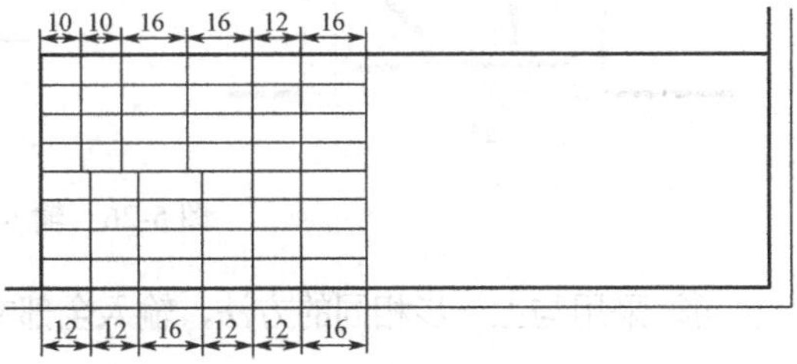

图 5-24　上部分垂线绘制、移动、偏移结果

⑮ 绘制方法同上，采用画“直线”、选“直线”、单击“移动”图标、捕捉直线的端点或中点、移动鼠标，输入移动距离、回车等操作绘制直线。需要“偏移”再进行偏移，最后完成标题栏的绘制，如图 5-9 所示。

⑯ 单击“特性”面板中的“特性匹配”图标，命令行及操作显示如下：

命令：'_matchprop
选择源对象：　　（单击图框的内框线）
当前活动设置：颜色 图层 线型 线型比例 线宽 透明度 厚度 打印样式 标注 文字 图案填充 多段

线 视口 表格材质 阴影显示 多重引线

选择目标对象或［设置(S)］：　　　　　　　　（单击需改变的线段）

选择目标对象或［设置(S)］：　　　　　　　　（单击需改变的线段）

……

选择目标对象或［设置(S)］：　　　　　　　　（按 Enter 键）

结果如图 5-9 所示。

⑰ 单击“注释”面板中的“多行文字”图标 A，命令行及操作显示如下：

命令：_mtext

当前文字样式："文字"　当前文字高度：5　注释性：否

指定第一角点：　　　　　　　　（捕捉格子的左上角点）

指定对角点或［高度(H)/对正(J)/行距(L)/旋转(R)/样式(S)/宽度(W)/栏(C)］：

（捕捉格子的右下角点）

弹出“文字编辑器”功能面板，将样式选为“文字”样式，字高输入“3”→单击“居中”图标→单击“对正”下拉菜单中✔ 正中 MC 选项，如图 5-25 所示→输入“工艺”→单击“关闭文字编辑器”按钮，如图 5-26 所示。

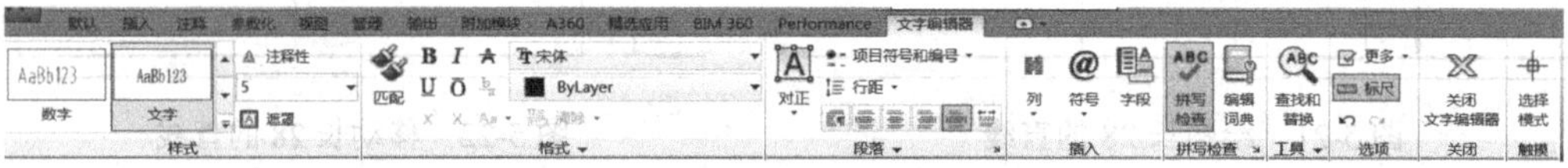

图 5-25 “文字编辑器”功能面板

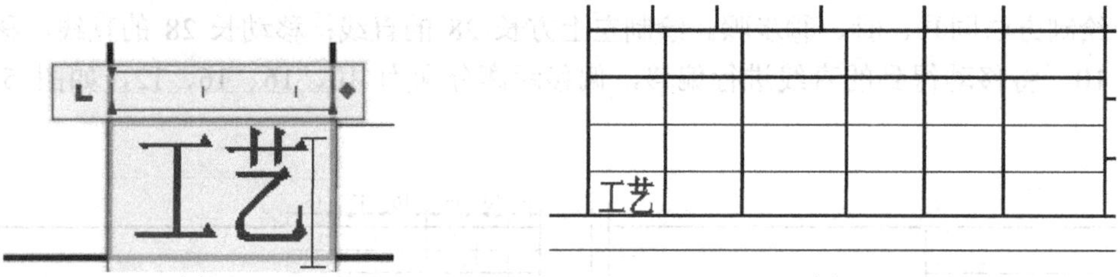

（a）　　　　（b）

图 5-26 输入“工艺”两文字

⑱ 采用与上一步相同的方法，输入全部文字，如图 5-2 所示。全部图形如图 5-27 所示。

注意：绘制此处线框的另一种方法是画直线、选直线、移动直线。

移动的方法：单击“修改”面板中的“移动”图标、捕捉直线的端点或中点、移动鼠标，输入移动距离、回车。

5. 保存成样板图文件。

将已设置好图形界限、文字样式、图层等样板及绘制好 A3 图幅的图框保存为样板图文件。

单击界面左上角的图标，弹出下拉菜单→单击“另存为”，弹出“图形另存为”对话框，如图 5-28 所示→在“文件类型”下拉列表框中选择“AutoCAD 图形样板文件

（*.dwt）”选项→输入文件名“A3”→单击“保存”按钮，保存文件。在此后弹出的“样板选项”对话框中输入对该样板图形的描述和说明，如：自定义 A3 幅面的样板文件，如图 5-29 所示。

同样可将 A2、A4、A5 等图纸幅面保存为样板图文件。

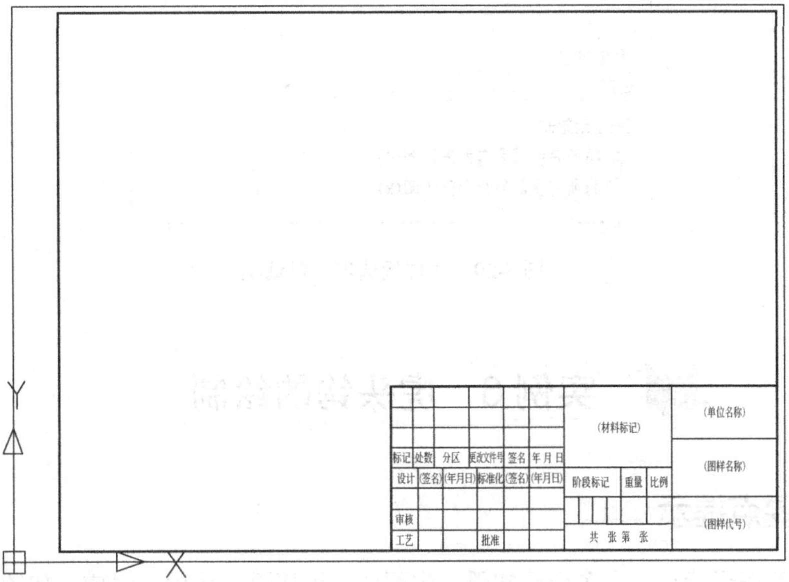

图 5-27 图框及标题栏

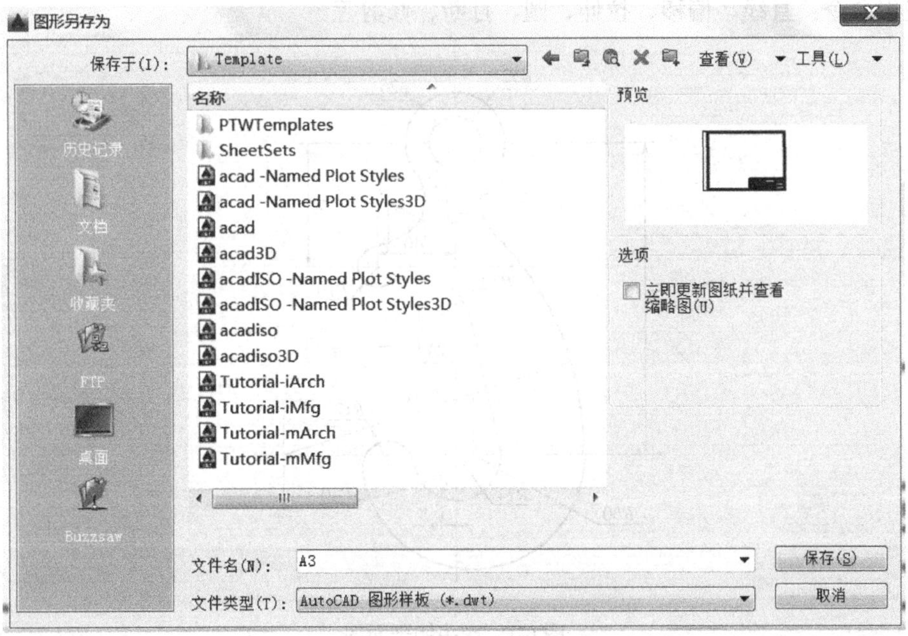

图 5-28 “图形另存为”对话框

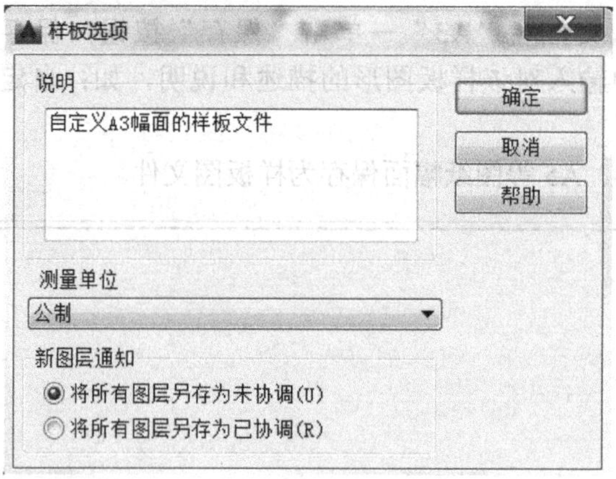

图 5-29 “样板选项”对话框

实例 6 虎头钩的绘制

一、要点提示

虎头钩的图形特点：由多个已知弧、中间弧、连接弧（线段）组成，如图 6-1 所示。根据虎头钩图形特点，进行尺寸分析和曲线分析后，先画已知弧，再画中间弧，最后画连接弧（线段）。

使用命令：直线、偏移、拉伸、圆、打断、修剪等。

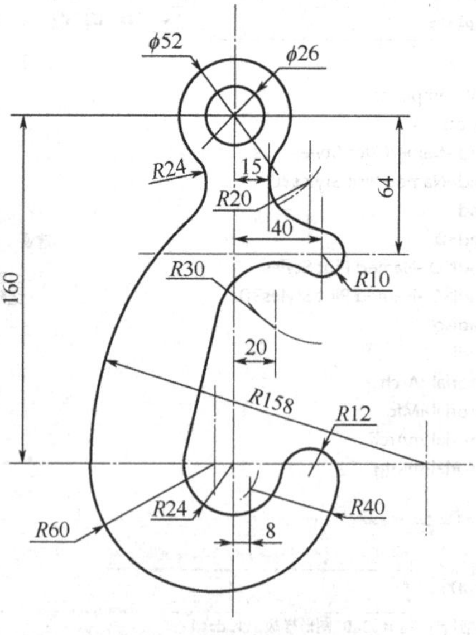

图 6-1 虎头钩平面图

二、操作步骤

（一）绘图预设及流程（流程参见图 6-2）

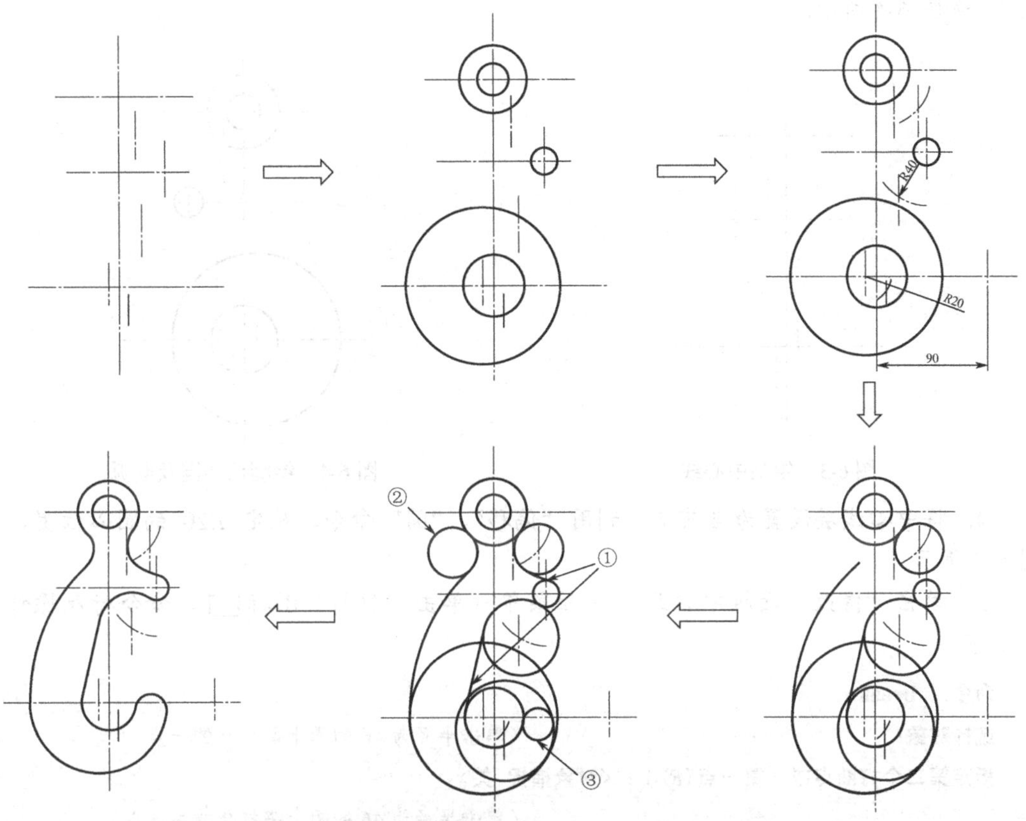

图 6-2　流程图

扫一扫： 扫二维码，观看操作视频

（二）详细步骤

1. 在"图层"面板中单击"图层特性管理器"图标，，弹出"图层特性管理器"

对话框→单击“新建图层”图标3次，建立了3个图层→将这3个图层分别命名为粗实线、标注、中心线，并设置3个图层的颜色、线型、线宽。

2. 将中心线层设置为当前层。利用“直线”、“偏移”、“拉伸”命令绘制中心线，如图6-3所示。

3. 将粗实线层设置为当前层，利用“圆”命令绘制已知圆ϕ26、ϕ52、*R*10、*R*60、*R*24，如图6-4所示。

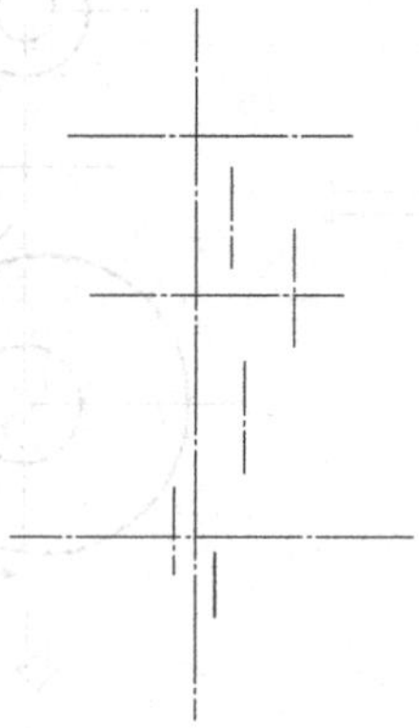

图6-3　绘制中心线

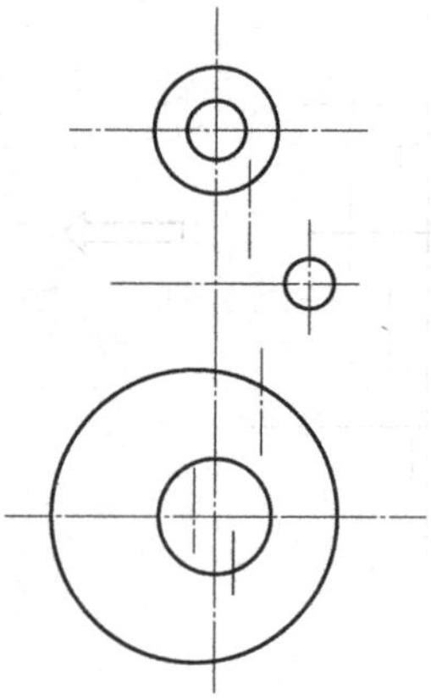

图6-4　绘制已知圆及圆弧

4. 将中心线层设置为当前层。利用“偏移”、“圆”命令，确定*R*20的圆心位置，如图6-5所示。

5. 单击“修改”面板中修改▼下拉菜单→单击“打断”图标，命令行及操作显示如下：

命令：_break
选择对象：　（单击半径为46的圆上需打断的一点）
指定第二个打断点或［第一点(F)］：<对象捕捉 关>
（单击半径为46的圆上需打断的另一点）

结果如图6-6所示。

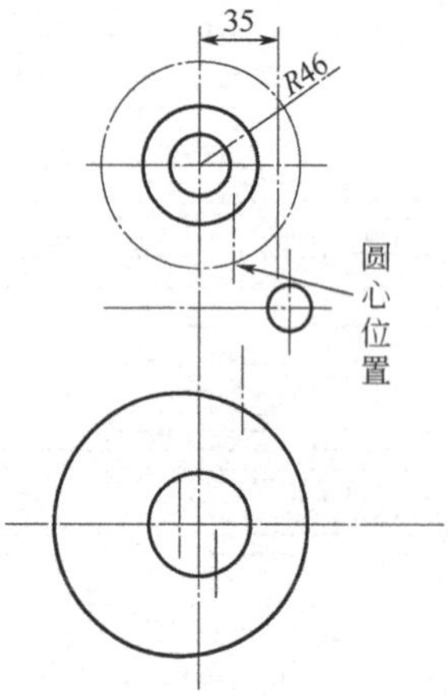

图6-5　确定*R*20的圆心位置

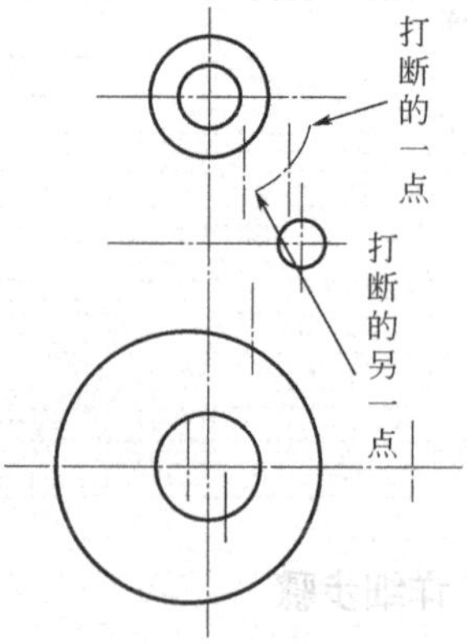

图6-6　打断结果

6. 利用“圆”、“打断”、“偏移”命令，确定 $R30$、$R40$、$R158$ 的圆心位置，如图 6-7 所示。再画 3 个圆，如图 6-8 所示。

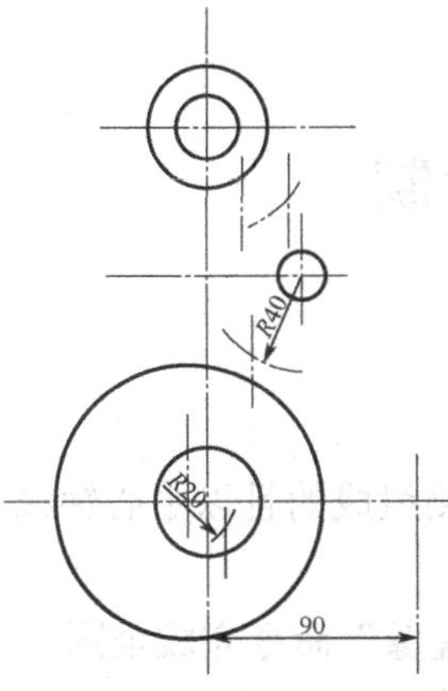

图 6-7 确定 $R30$、$R40$、$R158$ 的圆心位置

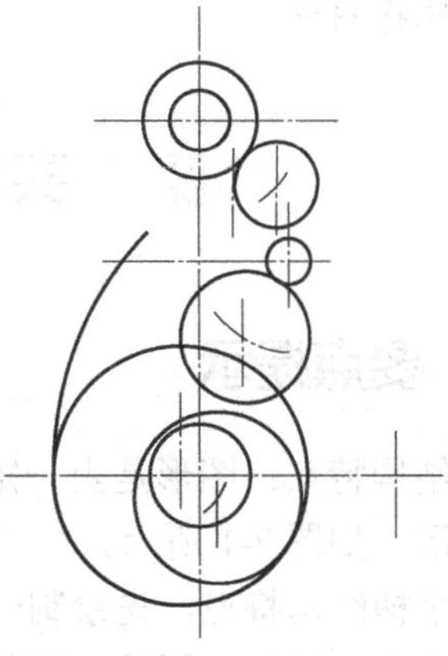

图 6-8 画 $R30$、$R40$、$R158$ 的圆

7. 画出连接线段和连接弧。

（1）单击“绘图”面板中“直线”图标，画出右侧与 $R20$ 和 $R10$ 相切的连接线段及中部与 $R30$ 和 $R24$ 相切的连接线段。注意线段的起、终点都要用“切点”捕捉。

（2）单击“绘图”面板中“圆”图标，命令行及操作显示如下：

```
命令：_circle
指定圆的圆心或［三点(3P)/两点(2P)/切点、切点、半径(T)］：t      （按 Enter 键）
指定对象与圆的第一个切点：                                      （捕捉φ52 的切点）
指定对象与圆的第二个切点：                                      （捕捉 R158 的切点）
指定圆的半径<12.0000>：20                                       （按 Enter 键）
```

画出左侧与 $\phi52$ 和 $R158$ 相切的 $R20$ 连接圆弧。

提示：可采用“圆弧”命令绘制 $R20$ 连接圆弧。

（3）单击“绘图”面板中“圆”图标，画出下部与 $R24$ 和 $R40$ 相切的 $R12$ 连接圆弧，如图 6-9 所示。

8. 单击“修改”面板中“修剪”图标，将多余的线段和圆弧裁剪掉，如图 6-10 所示。

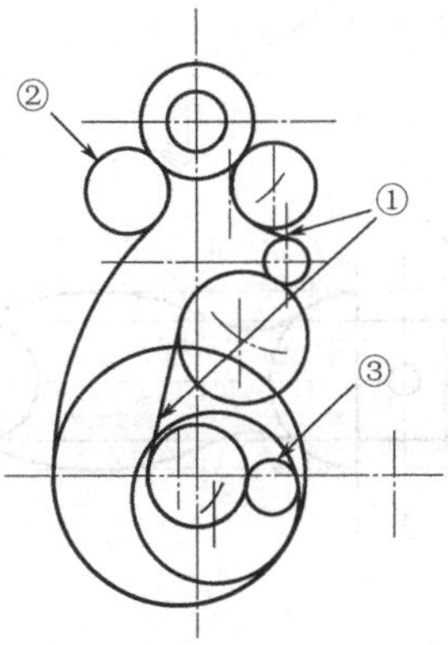

图 6-9 画连接线段和连接弧

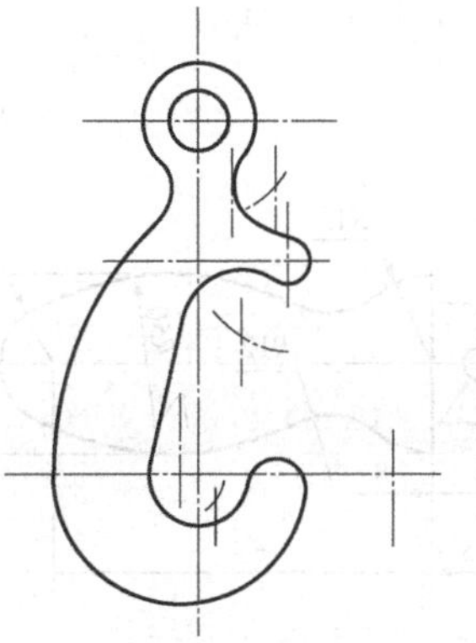

图 6-10 裁剪掉多余的线段和圆弧

9. 整理图形。
10. 标注尺寸。
11. 保存图形。

实例 7 手柄的绘制

一、要点提示

手柄结构特点：图形是由一矩形、圆及多段圆弧连接组成的且以中心轴线为基准上下对称的图形，如图 7-1 所示。

根据手柄结构特点，先绘制一半的图形，再使用“镜像”命令完成全图。

使用命令：直线、圆弧、偏移、拉伸、镜像、标注等。

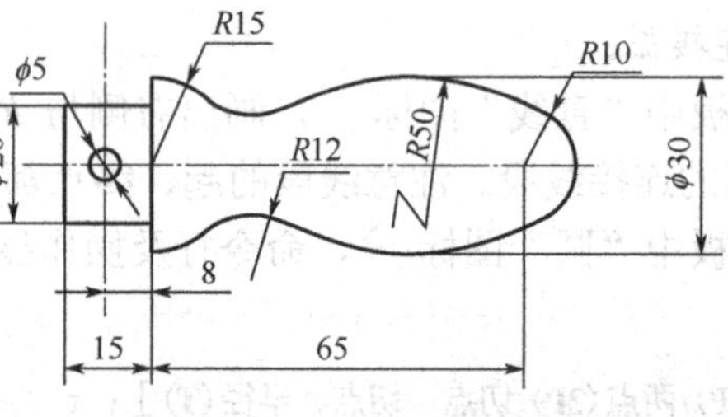

图 7-1 手柄平面图

二、操作步骤

（一）绘图预设及流程（流程参见图 7-2）

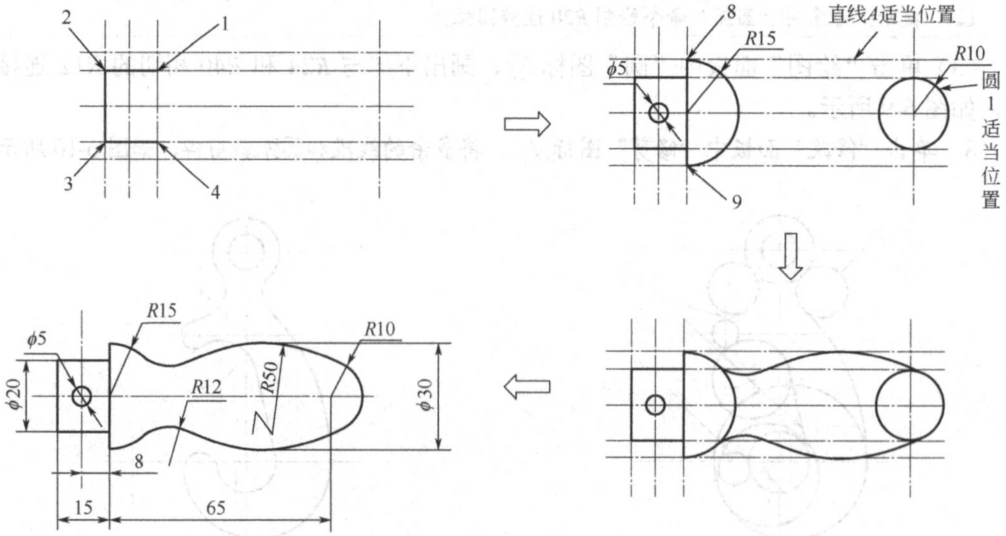

图 7-2 流程图

扫一扫：扫二维码，观看操作视频

（二）详细步骤

1. 设置图层。

在“图层”面板中单击“图层特性管理器”图标，弹出“图层特性管理器”对话框→单击“新建图层”图标3次，建立了3个图层→将这3个图层分别命名为粗实线、标注、中心线，并设置3个图层的颜色、线型、线宽，如图7-3所示。

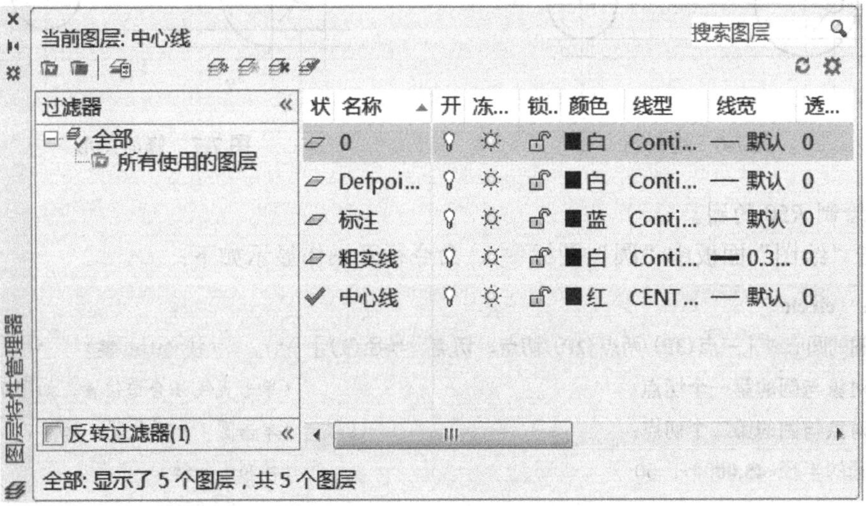

图7-3 设置图层

2. 设置界面栅格。

在状态栏中单击“图形栅格”图标，关闭绘图区域栅格。

3. 绘制中心线。

将中心线层设置为当前层，利用“直线”、“偏移”、“拉伸”命令绘制中心线，如图7-4所示。

4. 绘制矩形3条边。

将粗实线层设置为当前层，单击“绘图”面板中的“直线”图标→依次单击图7-5中的1、2、3、4点→右键结束命令，完成矩形3条边的绘制。

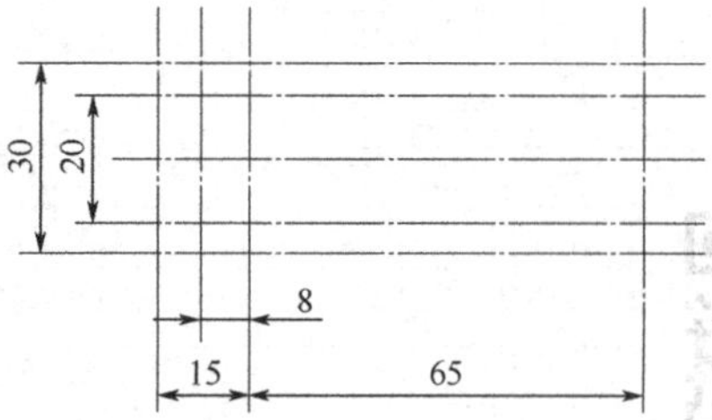

图 7-4　绘制中心线

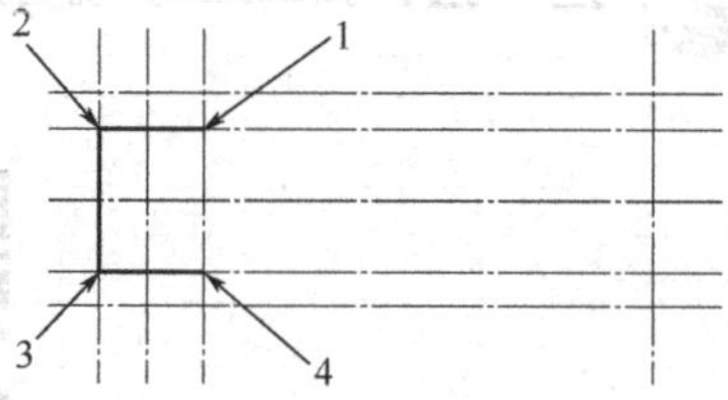

图 7-5　绘制矩形 3 条边

5. 绘制 3 个圆。

利用“圆”命令绘制ϕ5、*R*15、*R*10 的圆，如图 7-6 所示。

6. 绘制直径、修剪半圆。

使用“直线”命令绘制 *R*15 圆的直径（连接 8、9 点），使用“修剪”命令将 *R*15 圆的左半圆修剪掉，如图 7-7 所示。

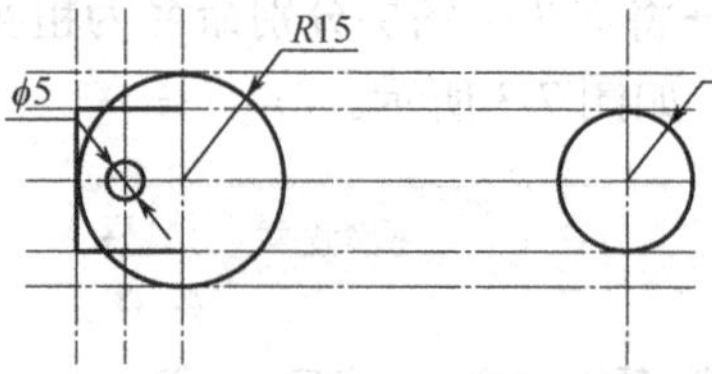

图 7-6　绘制圆

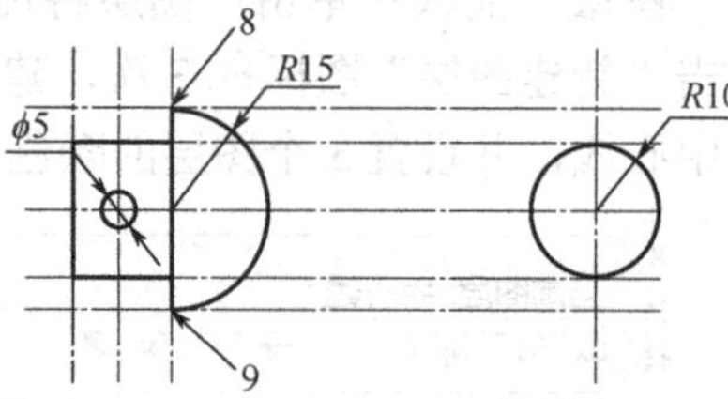

图 7-7　修剪图形

7. 绘制 *R*50 的圆。

单击“绘图”面板中“圆”图标，命令行及操作显示如下：

命令：_circle	
指定圆的圆心或［三点(3P)/两点(2P)/切点、切点、半径(T)］：t	（按 Enter 键）
指定对象与圆的第一个切点：	（单击直线 *A* 合适位置，如图 7-8 所示）
指定对象与圆的第二个切点：	（单击圆 1 合适位置，如图 7-8 所示）
指定圆的半径<45.0000>：50	（按 Enter 键）

绘制结果如图 7-9 所示。

8. 绘制 *R*12 的圆。

单击“绘图”面板中“圆”图标，命令行及操作显示如下：

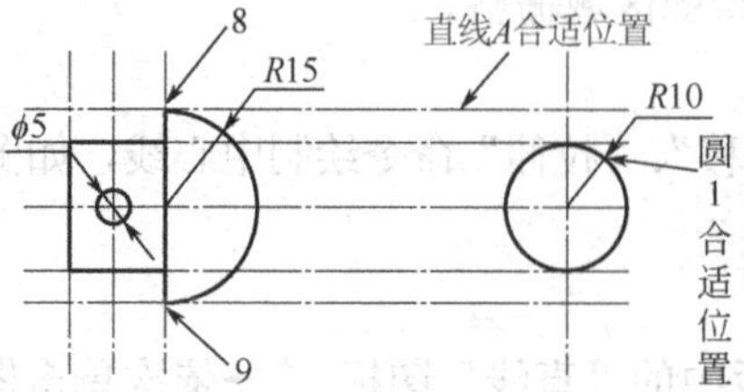

图 7-8　切点位置

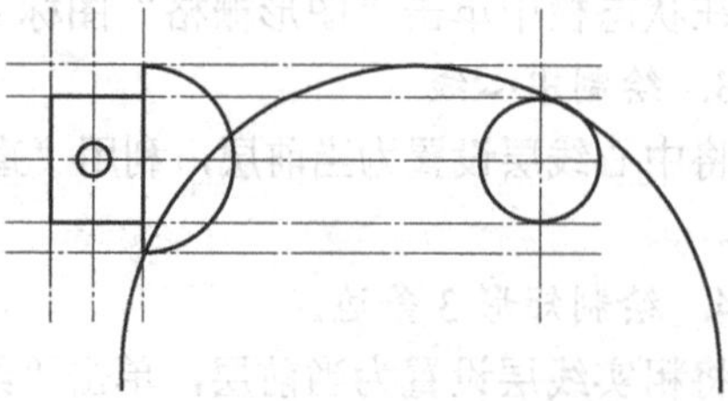

图 7-9　绘制 *R*50 的圆

命令：_circle
指定圆的圆心或［三点(3P)/两点(2P)/切点、切点、半径(T)］：t　　　（按 Enter 键）
指定对象与圆的第一个切点：　　　（单击圆 2 合适位置，如图 7-10 所示）
指定对象与圆的第二个切点：　　　（单击圆 3 合适位置，如图 7-10 所示）
指定圆的半径<45.0000>：12　　　（按 Enter 键）

绘制结果如图 7-11 所示。

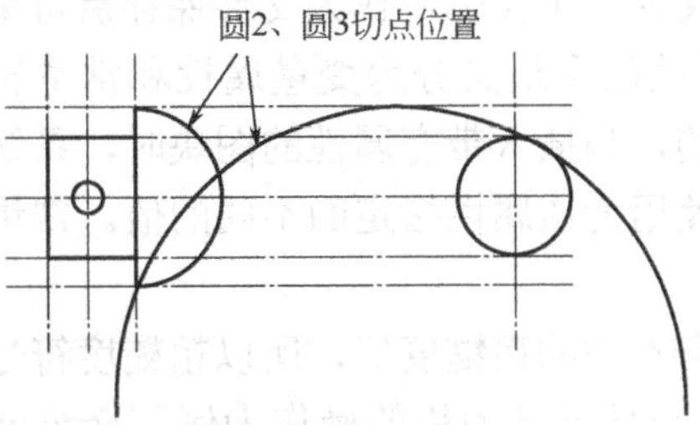

图 7-10　切点位置

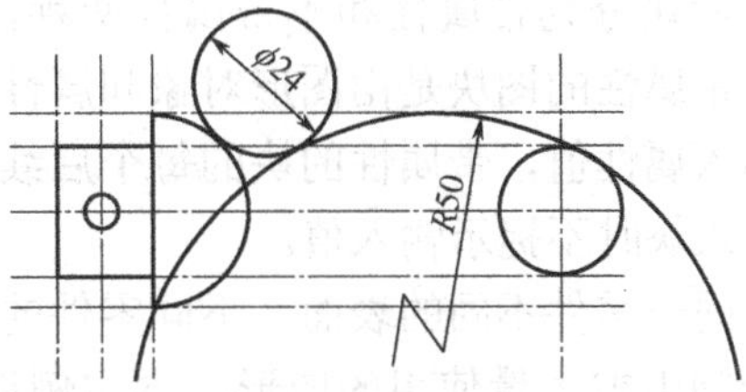

图 7-11　绘制 *R*12 圆

9. 使用“修剪”命令，剪掉多余的圆弧，如图 7-12 所示。

10. 单击“修改”面板中的“镜像”图标，命令行及操作显示如下：

命令：_mirror
选择对象：找到 1 个　　　（单击需要镜像的曲线）
选择对象：找到 1 个，总计 2 个
选择对象：　　　（按 Enter 键）
指定镜像线的第一点：　　　（捕捉图形对称线的左端点）
指定镜像线的第二点：　　　（捕捉图形对称线的右端点）
是否删除源对象？［是(Y)/否(N)］<N>：　　　（按 Enter 键）

镜像结果如图 7-13 所示。

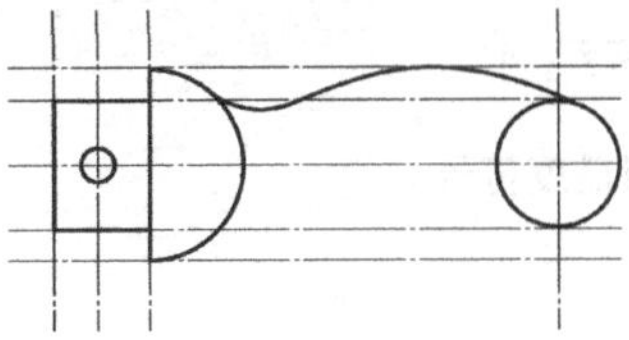
图 7-12　修剪多余圆弧

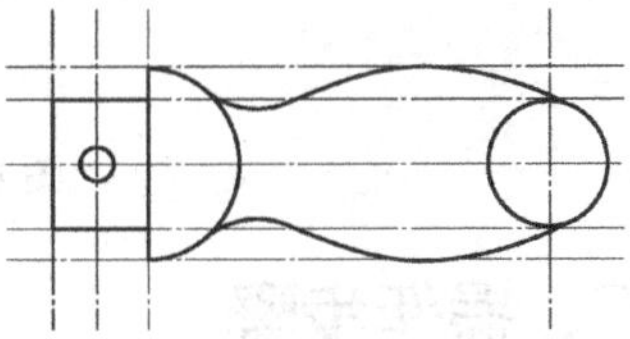
图 7-13　镜像结果

11. 使用“修剪”与“删除”命令，对图形中多余的中心线与曲线进行修剪、删除，如图 7-14 所示。

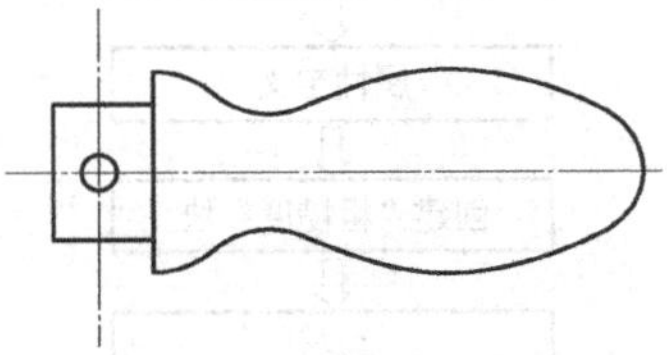
图 7-14　修剪、删除结果

12. 标注尺寸，如图 7-1 所示。

13. 保存图形。

实例8 块操作

一、要点提示

块是把多个元素（图线、文字、尺寸等）定义为一个实体，作为文件保存后可重复使用。图块分为带属性和不带属性两种，其中带属性的图块又分为变量属性和常量属性两种。带属性的图块是由图形对象和属性对象组成的，当插入带有属性的图块时，系统会提示输入属性值，带属性的块的每个后续参照可以使用为该属性指定的不同的值。常量属性在插入块时不提示输入值。

同一零件不同的表面，不同零件的表面均会有不同的粗糙度值，所以粗糙度符号是零件绘制中被大量使用的图形。本实例以将粗糙度符号定义为块的操作为例，介绍创建、写、插入带属性的块的操作过程。

粗糙度的标注，国家标准有规定的标注形式。为了方便插入粗糙度块，将定义两种带属性的粗糙度块，如图8-1所示。

通过粗糙度的块操作实训，学员应掌握如何进行块属性定义、块定义、写块、插入块等操作。

使用命令：复制、旋转、移动、创建块、写块、插入块等。

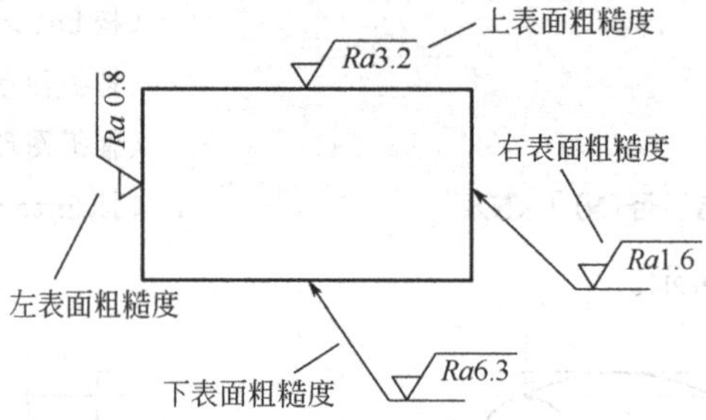

图8-1　4个方位标注的粗糙度符号

二、操作步骤

（一）绘图预设及流程（流程参见图8-2）

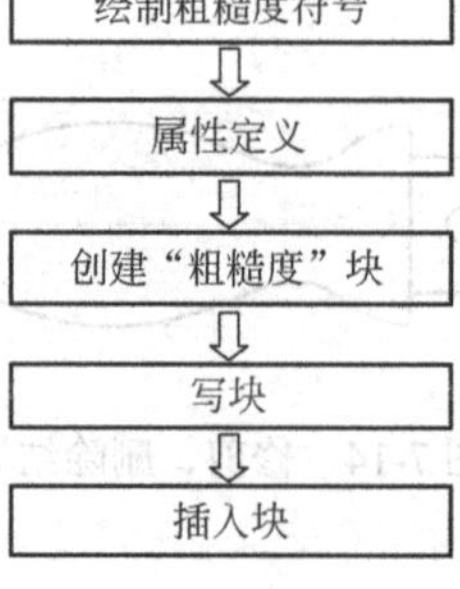

图8-2　流程图

扫一扫： 扫二维码，观看操作视频

（二）详细步骤

1. 绘制粗糙度符号。

参见实例 4 绘制粗糙度符号的操作过程。

2. 属性定义。

单击面板标题栏中“默认”选项→“块”面板下拉菜单→“定义属性”，如图 8-3 所示→打开“属性定义”对话框，如图 8-4 所示→在“标记”文本框中填入 RD，在“提示”文本框中填入 RD，在“值”文本框中填入 2.5，在“对正”文本框中选“左对齐”，在“文字高度”文本框中填入 3.5→单击“确定”按钮→单击粗糙度符号右上方水平线的下方，如图 8-5 所示。

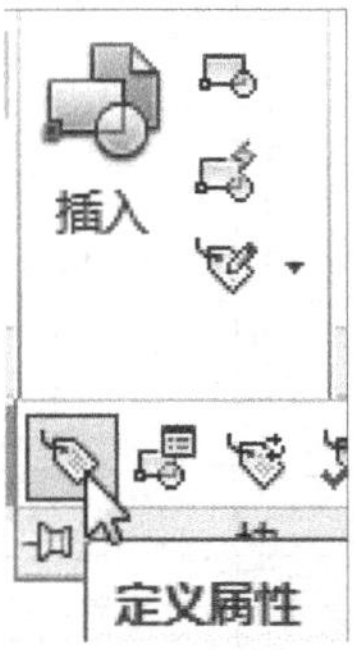

图 8-3 “定义属性”选项

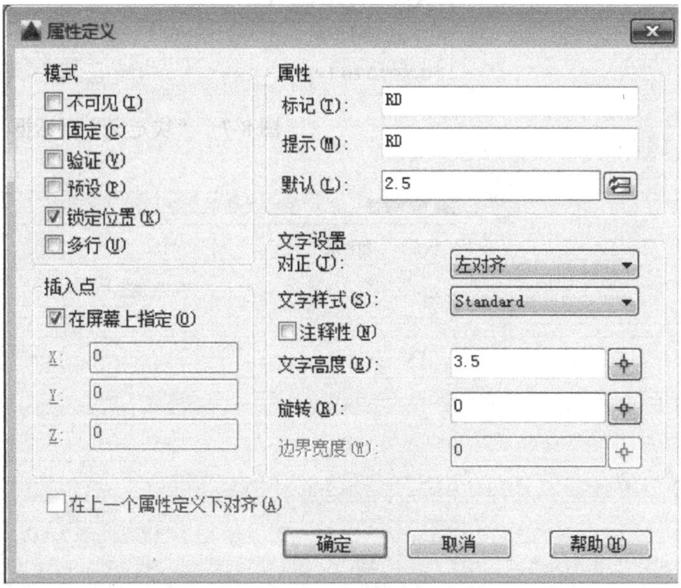

图 8-4 “属性定义”对话框

3. 单击“绘图”面板中“矩形”图标 ，命令行及操作显示如下：

命令：_rectang

指定第一个角点或［倒角(C)/标高(E)/圆角(F)/厚度(T)/宽度(W)］： （在合适的位置单击一下）

指定另一个角点或［面积(A)/尺寸(D)/旋转(R)］：（鼠标向右下方移动至合适的位置单击一下）

矩形绘制结果如图 8-6 所示。

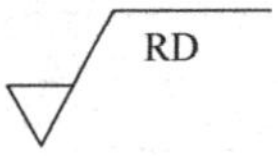

图 8-5　带属性的粗糙度符号

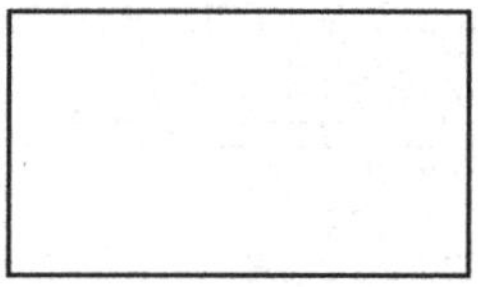

图 8-6　绘制矩形

4. 创建“粗糙度”块。

单击面板标题栏中“默认”选项→“块”面板→“创建块”图标，弹出“块定义”对话框，如图 8-7 所示→在“名称”文本框中输入“粗糙度”→单击“选择对象”按钮，框选粗糙度图形→右击→单击“拾取点”按钮→捕捉粗糙度图形的下端尖点→单击“确定”按钮，弹出“编辑属性”对话框，如图 8-8 所示→采用默认设置，单击“确定”按钮。

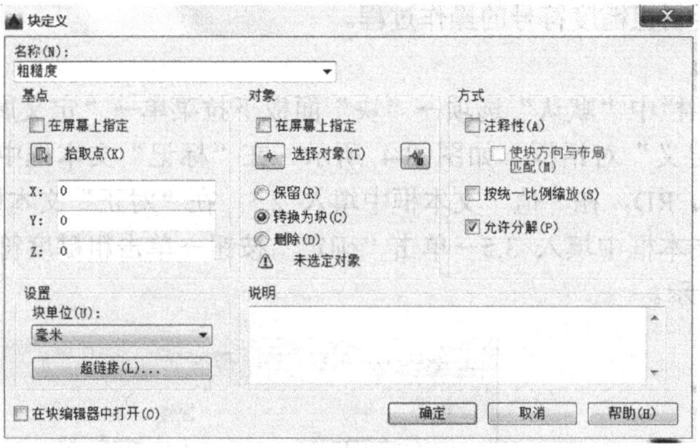

图 8-7　“块定义”对话框

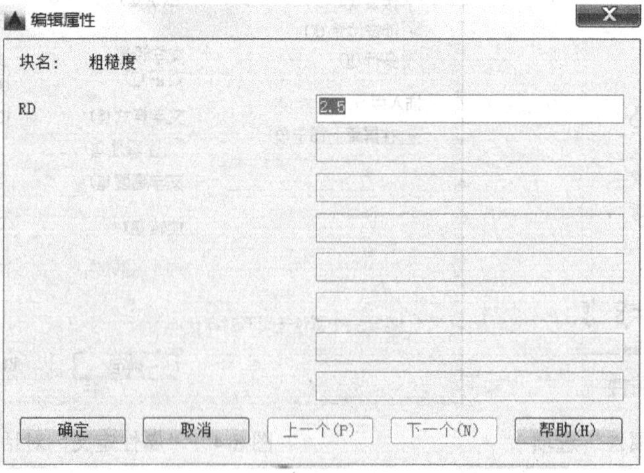

图 8-8　“编辑属性”对话框

5. 写块。

在命令窗口输入“WBLOCK”或“W”，回车→弹出“写块”对话框，如图 8-9 所示→单击“源”中“块”文本框选中“粗糙度”→单击“目标”中“文件名和路径”文本框右边带三点的按钮[...]，弹出“浏览图形文件”对话框→选择 D 盘中“图块”文件夹→单击“保存”按钮→单击“写块” 对话框中的“确定”按钮。

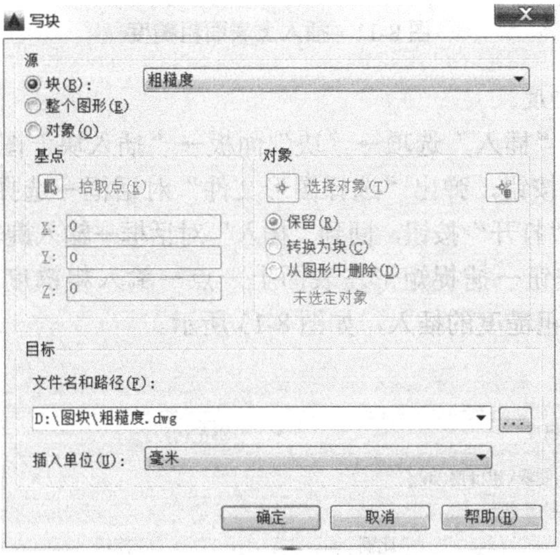

图 8-9 “写块”对话框

6. 插入上表面粗糙度。

单击面板标题栏中“默认”选项→“块”面板→“插入块”图标→单击“更多选项”→弹出“插入”对话框→单击“浏览”按钮，弹出“选择图形文件”对话框→选择 D 盘中“图块”文件夹中“粗糙度”→单击“打开”按钮，回到“插入”对话框，如图 8-10 所示→单击“确定”按钮→捕捉需插入的位置→输入粗糙度的值 Ra3.2→单击“确定”按钮，完成插入粗糙度块如图 8-11 所示。

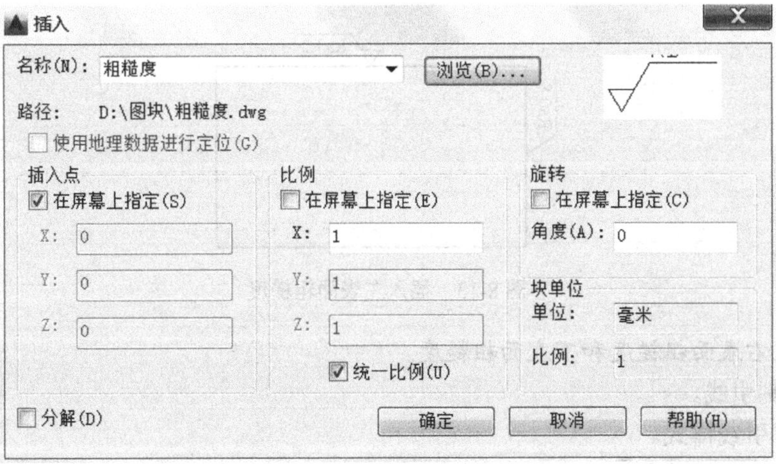

图 8-10 “插入”对话框 1

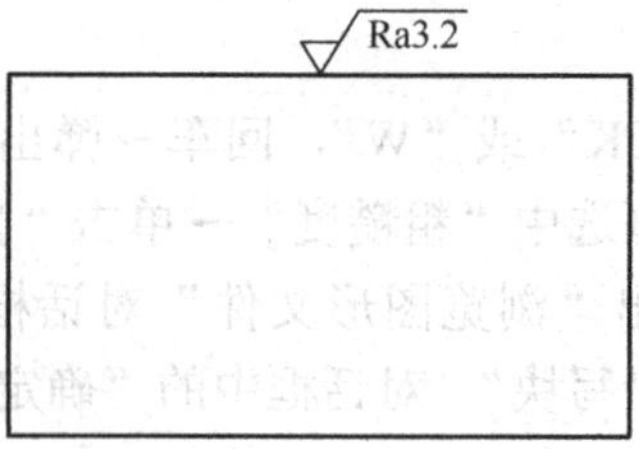

图 8-11　插入上表面粗糙度

7. 插入左表面粗糙度。

单击面板标题栏中“插入”选项→“块”面板→“插入块”图标→弹出“插入”对话框→单击“浏览”按钮，弹出“选择图形文件”对话框→选择 D 盘中“图块”文件夹中“粗糙度”→单击“打开”按钮，回到“插入”对话框→输入旋转角度 90 度，如图 8-12 所示→单击“确定”按钮→捕捉矩形左表面上一点→输入粗糙度的值 Ra0.8→单击“确定”按钮，完成左表面粗糙度的插入，如图 8-13 所示。

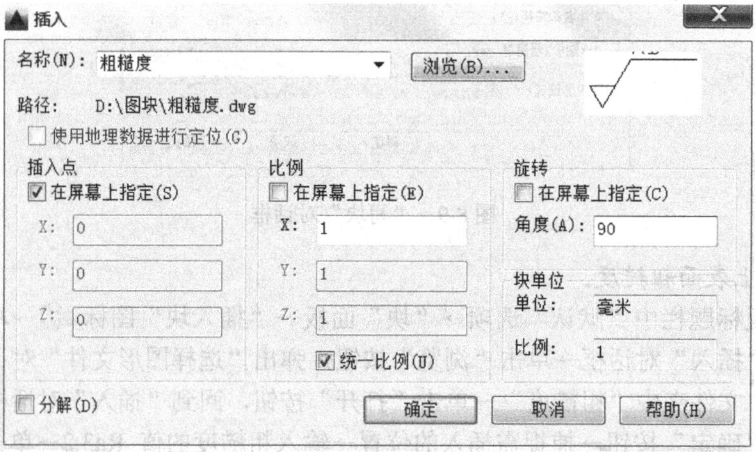

图 8-12　“插入”对话框 2

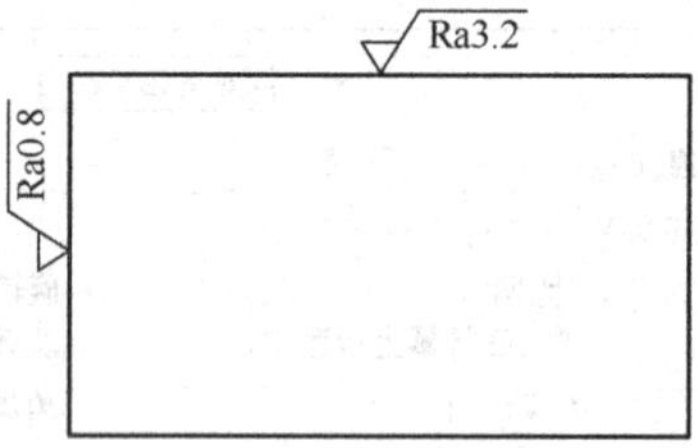

图 8-13　插入左表面粗糙度

8. 插入右表面粗糙度和下表面粗糙度。

（1）绘制引线。

① 设置引线样式。

单击面板标题栏中“注释”选项→“引线”面板→“多重引线样式管理器”图标，如图 8-14 所示→弹出“多重引线样式管理器”对话框，如图 8-15 所示→单击“新建”按钮，弹出“创建新多重引线样式”对话框，如图 8-16 所示→新样式名输入 y1→单击“继续”按钮，弹出“修改多重引线样式”对话框，如图 8-17 所示。

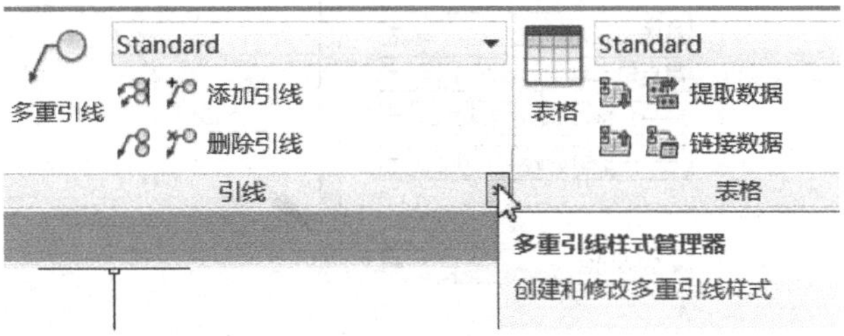

图 8-14　“多重引线样式管理器”命令

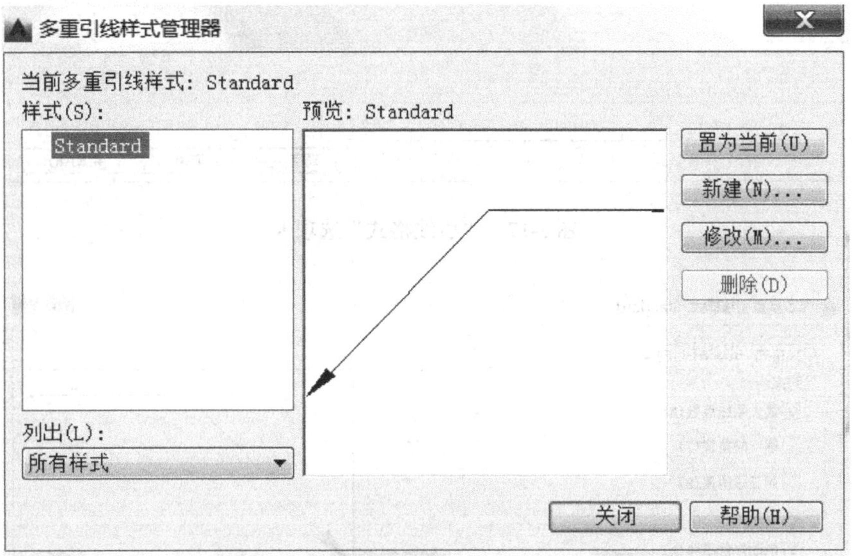

图 8-15　“多重引线样式管理器”对话框

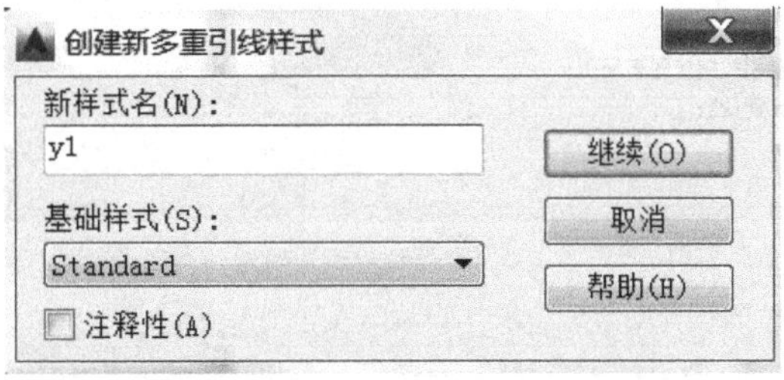

图 8-16　“创建新多重引线样式”对话框

● “引线格式”选项卡中：“箭头”大小中输入 4；“打断大小”中输入 0.5，如图 8-17 所示。

● “引线结构”选项卡中：“设置基线距离”中输入 15，其他采用默认值，如图 8-18 所示。

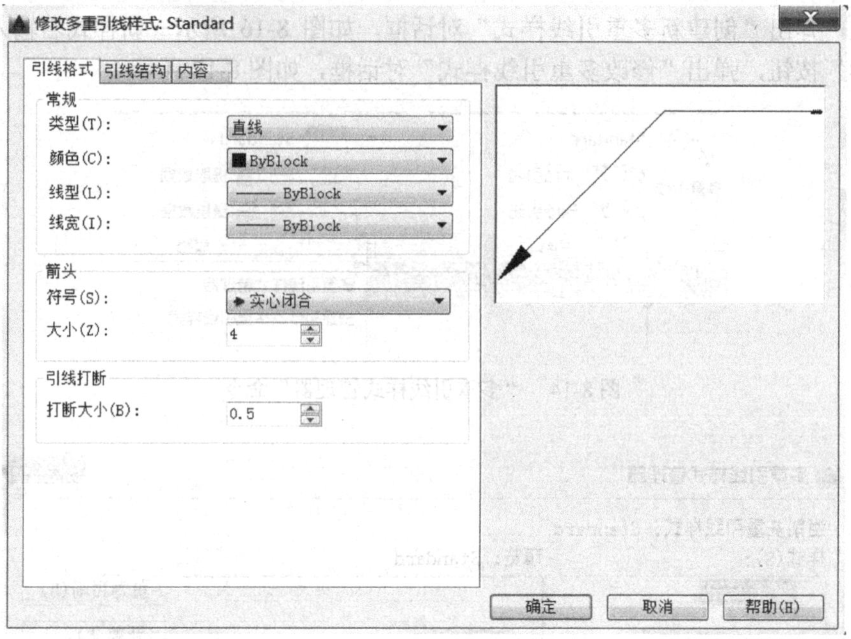

图 8-17 “引线格式”选项卡

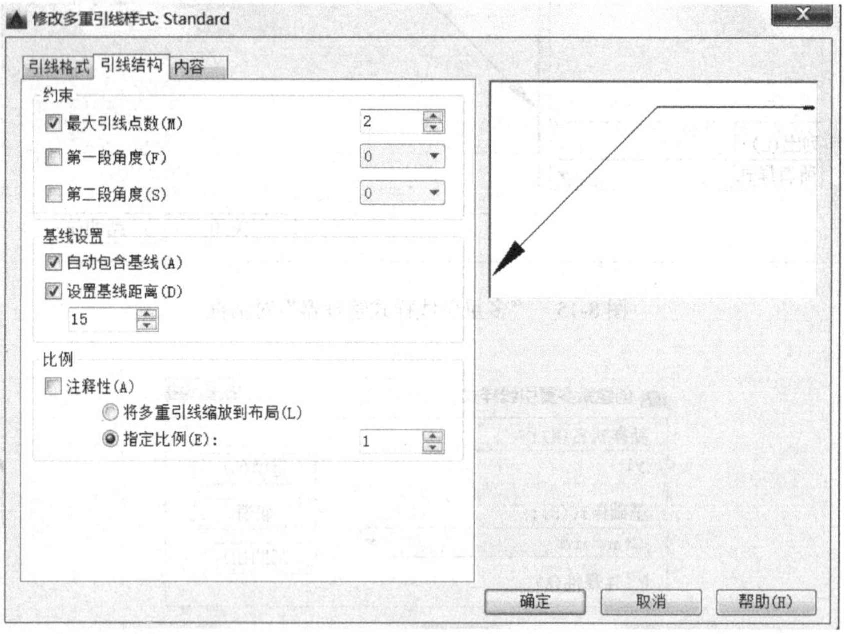

图 8-18 “引线结构”选项卡

单击“确定”按钮，返回“多重引线样式管理器”对话框，样式中选择 y1→单击“置为当前”按钮→单击“关闭”按钮。

② 绘制引线。

单击“引线”面板中“多重引线”图标，命令行及操作显示如下：

命令：_mleader

指定引线箭头的位置或［引线基线优先(L)/内容优先(C)/选项(O)］<选项>:

（单击矩形下方直线上一点）

指定引线基线的位置：（鼠标向右下方移动至合适的位置单击一下，按 Esc 键）

矩形下表面上的引线绘制完成。同理，绘制矩形右表面上的引线，如图 8-19 所示。

（2）插入粗糙度。

按插入上表面粗糙度的方法，将粗糙度符号插入到多重引线上，结果如图 8-1 所示。

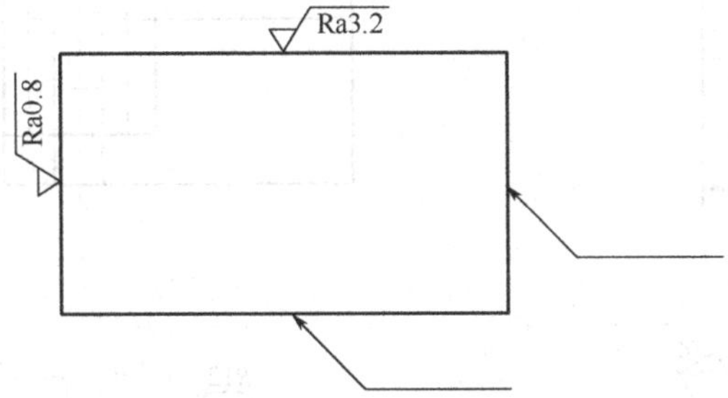

图 8-19　绘制多重引线

课后练习

1．思考与练习：根据本实例讲解内容，完成基准符号的块操作。

2．绘制下面的平面图。

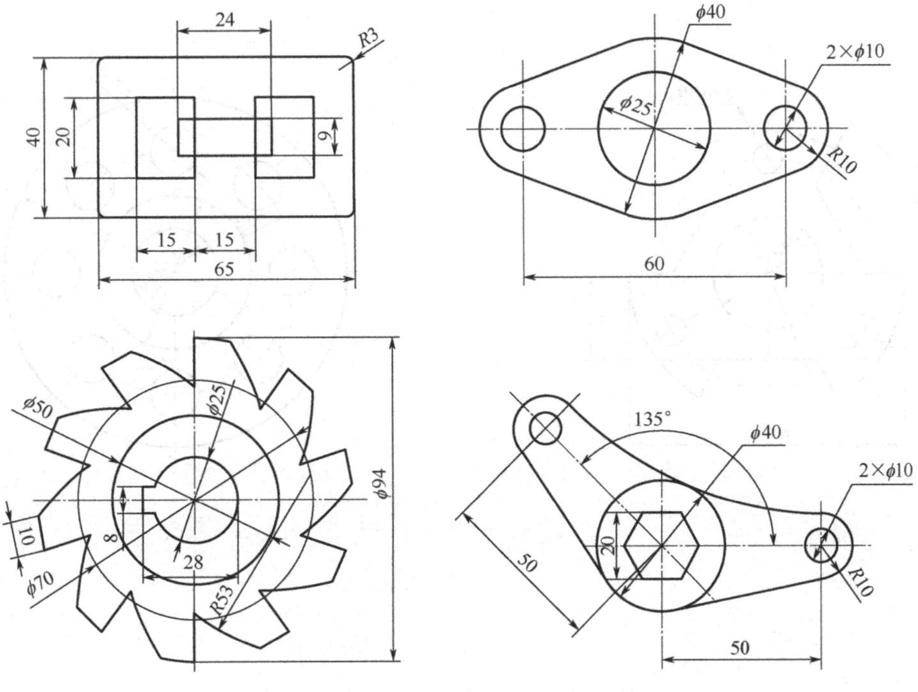

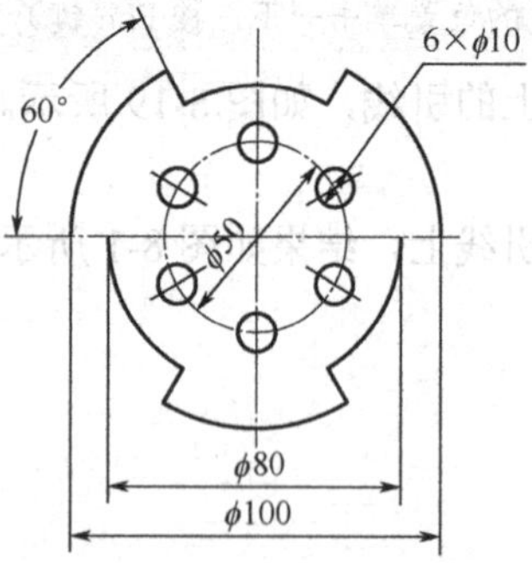
6×ϕ10
60°
ϕ50
ϕ80
ϕ100

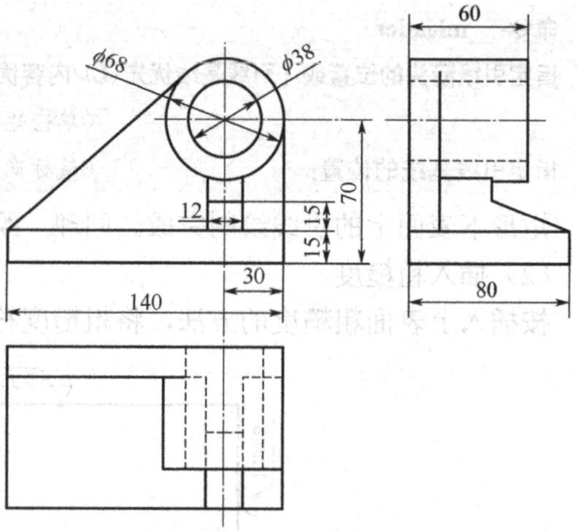
ϕ68
ϕ38
60
70
12
15
15
30
140
80

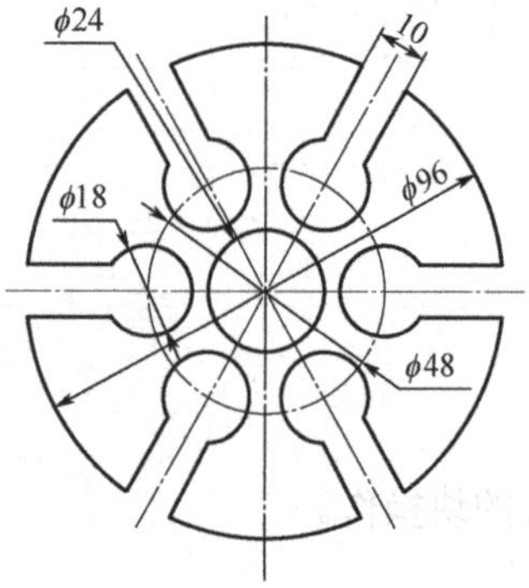
ϕ24
10
ϕ18
ϕ96
ϕ48

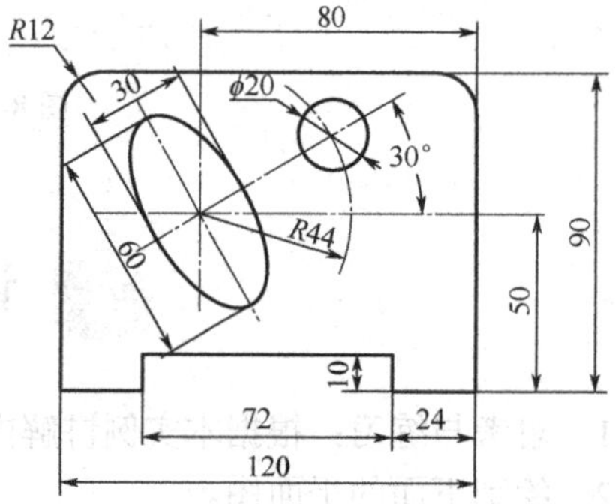
R12
80
30
ϕ20
30°
R44
60
90
50
10
72
24
120

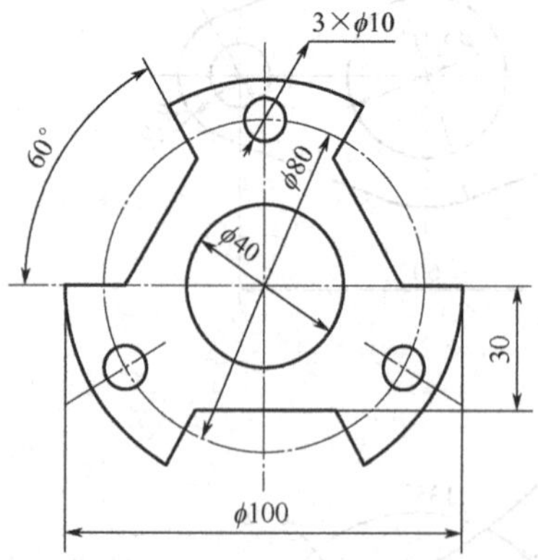
3×ϕ10
60°
ϕ80
ϕ40
30
ϕ100

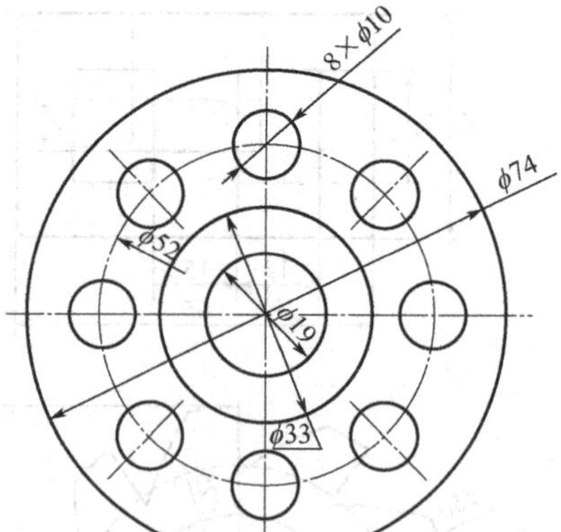
8×ϕ10
ϕ74
ϕ52
ϕ19
ϕ33

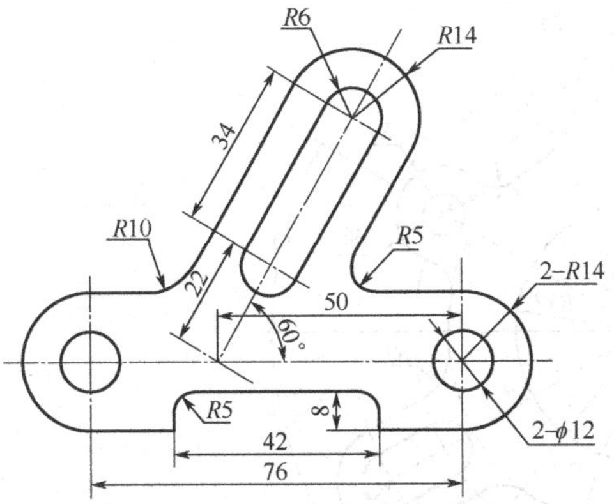
R6
R14
34
R10
R5
22
50
2-R14
60°
R5
8
2-φ12
42
76

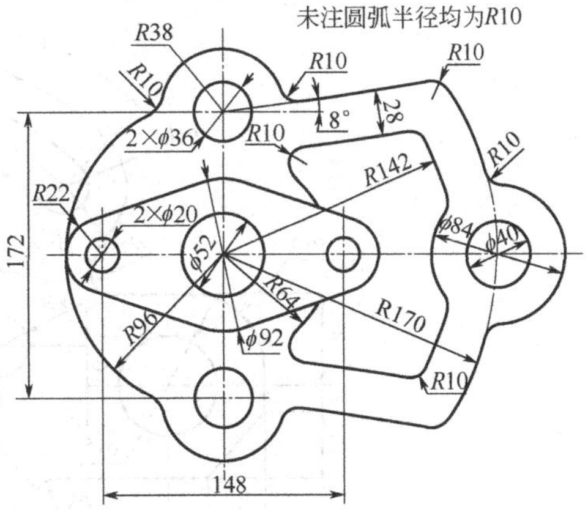
未注圆弧半径均为R10
R38
R10
R10
R10
8°
28
2×φ36
R10
R142
R10
R22
2×φ20
φ84
φ40
172
φ52
R64
R96
R170
φ92
R10
148

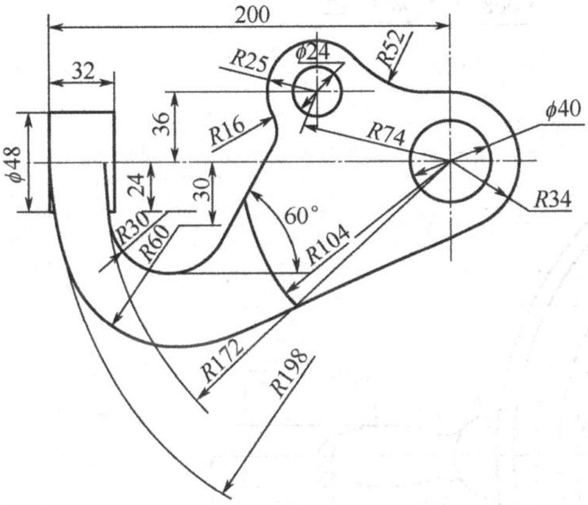
200
32
φ24
R52
R25
φ40
36
R16
R74
φ48
24
30
60°
R34
R30
R60
R104
R172
R198

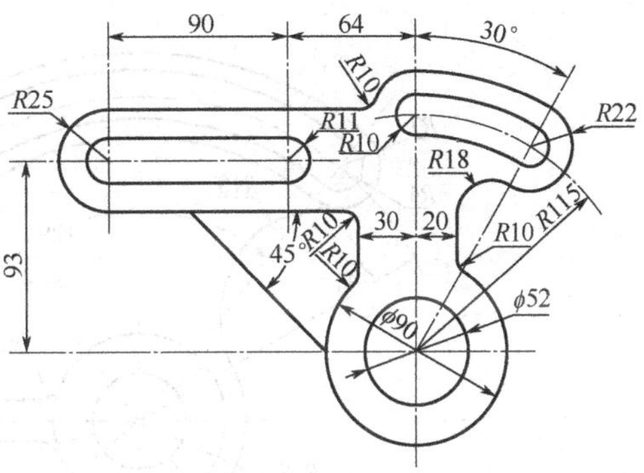
90
64
30°
R10
R25
R11
R22
R10
R18
93
R10
30
20
R115
45°
R10
R10
φ52
φ90

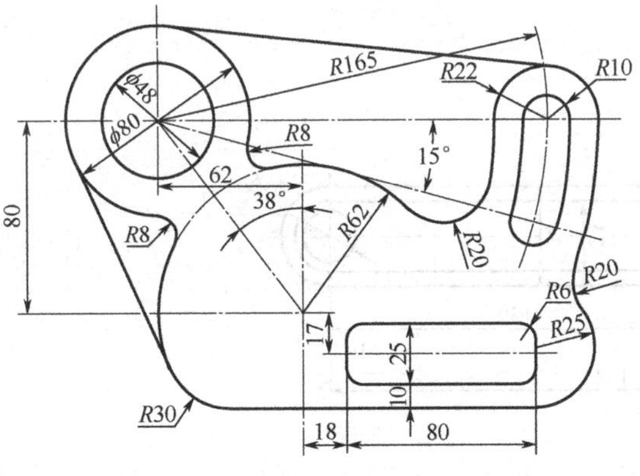
R165
R10
φ48
R22
φ80
R8
15°
80
62
38°
R62
R8
R20
R20
R6
R25
17
25
10
R30
18
80

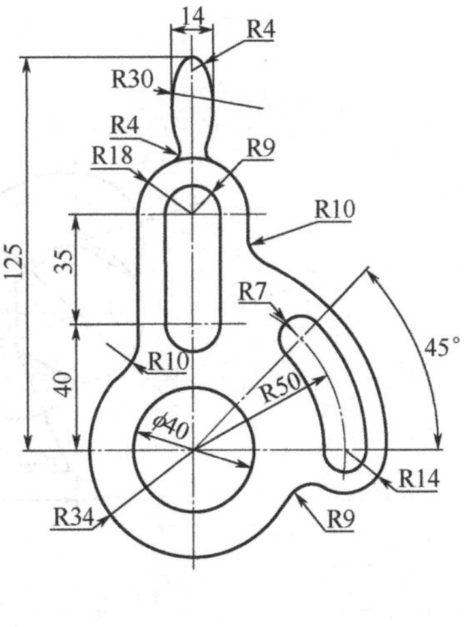
14
R4
R30
R4
R18
R9
R10
125
35
R7
45°
R10
40
R50
φ40
R14
R34
R9

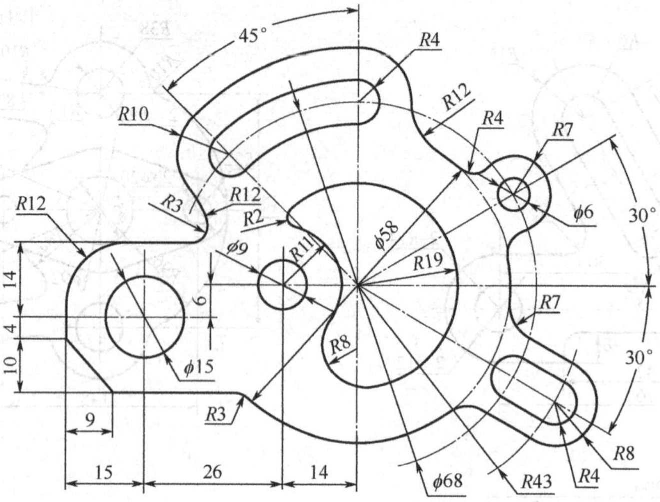

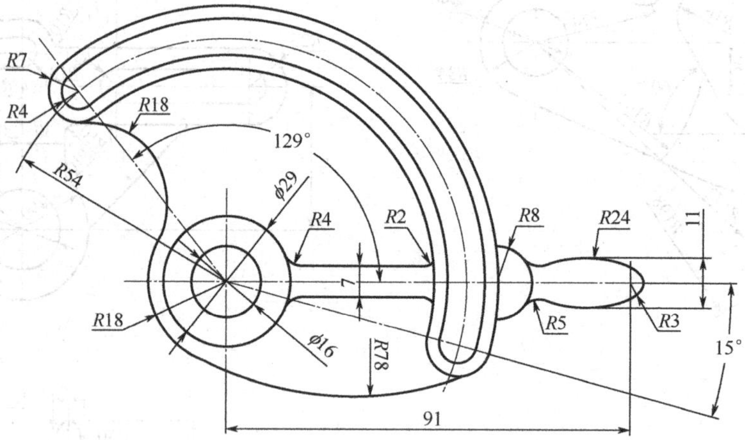

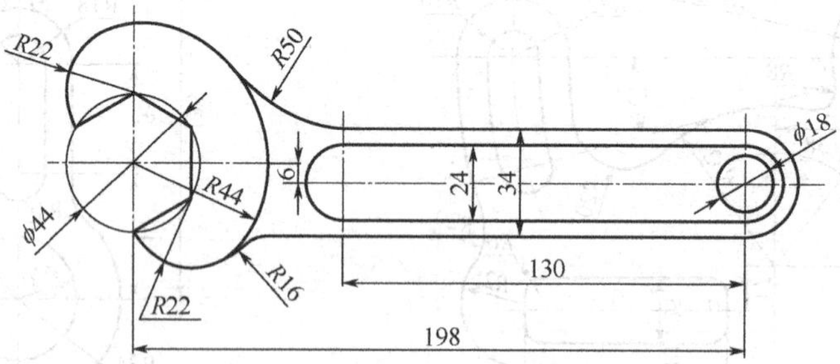

3．绘制 A4 图框及标题栏并将其保存成样板图。

4．绘制下列螺栓、螺母平面图并创建螺栓图块、螺母图块（外部图形块）。

（1）螺栓。

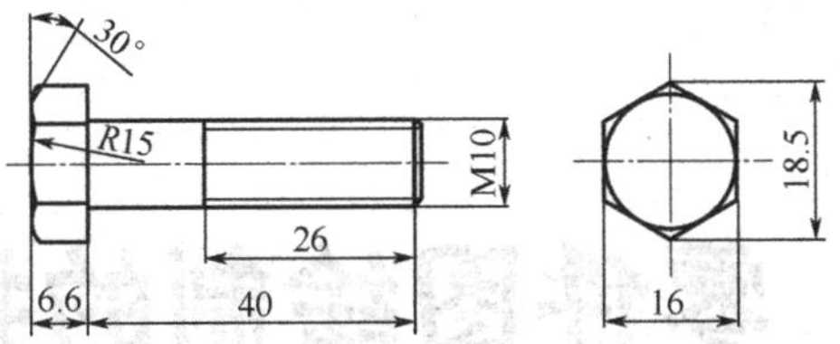

（2）螺母。

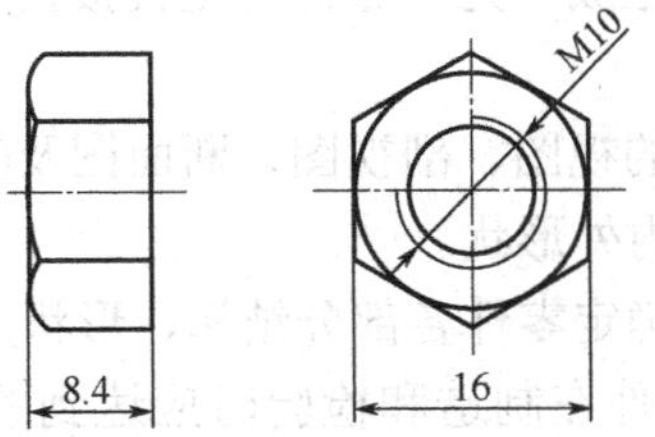

第 2 章　零件图绘制的技能实训

零件是机器或部件的基本组成单元。零件图是直接指导制造和检验零件的图样。一张完整的零件图应具备以下内容：

（1）一组图形——用必要的视图、剖视图、断面图及其他规定画法，正确、完整、清晰地表达零件各部分的结构和内外形状。

（2）完整的尺寸——用来确定零件各部分结构、形状大小和相对应的位置。

（3）技术要求——说明零件在制造和检验时应达到的要求，包括尺寸公差、形位公差、表面粗糙度、热处理及一些特殊要求。

（4）标题栏——说明零件的名称、材料、图号以及图样的责任者签字等。

本章设有 4 个实例，推荐课时为 16 课时。

学习内容

1. 球类零件的绘制方法。
2. 轴类零件的绘制方法。
3. 盘盖类零件的绘制方法。
4. 叉架类零件的绘制方法。

学习目标

1. 掌握常用零件图的绘制方法。
2. 会设置图纸幅面、图框、标题栏。
3. 会调用样板图、尺寸标注、技术要求的书写及标题栏填写。

实例 9　球塞零件图的绘制

一、要点提示

球塞零件基本形状为圆球，经挖切而成，结构左右对称，如图 9-1 所示。

使用命令：直线、圆、偏移、修剪、特性匹配、样条曲线、图案填充、线性标注、直径标注、插入块等。

本实例将介绍设置经典界面的方法及在经典界面上绘制图形，穿插讲解调用样板图文件、修改线性比例、标注样式设置等功能的应用。

通过绘制完整的零件图，可提高学员综合应用 AutoCAD 的能力。

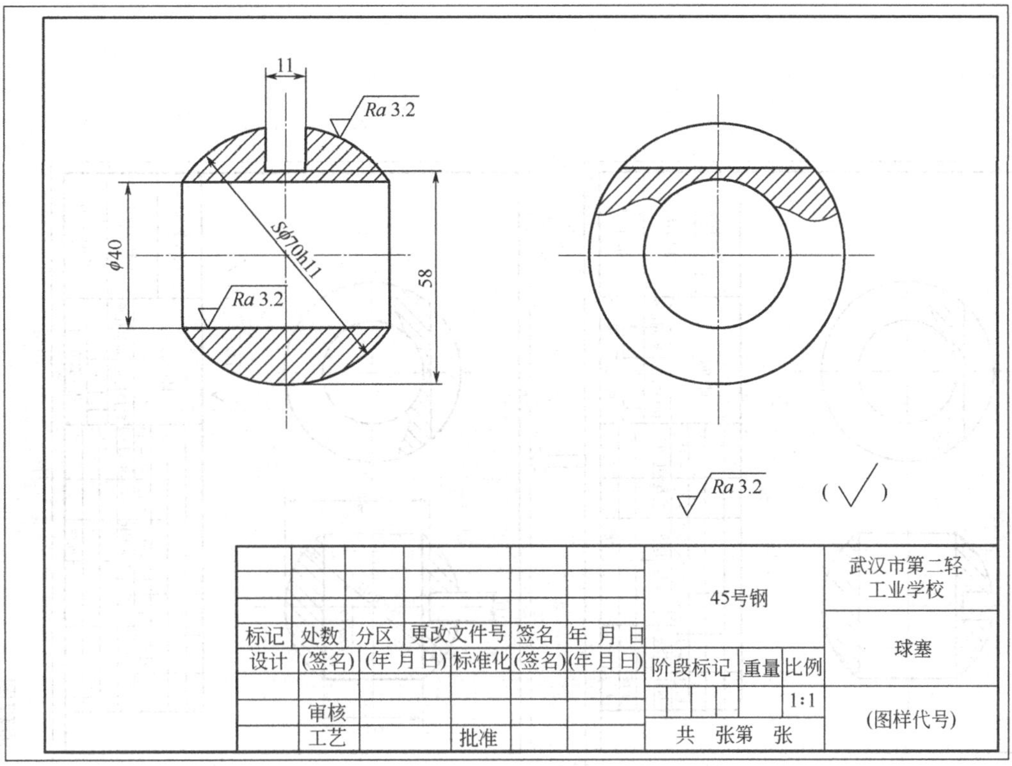

图 9-1　球塞零件图

二、操作步骤

（一）绘图预设及流程（流程参见图 9-2）

绘制球塞零件的流程：调入样板图，绘制球塞的主视图和左视图，标注尺寸公差、表面粗糙度、形位公差等技术要求，填写标题栏，如图 9-2 所示。

扫一扫： 扫二维码，观看操作视频

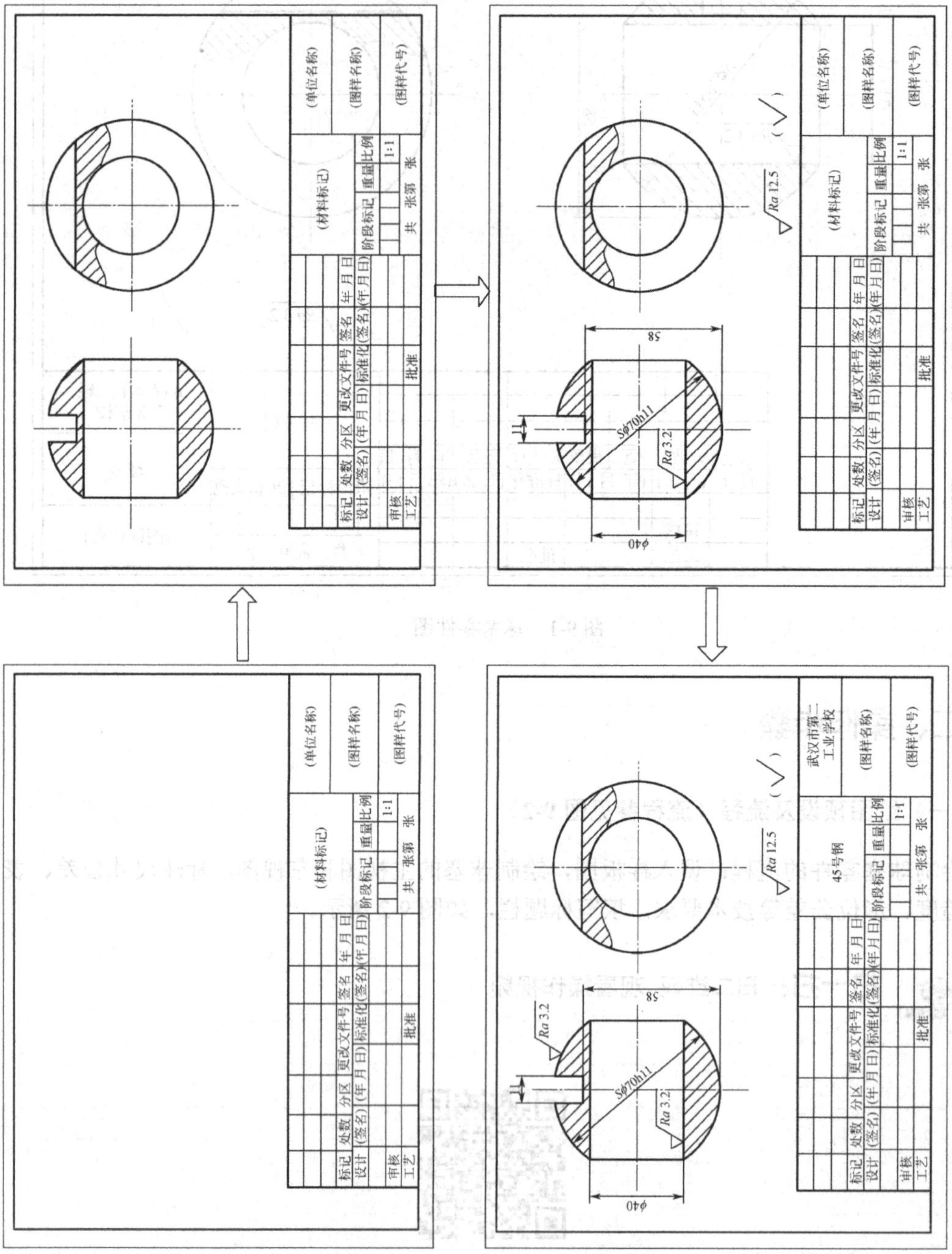
(单位名称)
(图样名称)
(图样代号)
(材料标记)
1:1
Sϕ70h11
Ra 3.2
Ra 12.5
58
ϕ40
武汉市第二工业学校
45号钢

图 9-2 流程图

（二）详细步骤

1．切换至经典界面。

（1）单击快速访问工具栏中的下拉菜单图标→单击“显示菜单栏”选项，如图 9-3 所示→右击面板标题栏，弹出快捷菜单，如图 9-4 所示→单击“关闭”选项，关闭功能区→单击“工具”菜单→工具栏→AutoCAD→单击“绘图”，调出“绘图”工具栏。

重复单击“工具”菜单→工具栏→AutoCAD 调出其他常用的工具栏，比如：修改、图层、标注、特性、标准等工具栏，如图 9-5 所示。

（2）单击状态栏中“切换工作空间”图标→选择“将当前工作空间另存为”→弹出“保存工作空间”对话框，输入“经典模块”，如图 9-6 所示→单击“保存”。“经典界面”重置后，再想进入“经典界面”，启动软件后，在新界面中，单击状态栏中“切换工作空间”图标→选择“经典模块”即可进入经典界面。

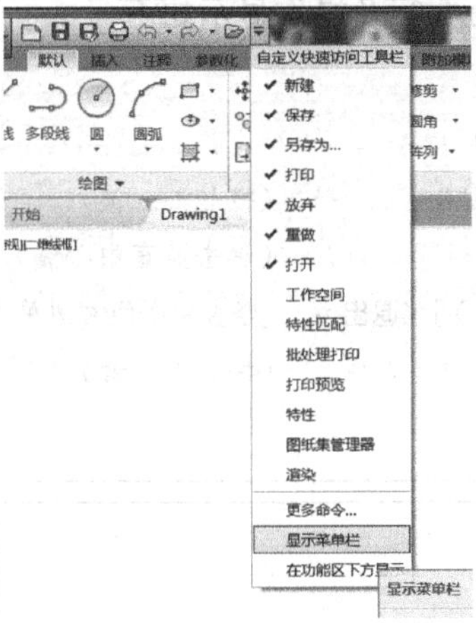

图 9-3 “快速访问工具栏”下拉菜单

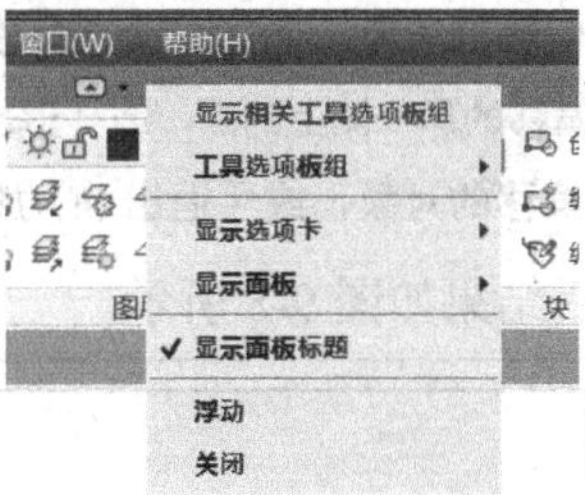

图 9-4 “面板标题栏”快捷菜单

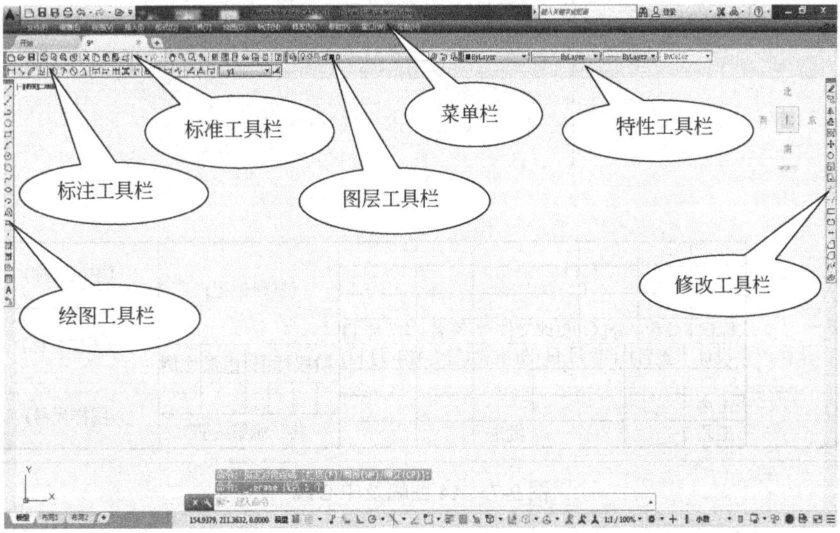

图 9-5 经典界面

图 9-6　保存工作空间对话框

2. 根据零件的结构形状和大小确定表达方法、比例和图幅，调用样板图。

零件图采用主视图、左视图两个视图来表达零件，调用样板图 A4 幅面，比例采用 1:1。

3. 设置绘图环境。

在状态栏设置有关的对象捕捉，单击“正交”按钮。

4. 绘制视图。

（1）将中心线层作为当前层，绘制中心线，如图 9-7 所示。

（2）单击“修改”面板中的“偏移”图标，命令行及操作显示如下：

命令：_offset

当前设置：删除源=否　图层=源　OFFSETGAPTYPE=0

指定偏移距离或［通过(T)/删除(E)/图层(L)］<通过>：120　　（按 Enter 键）

选择要偏移的对象，或［退出(E)/放弃(U)］<退出>：　　（单击竖直中心线）

指定要偏移的那一侧上的点，或［退出(E)/多个(M)/放弃(U)］<退出>：　（竖直中心线右边单击一下）

选择要偏移的对象，或［退出(E)/放弃(U)］<退出>：　　（按 Enter 键）

偏移后结果如图 9-8 所示。

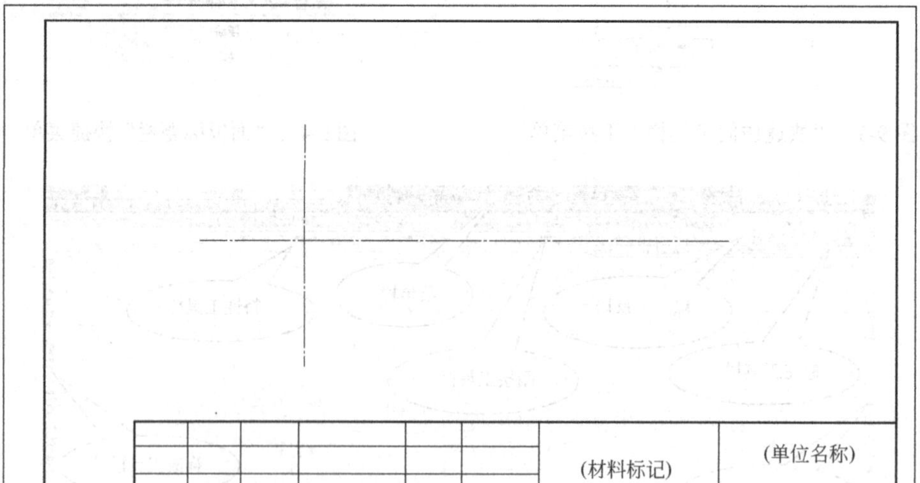
(材料标记)
(单位名称)
标记 处数 分区 更改文件号 签名 年 月 日
设计 (签名) (年 月 日) 标准化 (签名) (年 月 日)
阶段标记 重量 比例
(图样名称)
审核
工艺
批准
共 张第 张
(图样代号)

图 9-7　A4 图幅及中心线

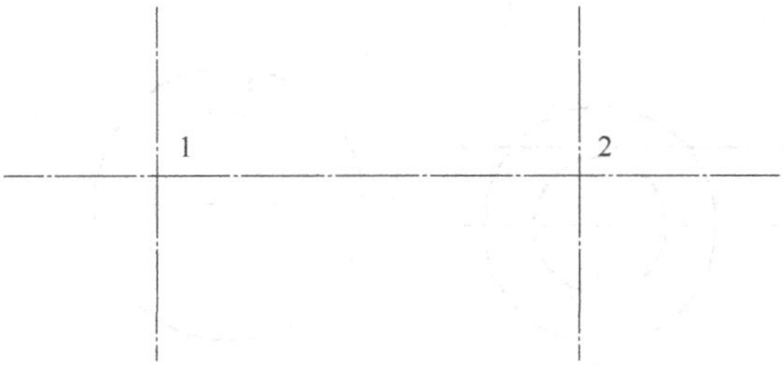

图 9-8　偏移中心线

（3）将粗实线层作为当前层，采用“圆”命令绘制主视图和左视图外轮廓。

单击“绘图”工具栏中“圆”图标，命令行及操作显示如下：

命令：_circle
指定圆的圆心或［三点（3P）/两点（2P）/切点、切点、半径（T）］：　（捕捉交点 1）
指定圆的半径或［直径（D）］：35　（按 Enter 键）

完成主视图外轮廓的绘制。

采用同样的方法，绘制圆心为交点 2，半径分别为 35 和 20 的两个同心圆，如图 9-9 所示。

（4）单击“修改”工具栏中“偏移”图标，命令行及操作显示如下：

命令：_offset
当前设置：删除源=否　图层=源　OFFSETGAPTYPE=0
指定偏移距离或［通过(T)/删除(E)/图层(L)］<通过>：23　（按 Enter 键）
选择要偏移的对象，或［退出(E)/放弃(U)］<退出>：　（单击水平中心线）
指定要偏移的那一侧上的点，或［退出(E)/多个(M)/放弃(U)］<退出>：
（在水平中心线上方单击一下）
选择要偏移的对象，或［退出(E)/放弃(U)］<退出>：　（按 Enter 键）

用同样的方法将主视图竖直中心线向左、向右偏移 5.5，偏移结果如图 9-10 所示。

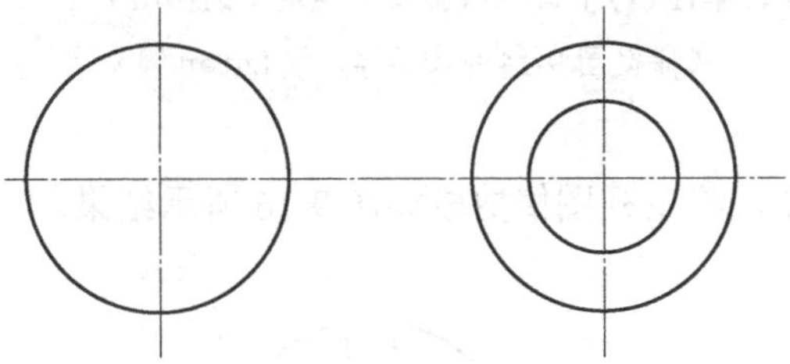

图 9-9　圆的绘制

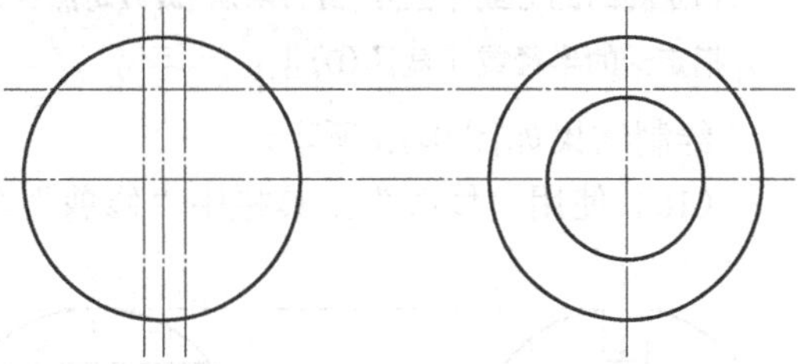

图 9-10　偏移中心线

（5）单击“标准”工具栏中“特性匹配”图标→单击任一条粗实线→单击偏移的三条中心线，如图 9-11 所示。

（6）单击“修改”工具栏中“修剪”命令，将图形进行修剪，结果如图 9-12 所示。

（7）采用“偏移”命令，将水平中心线向上、向下偏移 20，偏移结果如图 9-13 所示。

（8）单击“绘图”工具栏中“直线”图标，命令行及操作显示如下：

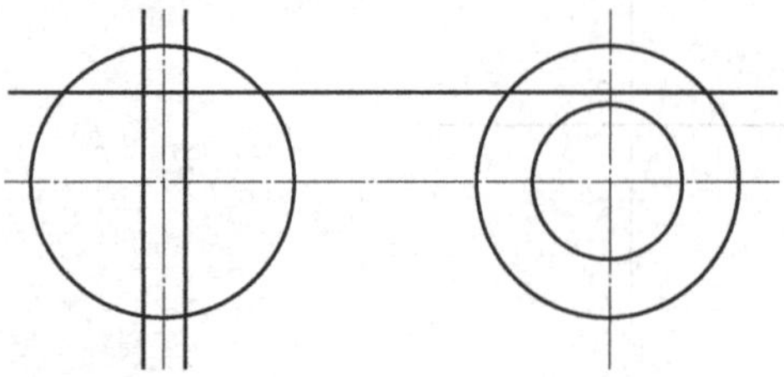

图 9-11　将中心线变成粗实线线型

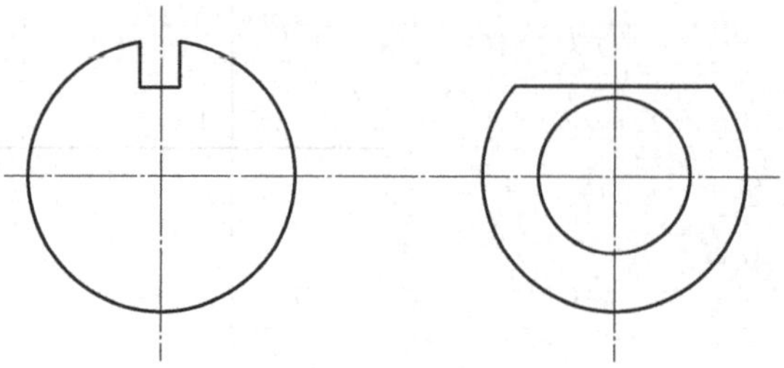

图 9-12　修剪结果

命令：_line
指定第一个点：　（捕捉交点 3）
指定下一点或［放弃(U)］：　（鼠标水平向右移动，合适的位置单击一下，与右边的垂直中心线相交，交点为 4 点）
指定下一点或［放弃(U)］：　（按 Enter 键）

绘制结果如图 9-14 所示。

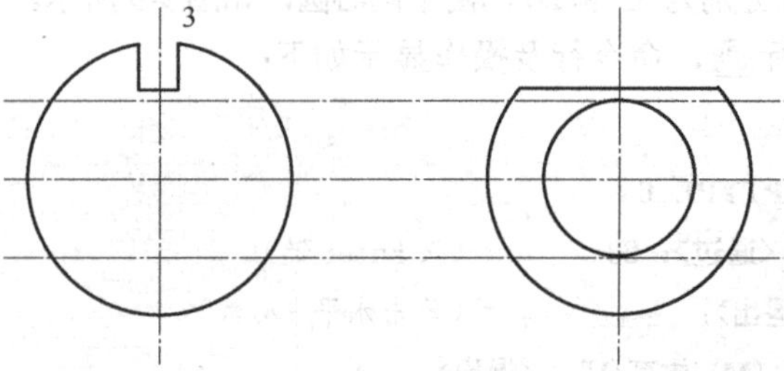

图 9-13　偏移结果

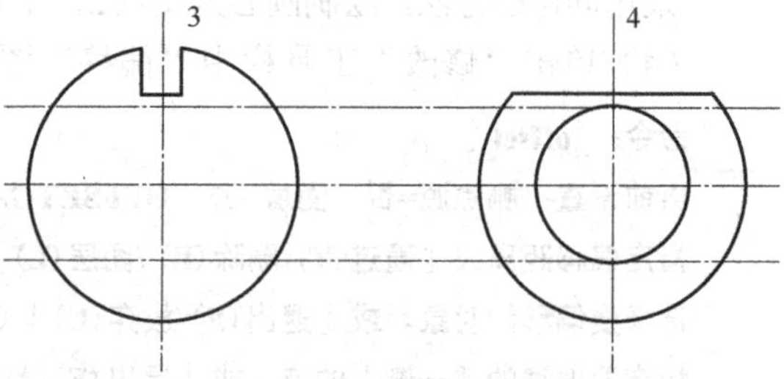

图 9-14　绘制结果

（9）单击“绘图”工具栏中“圆”图标，命令行及操作显示如下：

命令：_circle
指定圆的圆心或［三点(3P)/两点(2P)/切点、切点、半径(T)］：　（捕捉左视图中的圆心）
指定圆的半径或［直径(D)］：　（捕捉图 9-14 中交点 4，按 Enter 键）

绘制结果如图 9-15 所示。

（10）使用“修改”工具栏中“修剪”命令，将主视图修剪成如图 9-16 所示结果。

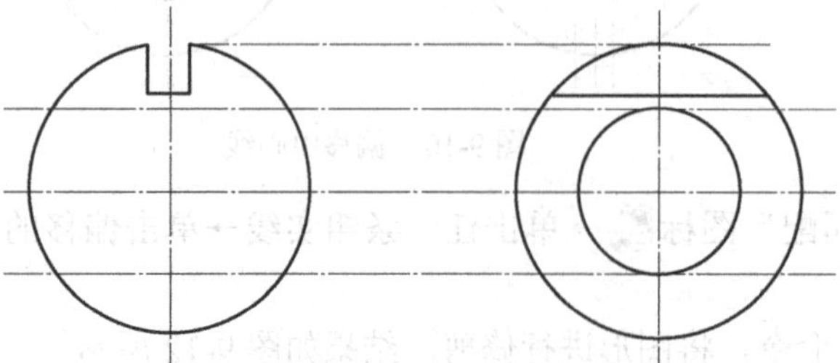

图 9-15　绘制圆

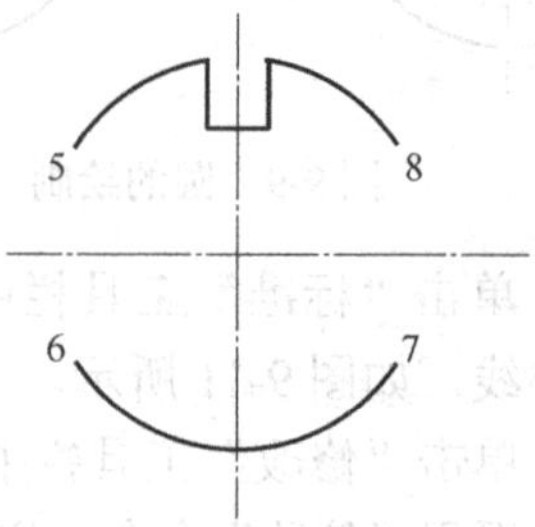

图 9-16　主视图修剪结果

（11）单击“绘图”工具栏中的“直线”图标→依次连接图 9-16 中的点 5、6、7、

8、5，完成一矩形的绘制→右击鼠标，绘制结果如图 9-17 所示。

（12）将细实线层作为当前层，单击“绘图”工具栏中“样条曲线”图标 ，命令行及操作显示如下：

命令：_spline	
当前设置：方式=拟合　节点=弦	
指定第一个点或［方式(M)/节点(K)/对象(O)］：	（在 *A* 点处单击）
输入下一个点或［起点切向(T)/公差(L)］：	（在 *B* 点处单击）
输入下一个点或［端点相切(T)/公差(L)/放弃(U)］：	（在 *C* 点处单击）
输入下一个点或［端点相切(T)/公差(L)/放弃(U)/闭合(C)］：	（在 *D* 点处单击）
输入下一个点或［端点相切(T)/公差(L)/放弃(U)/闭合(C)］：	（在 *E* 点处单击）
输入下一个点或［端点相切(T)/公差(L)/放弃(U)/闭合(C)］：	（在 *F* 点处单击）
输入下一个点或［端点相切(T)/公差(L)/放弃(U)/闭合(C)］：	（在 *G* 点处单击）
输入下一个点或［端点相切(T)/公差(L)/放弃(U)/闭合(C)］：	（按 Enter 键）

左视图绘制结果如图 9-18 所示。

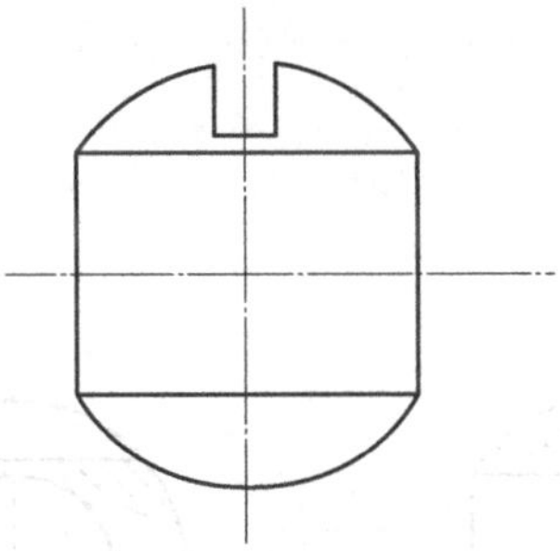

图 9-17　主视图绘制结果

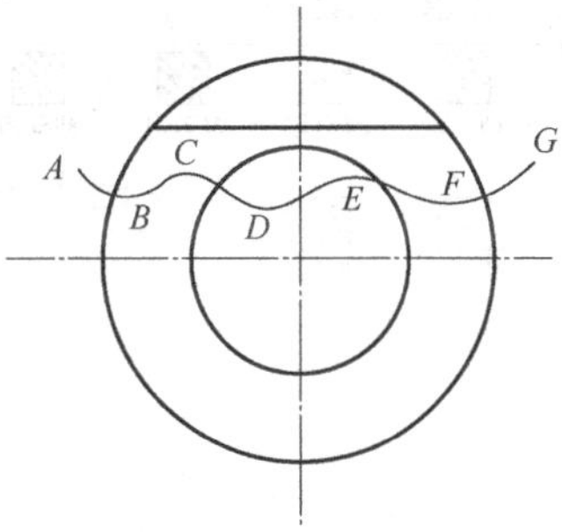

图 9-18　样条曲线

（13）将左视图多余的样条曲线进行修剪，修剪结果如图 9-19 所示。

（14）图案填充。

将剖面线层设为当前层→单击“绘图”工具栏中“图案填充”图标 ，弹出“图案填充和渐变色”对话框，如图 9-20 所示→单击“样例”选框 ，弹出“填充图案选项板”，如图 9-21 所示→单击“ANSI”选项卡→选择“ANSI31”样例→单击“确定”按钮→返回“图案填充和渐变色”对话框→单击“添加：拾取点”按钮 →单击主视图和左视图封闭区内任意一点→右击→弹出“快捷菜单”→单击“确定”→返回“图案填充和渐变色”对话框→选择比例：1.25→单击“预览”按钮，剖面线间隔合适→右击，如图 9-22 所示。

（15）打断水平中心线。

单击“修改”工具栏中“打断”图标 ，命令行及操作显示如下：

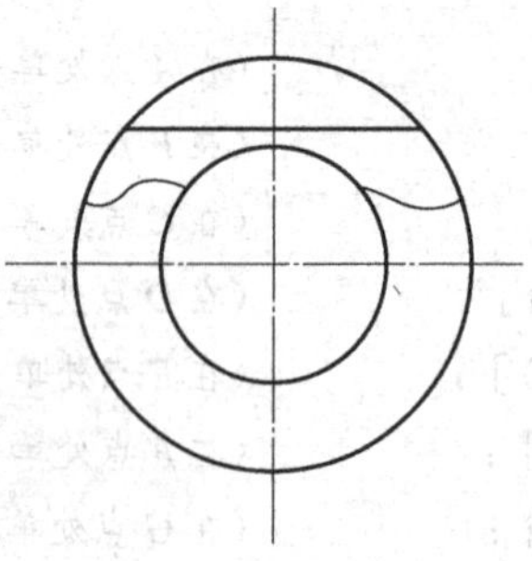

图 9-19　左视图修剪结果

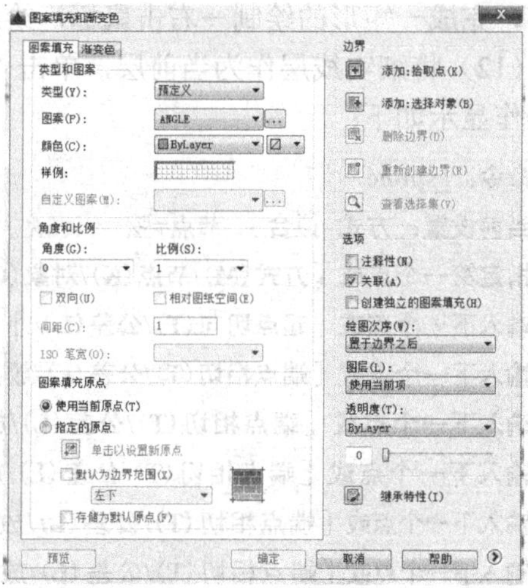

图 9-20　“图案填充和渐变色”对话框

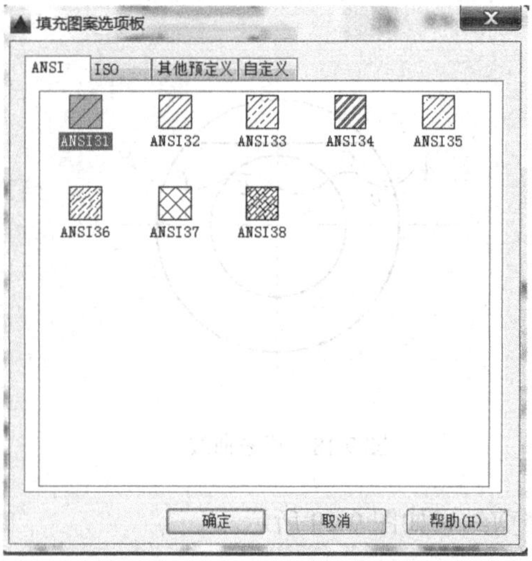

图 9-21　填充图案选项版

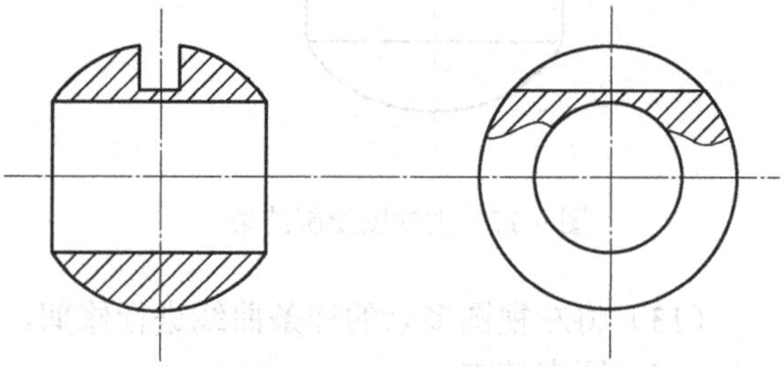

图 9-22　填充图案后图形

命令：_break 选择对象：　　　　　　（单击水平中心线上需打断的一点）
指定第二个打断点 或［第一点(F)］：<对象捕捉 关>　　（单击水平线上需打断的另一点）

打断结果如图 9-23 所示。

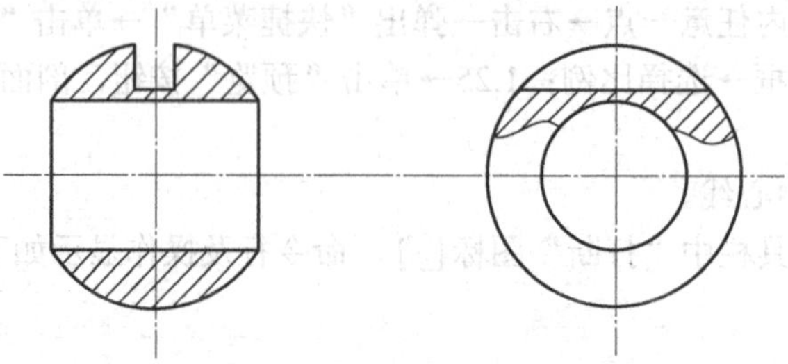

图 9-23　打断水平中心线

5. 尺寸标注。

（1）设置标注样式。

单击菜单栏中“格式”→“标注样式”选项，弹出“标注样式管理器”对话框→单击“新建”按钮，弹出“创建新标注样式”对话框→在“新样式名”文本框中输入“y1”，如图 9-24 所示。

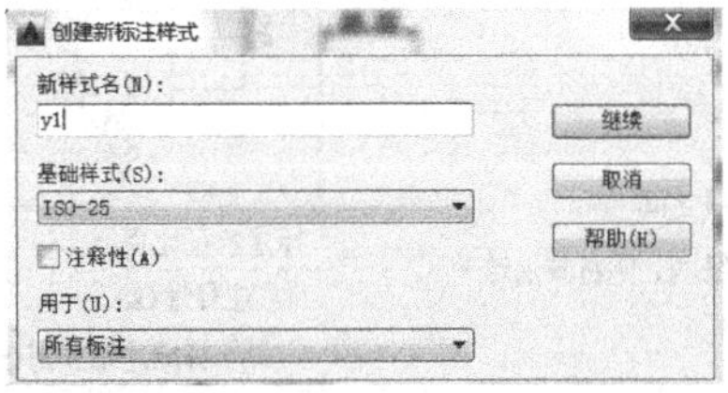

图 9-24 “创建新标注样式”对话框

单击“继续”按钮，依次设置 5 个选项卡。如图 9-25～图 9-29 所示。

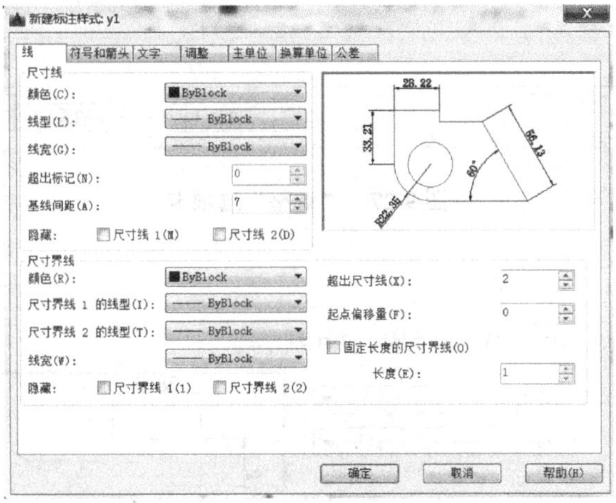

图 9-25 “线”选项卡

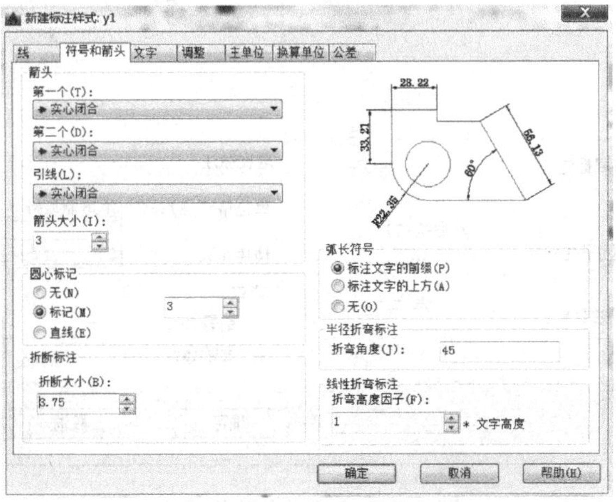

图 9-26 “符号和箭头”选项卡

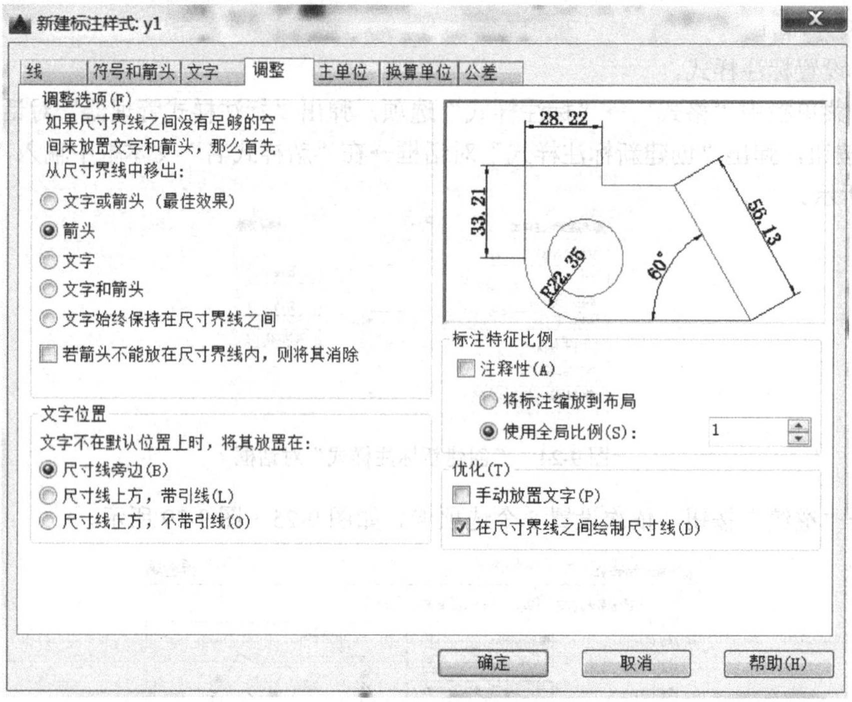

图 9-27　“调整”选项卡

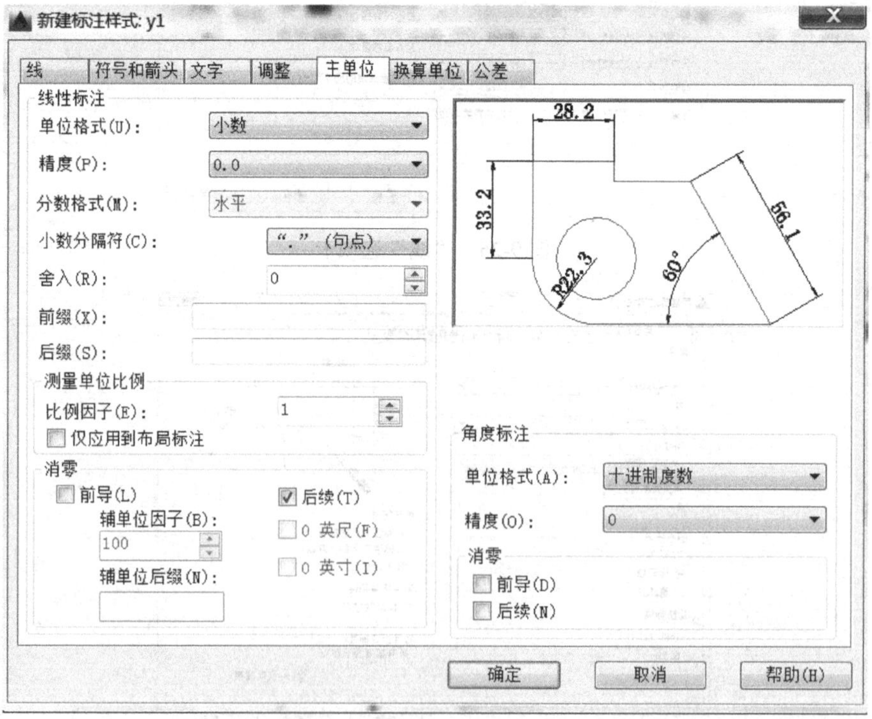

图 9-28　“主单位”选项卡

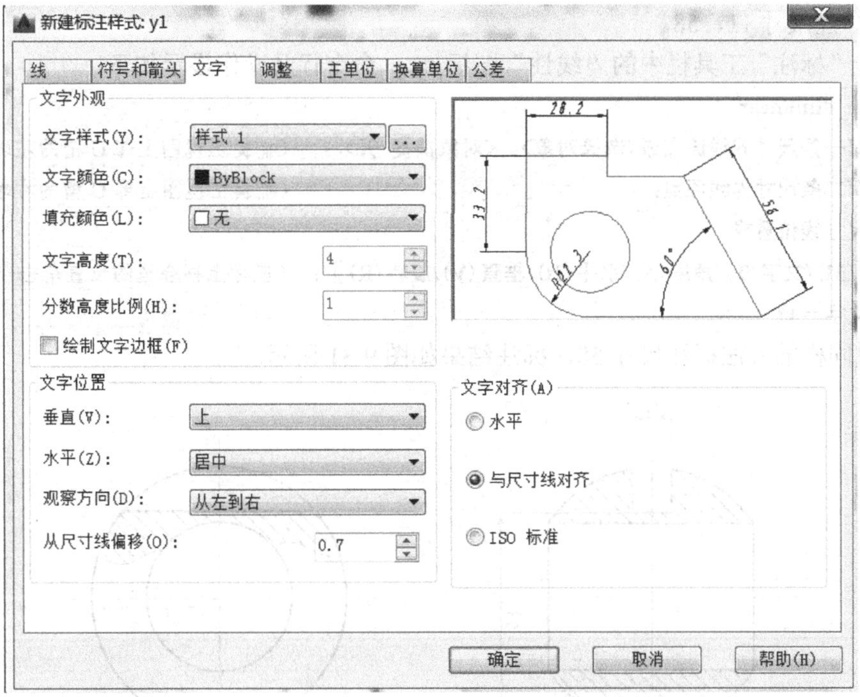

图 9-29 “文字”选项卡

单击显示“文字样式”对话框按钮[...]，弹出“文字样式”对话框，设置参数，如图 9-30 所示，单击“应用”按钮，单击“关闭”按钮，回到“新建标注样式：样式 1”对话框，单击“确定”按钮，返回到“标注样式管理器”对话框，单击“样式”列表中的样式 1，单击“置为当前”按钮，单击“关闭”按钮。

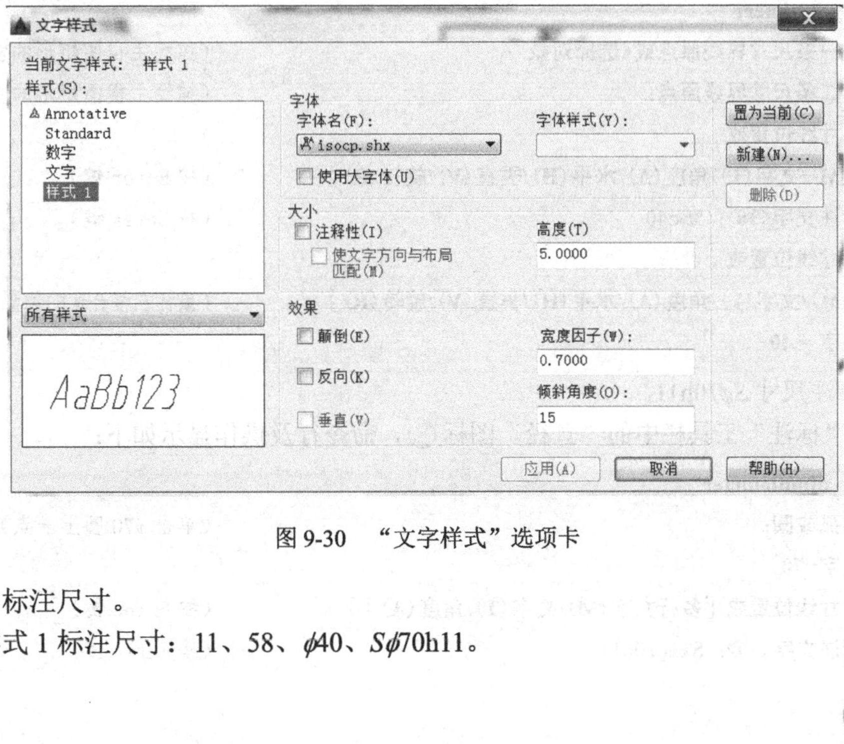

图 9-30 “文字样式”选项卡

（2）标注尺寸。

用样式 1 标注尺寸：11、58、ϕ40、$S\phi$70h11。

◆ 标注尺寸11、58。

单击“标注”工具栏中的“线性”图标，命令行及操作显示如下：

命令：_dimlinear

指定第一条尺寸界线原点或<选择对象>：<对象捕捉 开> （捕捉主视图上部U槽的左端点）

指定第二条尺寸界线原点： （捕捉主视图上部U槽的右端点）

指定尺寸线位置或

[多行文字(M)/文字(T)/角度(A)/水平(H)/垂直(V)/旋转(R)]： （鼠标上移合适的位置单击一下）

标注文字＝11

采用同样的方法标注尺寸58，标注结果如图9-31所示。

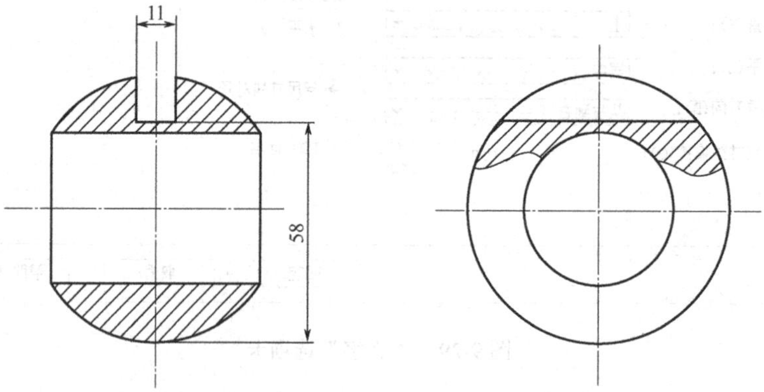

图9-31 尺寸11、58标注

◆ 标注尺寸ϕ40。

单击“标注”工具栏中的“线性”图标，命令行及操作显示如下：

命令：_dimlinear

指定第一条尺寸界线原点或<选择对象>： （捕捉主视图矩形的左下角点）

指定第二条尺寸界线原点： （捕捉主视图矩形的左上角点）

指定尺寸线位置或

[多行文字(M)/文字(T)/角度(A)/水平(H)/垂直(V)/旋转(R)]： （按Enter键）

输入标注文字<36>：%%c40 （按Enter键）

指定尺寸线位置或

[多行文字(M)/文字(T)/角度(A)/水平(H)/垂直(V)/旋转(R)]： （鼠标左移合适的位置单击一下）

标注文字＝40

◆ 标注尺寸$S\phi$70h11。

单击“标注”工具栏中的“直径”图标，命令行及操作显示如下：

命令：_dimdiameter

选择圆弧或圆： （单击ϕ70圆上一点）

标注文字=70

指定尺寸线位置或[多行文字(M)/文字(T)/角度(A)]：t （按Enter键）

输入标注文字<70>：S%%c70h11 （按Enter键）

指定尺寸线位置或［多行文字(M)/文字(T)/角度(A)］： （在合适的位置单击一下）

标注结果如图 9-32 所示。

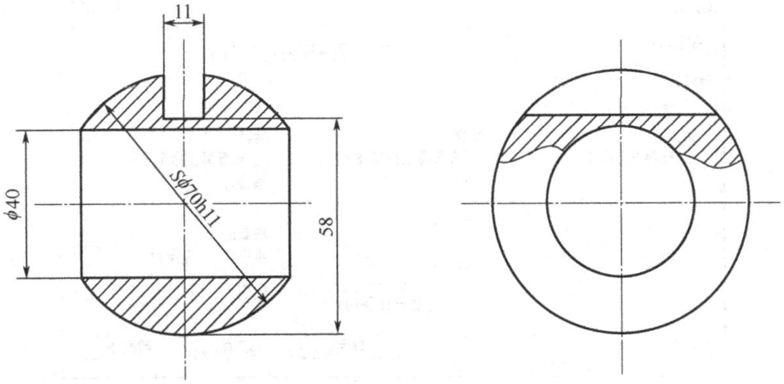

图 9-32 标注尺寸

6. 标注表面粗糙度。

用第 1 章实例 8 块操作中创建的带属性的表面粗糙度块进行标注，插入块时缩放比例为 X:1；Y:1。完成图形如图 9-33 所示。

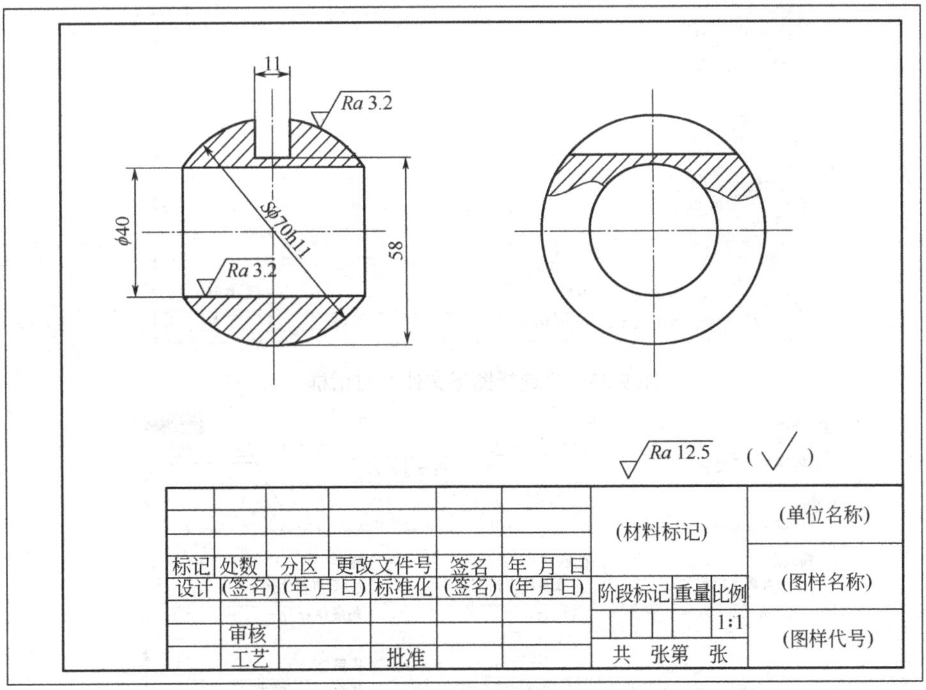

图 9-33 标注表面粗糙度

（1）单击“绘图”工具栏中的“插入块”图标→弹出“插入”对话框，如图 9-34 所示→单击“浏览”按钮，弹出“选择图形文件”对话框，如图 9-35 所示→单击“粗糙度”块→单击“打开”按钮，返回到“插入”对话框，如图 9-36 所示→单击“确定”按钮→捕捉插入位置，弹出“编辑属性”对话框，在 RD 文本框中输入 Ra3.2，如图 9-37 所示→单击“确定”按钮，插入结果如图 9-38 所示。

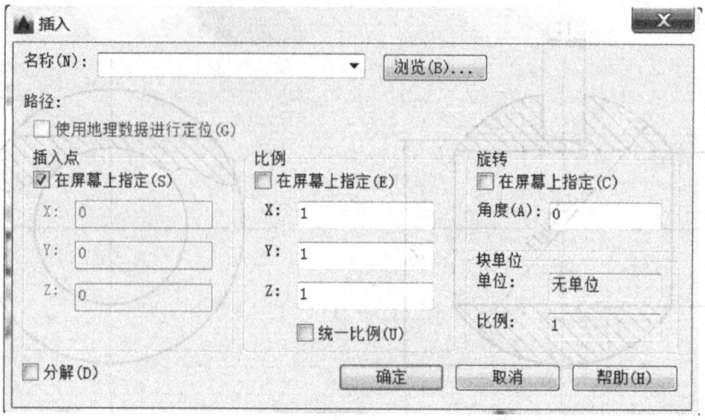

图 9-34　“插入”对话框

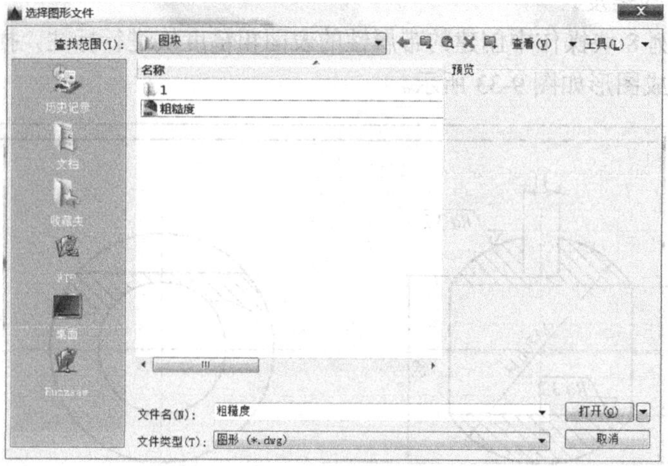

图 9-35　“选择图形文件”对话框

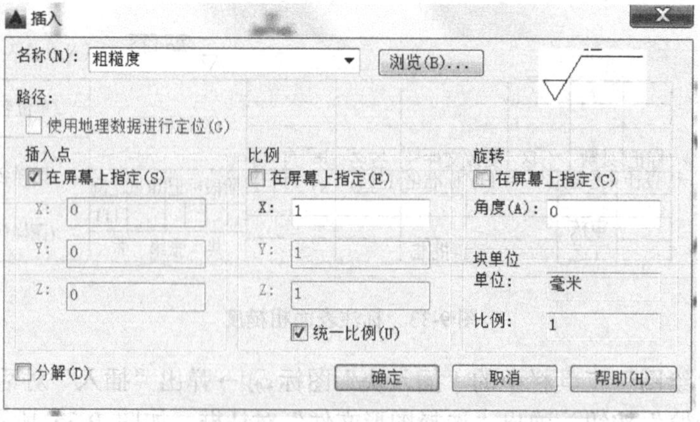

图 9-36　“插入”对话框

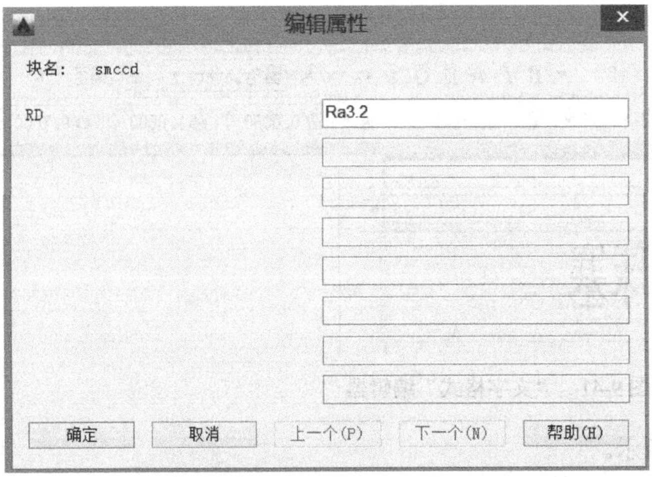

图 9-37 “编辑属性”对话框

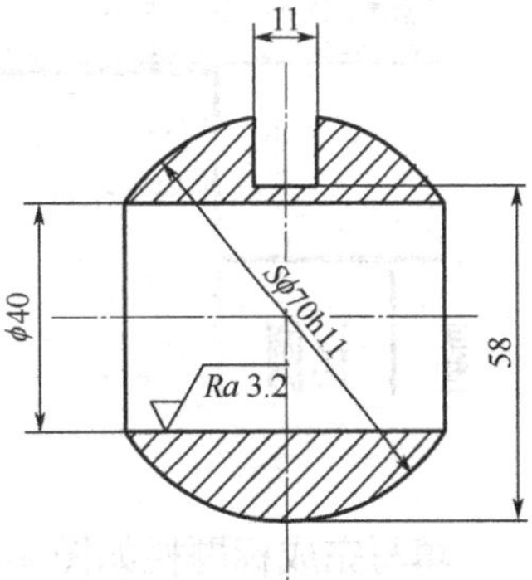

图 9-38 插入结果

（2）其他粗糙度的插入方法如上相同。结果如图 9-32 所示。

7. 填写标题栏。

（1）单击“修改”工具栏中的“分解”图标，命令行及操作显示如下：

命令：_explode
选择对象：找到 1 个 （单击标题栏）
选择对象： （按 Enter 键）

将标题栏块进行分解。

（2）填写标题栏内容。

单击标题栏中“图样名称”，如图 9-39 所示→右击，弹出“快捷菜单”，如图 9-40 所示→选择“编辑多行文字…”选项，弹出“文字格式”编辑器→输入“球塞”，选项设置、参数设置及输入文字如图 9-41 所示→单击“确定”按钮。

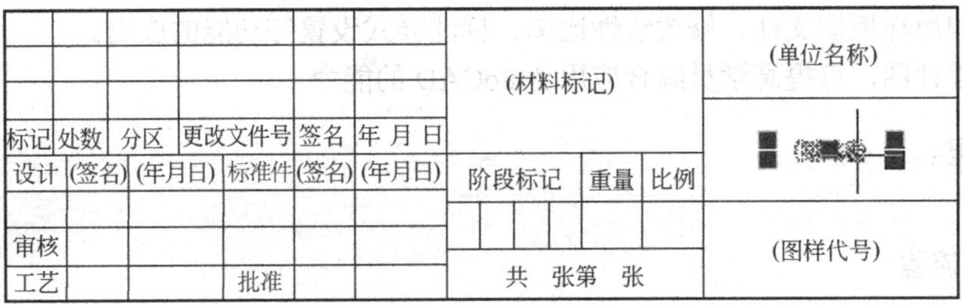

图 9-39 选择编辑对象

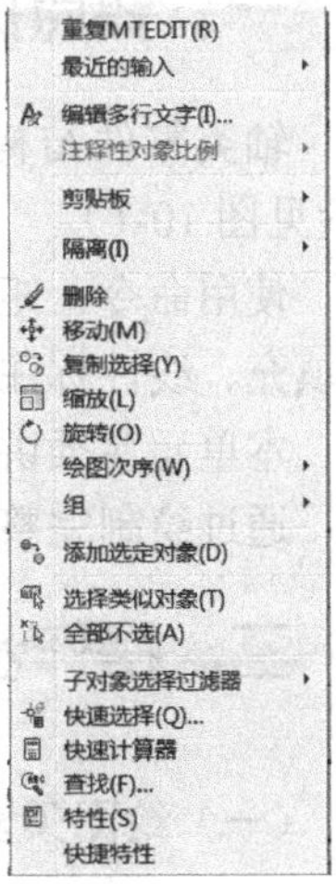

图 9-40 快捷菜单

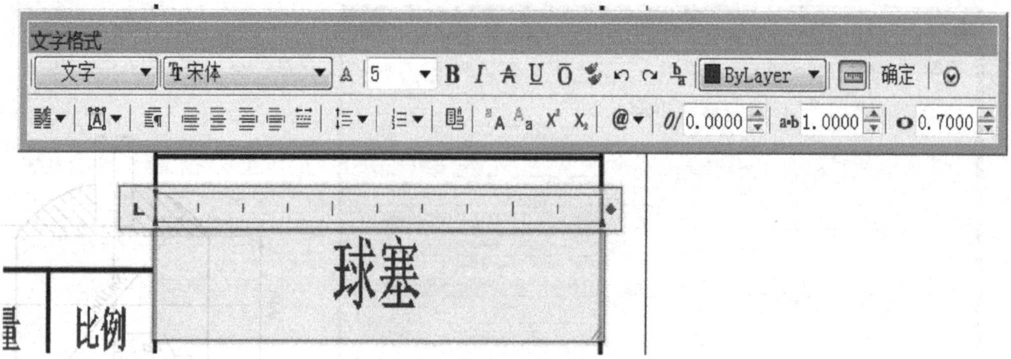

图 9-41 “文字格式”编辑器

填写完成标题栏如图 9-42 所示。

						45号钢			武汉市第二轻工业学校
标记	处数	分区	更改文件号	签名	年 月 日				球塞
设计	(签名)	(年月日)	标准件	(签名)	(年月日)	阶段标记	重量	比例	
审核									(图样代号)
工艺			批准			共 张第 张			

图 9-42 完成标题栏

8. 保存图形。

实例 10 轴类零件图的绘制

一、要点提示

轴类零件结构特点：由若干段直径不同的圆柱体组成，轴上有齿轮、键槽等结构（参见图 10-1）。

使用命令：矩形、移动、分解、偏移、修剪、特性匹配、倒角、样条曲线、圆角、图案填充、线性标注、半径标注、堆叠、插入块、公差、表格等。

本单元穿插讲解调用样板图文件、修改线性比例、标注样式设置等功能的应用。

通过绘制完整的零件图，可提高学员综合应用 AutoCAD 的能力。

二、操作步骤

（一）绘图预设及流程

绘制轴零件的流程：调入样板图，绘制轴的主视图及断面图，标注尺寸公差、表面粗糙度、形位公差等技术要求，填写标题栏，如图 10-2 所示。

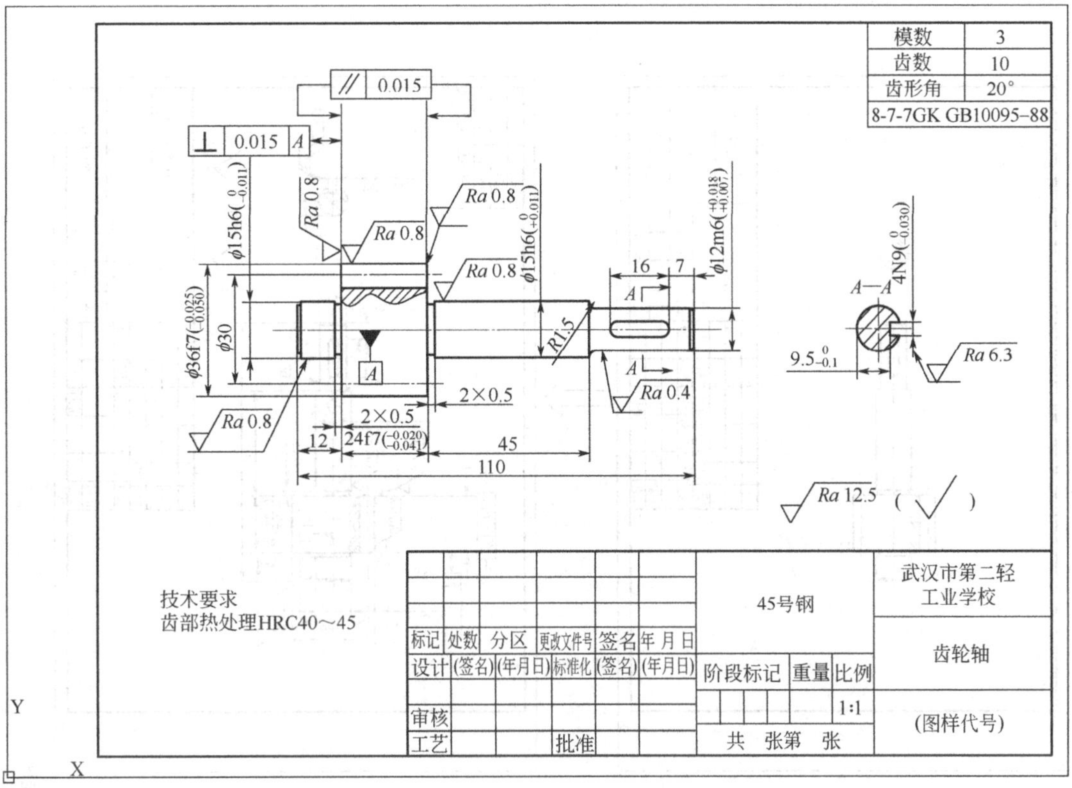

图 10-1　齿轮轴零件图

（二）详细步骤

1. 根据零件的结构形状与大小确定表达方法、比例和图幅，调用样板图。

零件图采用主视图、断面图两个视图，以此来表达零件。主视图采用局部剖视图。调用样板图 A4 幅面，比例采用 1:1。

2. 设置绘图环境。

在状态栏设置极轴角为 45°，设置有关的对象捕捉，依次单击激活状态栏上的“正交”、“对象捕捉”、“对象捕捉追踪”按钮。

3. 绘制主视图。

（1）将中心线层作为当前层，绘制中心线，如图 10-3 所示。

（2）将粗实线层作为当前层，采用“矩形”、“移动”命令绘制主视图中的齿轮外轮廓。

① 单击“绘图”面板中的“矩形”图标 ，命令行及操作显示如下：

命令：_rectang

指定第一个角点或［倒角(C)/标高(E)/圆角(F)/厚度(T)/宽度(W)］： （在中心线附近单击）

指定另一个角点或［面积(A)/尺寸(D)/旋转(R)］：@24，36 （按 Enter 键）

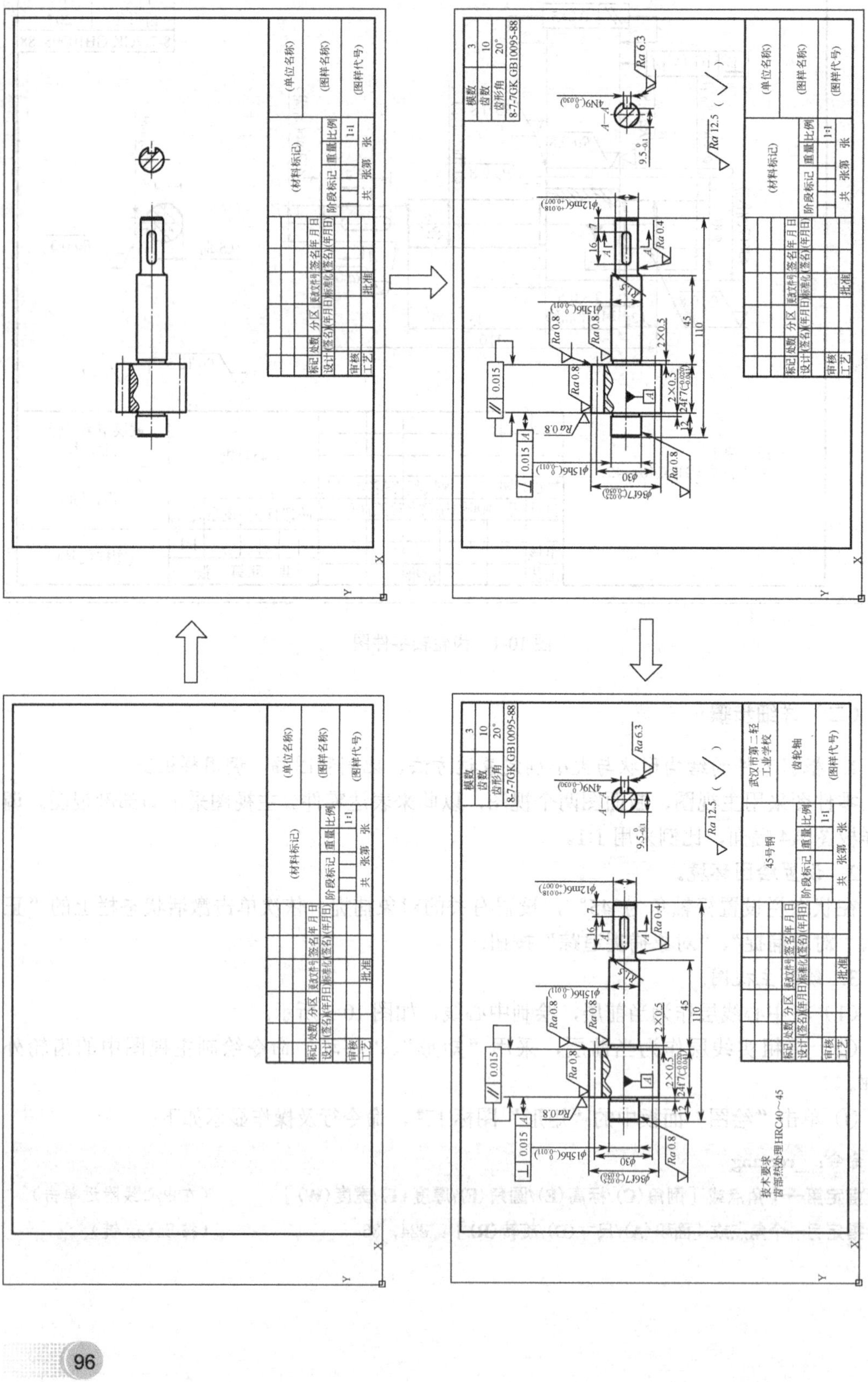
(单位名称)
(图样名称)
(图样代号)
(材料标记)
阶段标记 重量 比例
1:1
共 张第 张
标记 处数 分区 更改文件号 签名 年月日
设计 签名 年月日 标准化 签名 年月日
审核
工艺
批准
模数 3
齿数 10
齿形角 20°
8-7-7GK GB10095-88
A—A
Ra 6.3
Ra 12.5
Ra 0.8
Ra 0.4
0.015
A
45
110
2×0.5
武汉市第二轻工业学校
齿轮轴
45号钢
技术要求
齿部热处理HRC40~45

图 10-2 流程图

② 单击“修改”面板中的“移动”图标，命令行及操作显示如下：

命令：_move 找到 1 个
指定基点或［位移(D)］<位移>：>> （捕捉矩形右边中点）
正在恢复执行 MOVE 命令。
指定基点或［位移(D)］<位移>：指定第二个点或<使用第一个点作为位移>：
（捕捉中间中心线的垂足点）

绘制的齿轮外轮廓如图 10-4 所示。

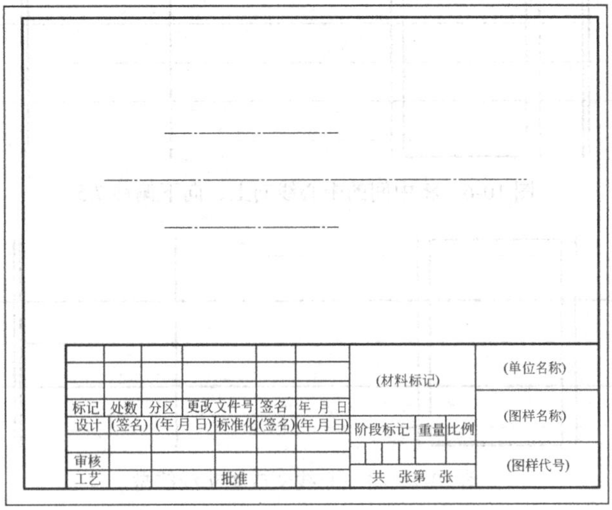

(材料标记)
(单位名称)
标记 处数 分区 更改文件号 签名 年 月 日
设计 (签名) (年 月 日) 标准化 (签名) (年 月 日)
阶段标记 重量 比例
(图样名称)
审核
工艺 批准
共 张第 张
(图样代号)

图 10-3 A4 图幅及中心线

图 10-4 齿轮外轮廓

（3）根据零件的尺寸，采用“分解”、“偏移”、“修剪”命令绘制所有垂线，如图 10-5 所示。

① 单击“修改”面板中的“分解”图标，命令行及操作显示如下：

命令：_explode
选择对象：找到 1 个 （单击矩形）
选择对象： （按 Enter 键）

② “偏移”、“修剪”命令前面已介绍，本步骤略。

（4）采用“偏移”命令，将中间的中心线向上、向下偏移 7.5，如图 10-6 所示。

（5）单击“特性”面板下拉菜单中的“特性匹配”图标→单击任一条粗实线→单击上一步偏移的两条水平线，如图 10-7 所示。

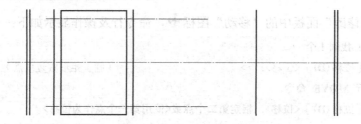

图 10-5　绘制所有垂线

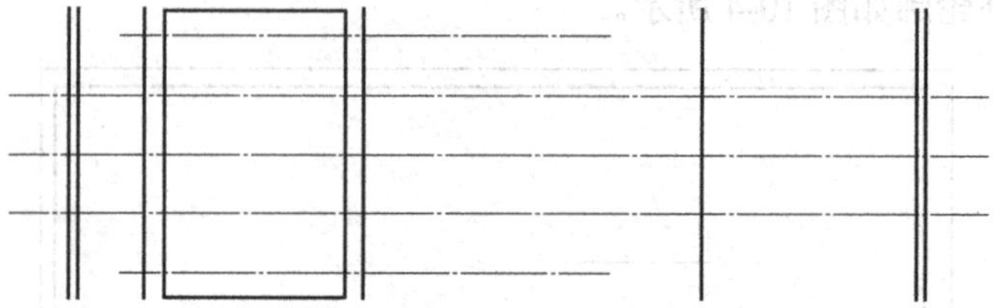

图 10-6　将中间的中心线向上、向下偏移 7.5

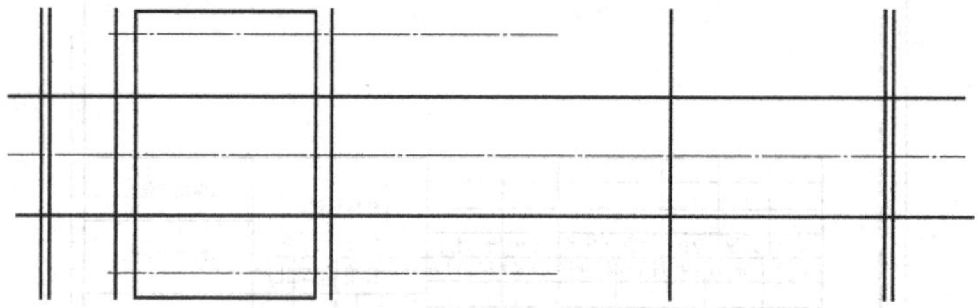

图 10-7　将中心线变成粗实线线型

（6）采用“修剪”命令，将图形修剪成如图 10-8 所示。

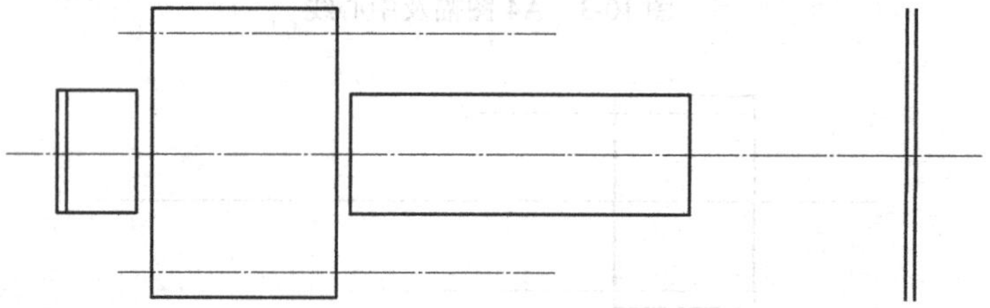

图 10-8　修剪结果

（7）绘制如图 10-9 所示的 4 条短线；将这 4 条短线分别向中心线方向移动 0.5，如图 10-10 所示。

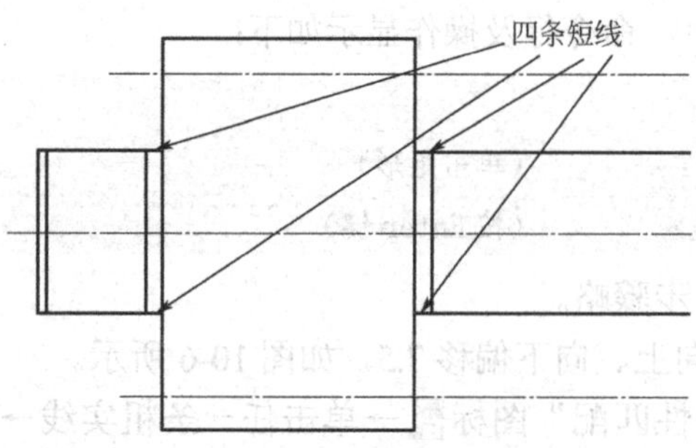

图 10-9　绘制四条短线

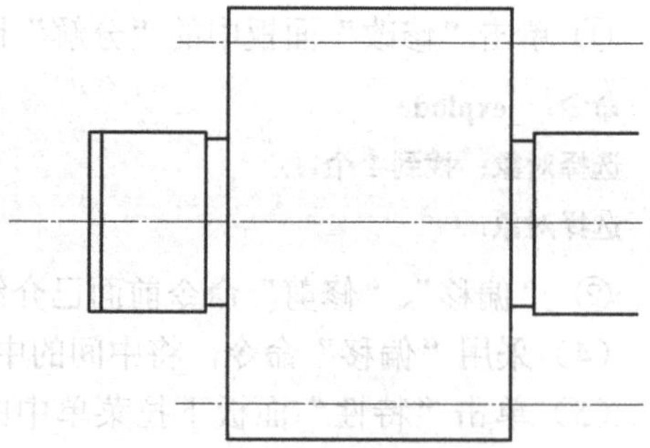

图 10-10　移动四条短线

（8）在轴的右部中间绘制一水平线，如图 10-11 所示。将此直线向上移动 6，如图 10-12 所示。

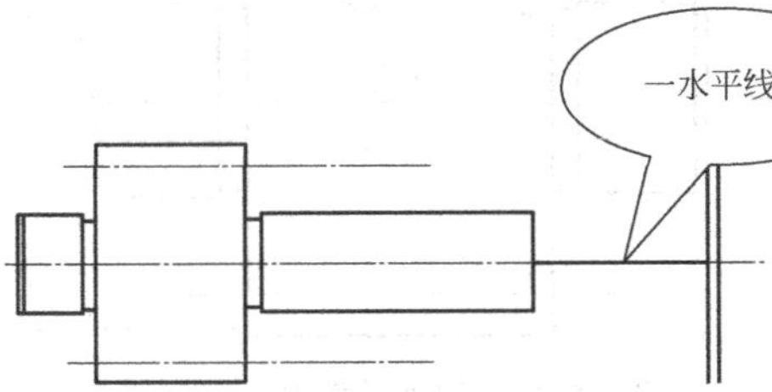

图 10-11　在轴的右部中间绘制一水平线

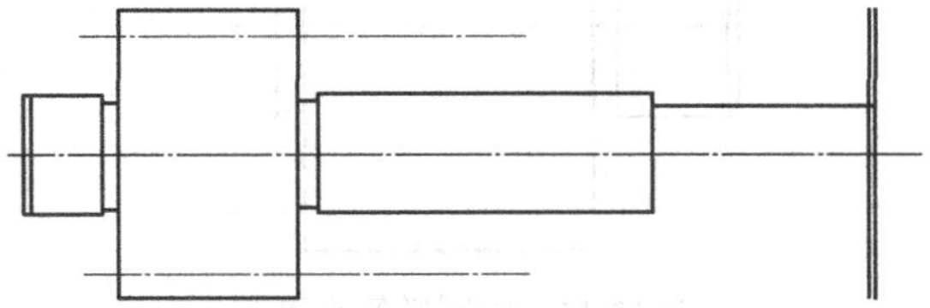

图 10-12　将直线向上移动 6

（9）将移动得到的直线向下偏移 12，如图 10-13 所示。

（10）采用“偏移”、“修剪”、“倒角”等命令，编辑图形，如图 10-14 所示。

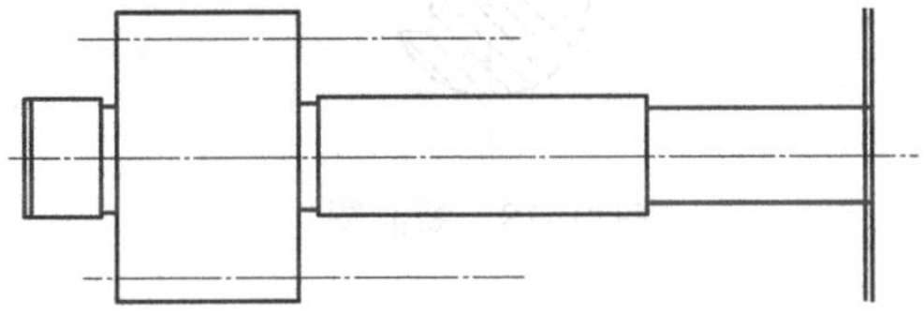

图 10-13　偏移直线

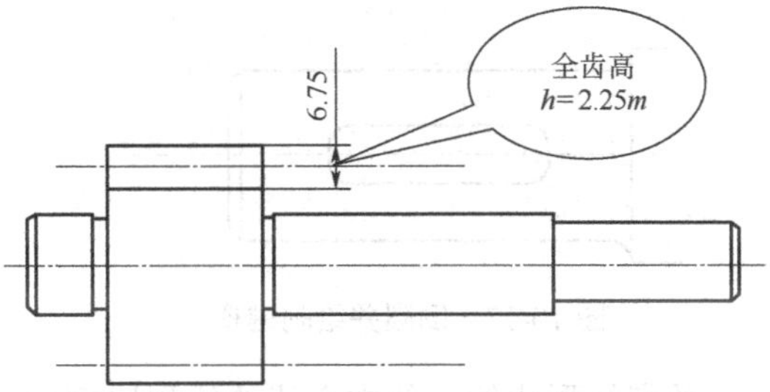

图 10-14　偏移、修剪、倒角编辑图形

（11）将细实线层作为当前层，单击“绘图”面板下拉菜单→“样条曲线拟合”图标，命令行及操作显示如下：

```
命令：_SPLINE
当前设置：方式 = 拟合　　节点 = 弦
指定第一个点或［方式(M)/节点(K)/对象(O)］：_M
输入样条曲线创建方式［拟合(F)/控制点(CV)］<拟合>：_FIT
当前设置：方式 = 拟合　　节点 = 弦
指定第一个点或［方式(M)/节点(K)/对象(O)］：                    (在 A 点处单击)
输入下一个点或［起点切向(T)/公差(L)］：                        (在 B 点处单击)
输入下一个点或［端点相切(T)/公差(L)/放弃(U)］：                (在 C 点处单击)
输入下一个点或［端点相切(T)/公差(L)/放弃(U)/闭合(C)］：        (在 D 点处单击)
输入下一个点或［端点相切(T)/公差(L)/放弃(U)/闭合(C)］：        (在 E 点处单击)
输入下一个点或［端点相切(T)/公差(L)/放弃(U)/闭合(C)］：        (在 F 点处单击)
输入下一个点或［端点相切(T)/公差(L)/放弃(U)/闭合(C)］：        (按 Enter 键)
```

绘制的样条曲线如图 10-15 所示。

（12）将齿轮部分以外的样条曲线剪掉并填充，如图 10-16 所示。

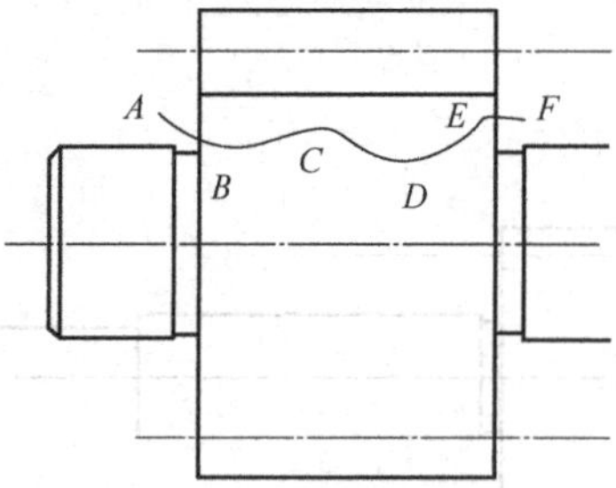

图 10-15 绘制样条曲线

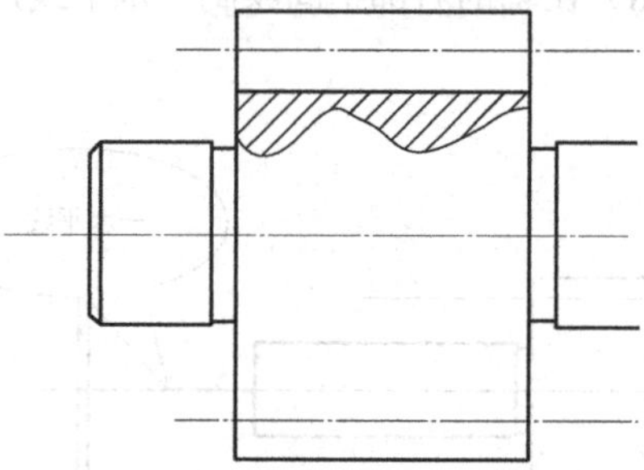
图 10-16 修剪并填充

（13）倒圆并绘制键槽，如图 10-17 所示。

4. 绘制断面图。

断面图 *A-A* 如图 10-18 所示。

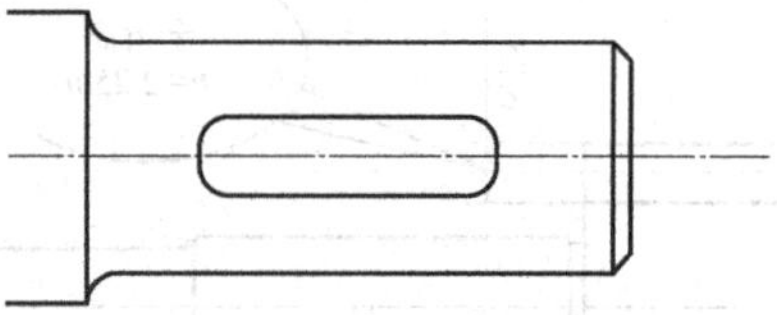
图 10-17 倒圆并绘制键槽

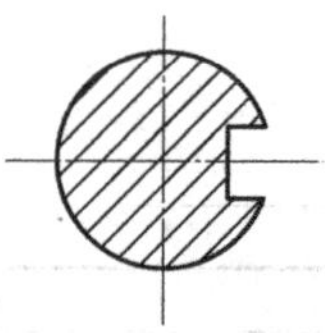

图 10-18 断面图

改变线型比例，使中心线的线型比例缩小。

单击“特性”面板下拉菜单中的“线型”选项框下拉菜单→选择“其他…”，如图 10-19 所示，弹出“线型管理器”对话框，如图 10-20 所示→单击“显示细节”按钮→在“全局比例因子（G）”中输入：0.5→在“当前对象缩放比例（O）”中输入：0.5→单击“确定”按钮。

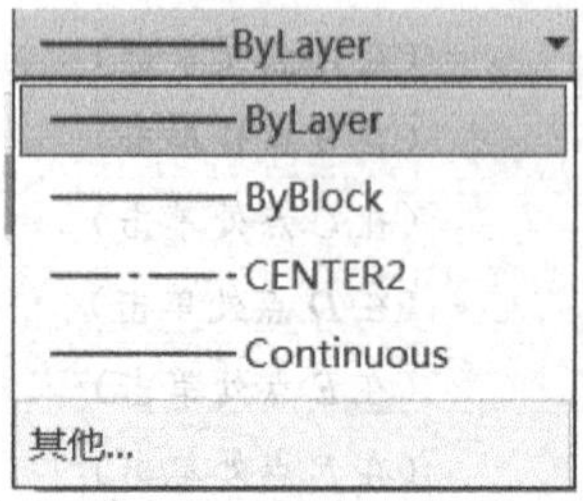

图 10-19 “线型控制”选项框

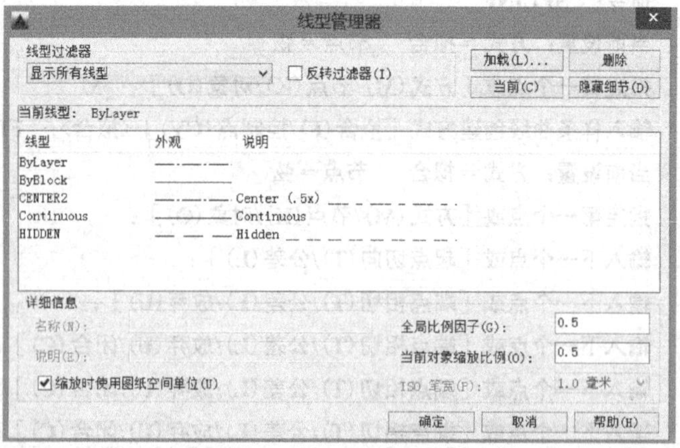

图 10-20 “线型管理器”对话框

完成整个图形的绘制，即一个主视图和一个断面图，如图 10-21 所示。

5. 标注尺寸。

（1）设置标注样式。

① 单击面板标题栏中 “注释”→ ISO-25 →“管理标注样式…”选项，弹出“标注样式管理器”对话框→单击“新建”按钮，弹出“创建新标注样式”对话框→新样式名输入“y1”，如图 10-22 所示。

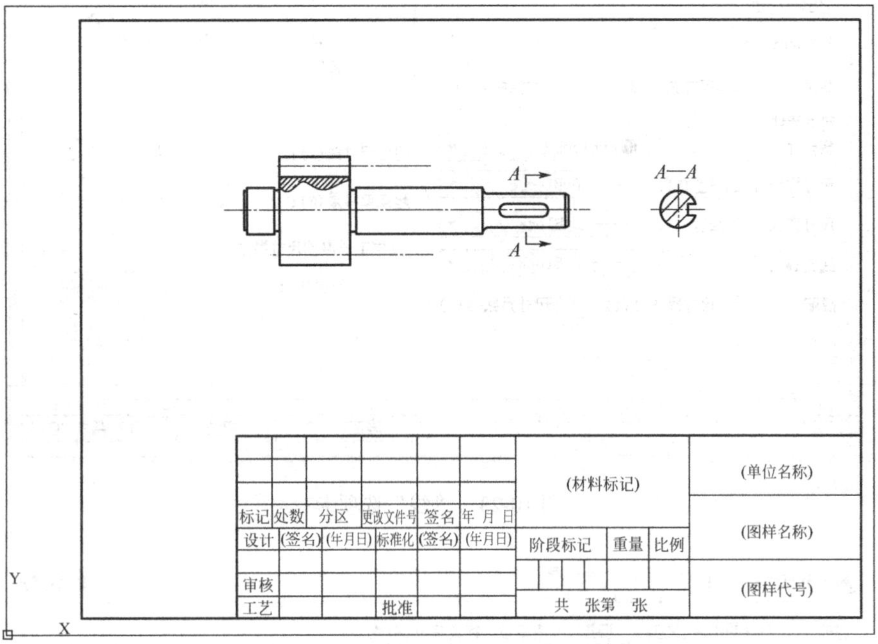

图 10-21　完成整个图形

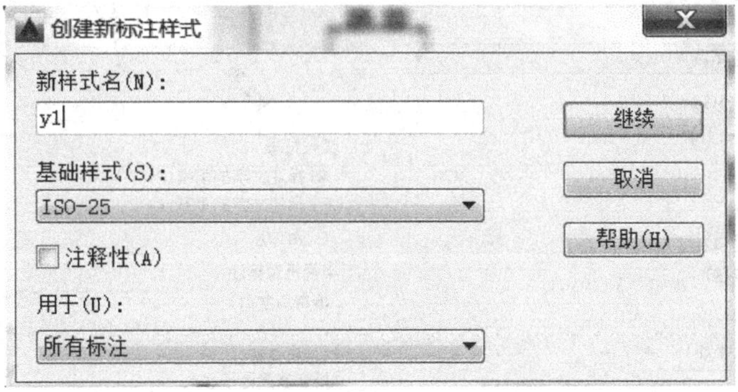

图 10-22　“创建新标注样式”对话框

② 单击“继续”按钮，依次设置 5 个选项卡。如图 10-23～图 10-27 所示。

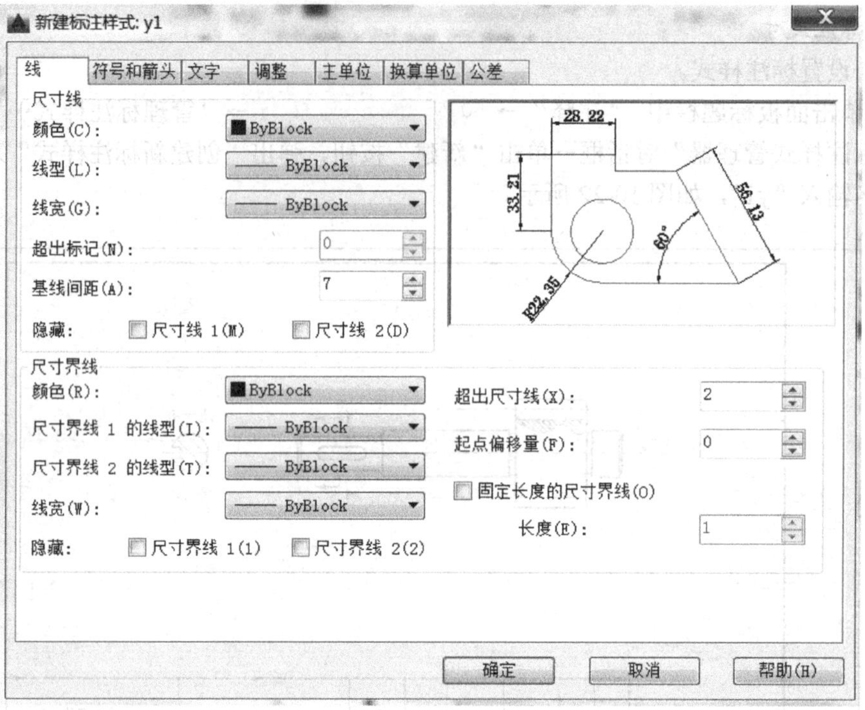

图 10-23 “线”选项卡

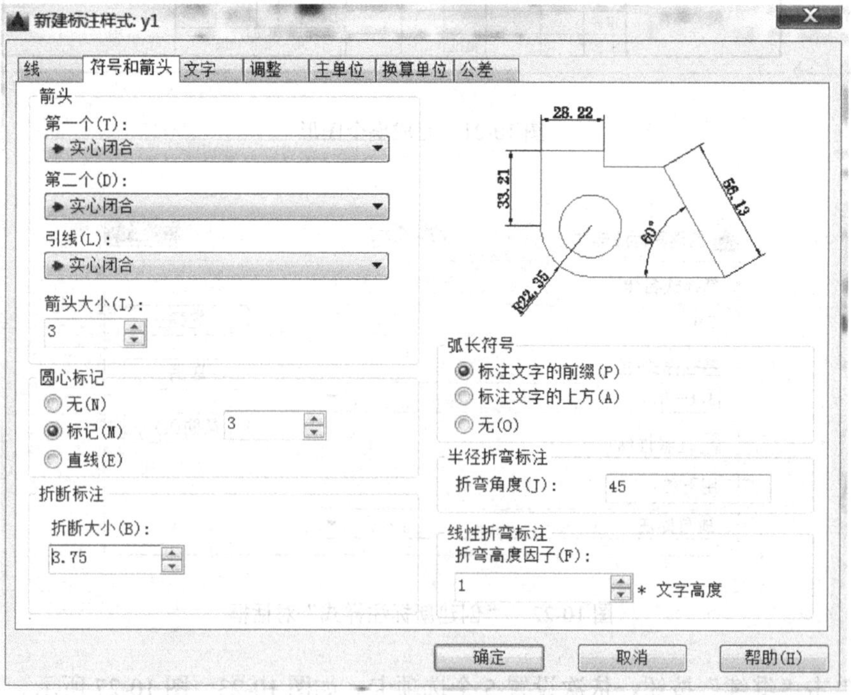

图 10-24 “符号和箭头”选项卡

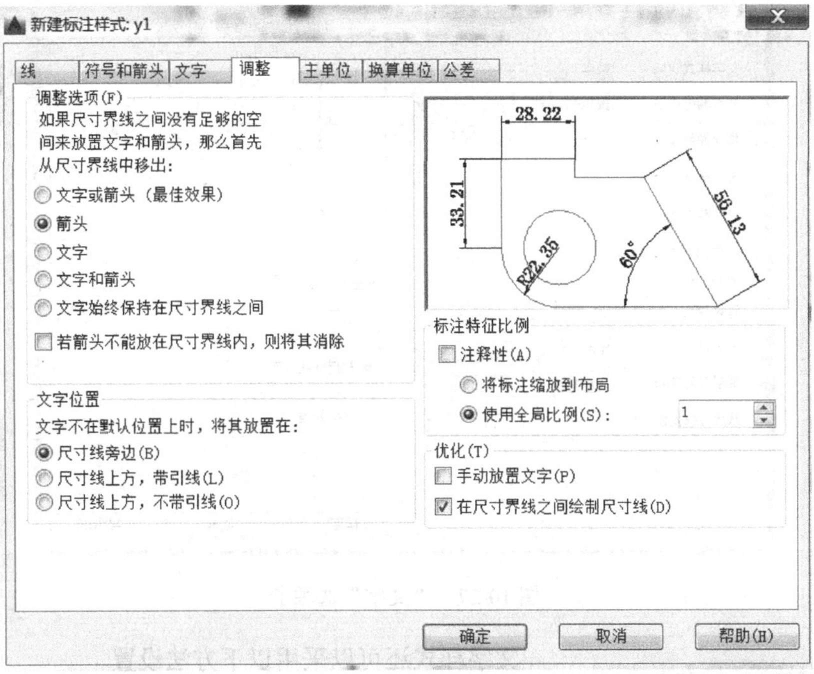

图 10-25 “调整”选项卡

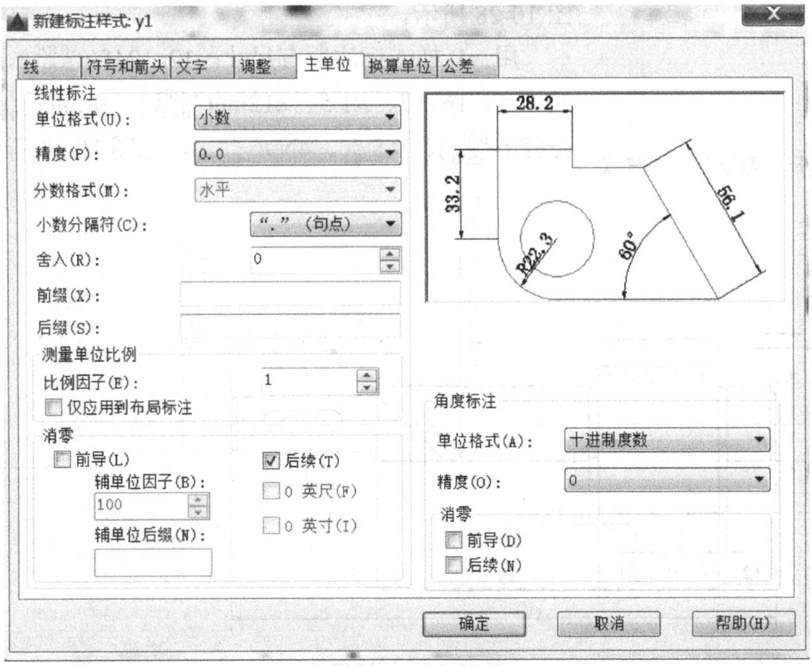

图 10-26 “主单位”选项卡

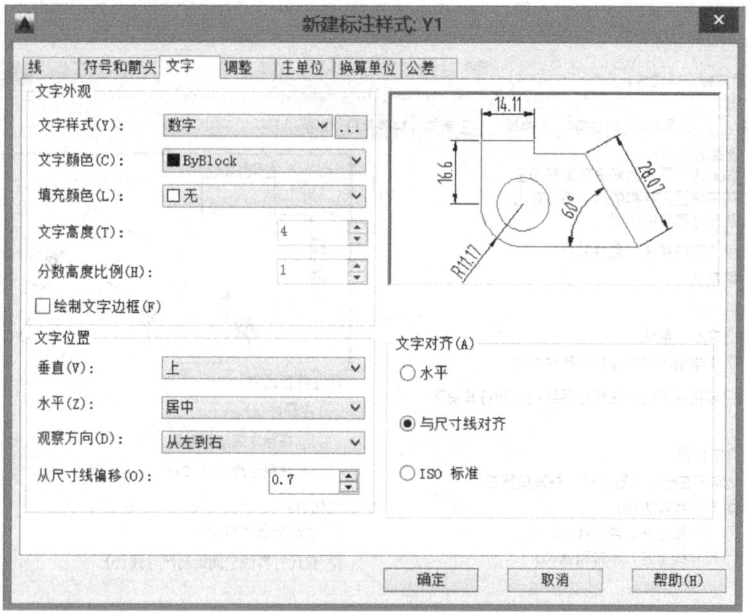

图 10-27 “文字”选项卡

文字样式还可以采用以下方法设置。

单击面板标题栏“注释”功能区→“文字”面板→“文字样式”选项框中选择已设置“数字”样式，如图 10-28 所示。

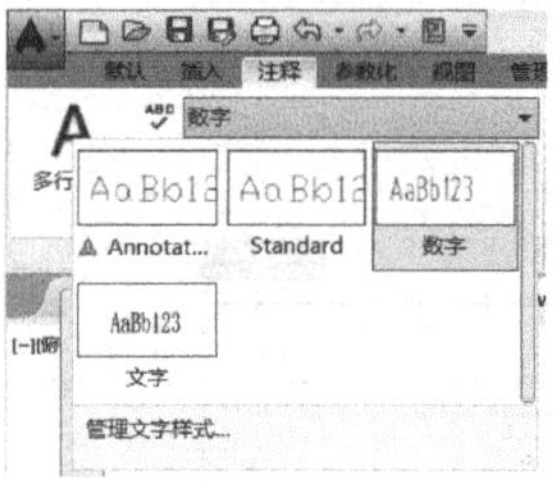

图 10-28 选择“数字”文字样式

用 y1 样式标注所有尺寸：12、24f7($^{-0.020}_{-0.041}$)、45、110、2×0.5、16、7、R1.5、ϕ12m6($^{+0.018}_{+0.007}$)、ϕ15h6($^{0}_{-0.011}$)、ϕ30、ϕ36f7($^{-0.025}_{-0.050}$)、9.5$^{0}_{-0.1}$、4N9($^{0}_{-0.030}$)，如图 10-29 所示。

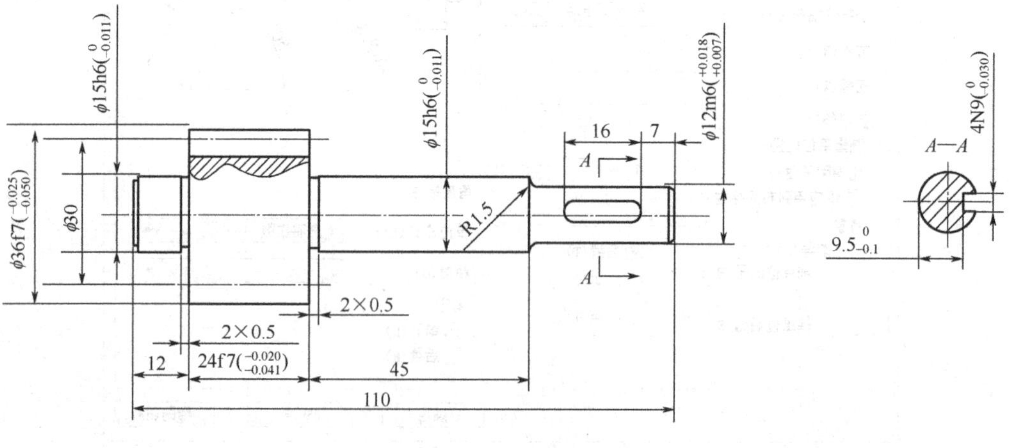

图 10-29 标注尺寸

（2）线性标注。

① 12、45、110、16、7 尺寸标注。

a．12 尺寸的标注。

单击面板标题栏中的“注释”选项→单击“标注”面板中的“线性”图标[线性图标]，命令行及操作显示如下：

命令：_dimlinear
指定第一条尺寸界线原点或<选择对象>：<对象捕捉 开>　　（捕捉 12 尺寸的左端点）
指定第二条尺寸界线原点：　　（捕捉 12 尺寸的右端点）
指定尺寸线位置或
[多行文字(M)/文字(T)/角度(A)/水平(H)/垂直(V)/旋转(R)]：　　（合适的位置单击）
标注文字 = 12

b．其他尺寸的标注与上面操作相同。

② 2×0.5、ϕ30 尺寸标注。

a．2×0.5 尺寸的标注。

单击“标注”面板中的“线性”图标[线性图标]，命令行及操作显示如下：

命令：_dimlinear
指定第一条尺寸界线原点或<选择对象>：　　（捕捉 2×0.5 尺寸的左端点）
指定第二条尺寸界线原点：　　（捕捉 2×0.5 尺寸的右端点）
指定尺寸线位置或
[多行文字(M)/文字(T)/角度(A)/水平(H)/垂直(V)/旋转(R)]：t　　（按 Enter 键）
输入标注文字<2>：2×0.5　　（按 Enter 键）
指定尺寸线位置或
[多行文字(M)/文字(T)/角度(A)/水平(H)/垂直(V)/旋转(R)]：　　（在合适的位置单击）
标注文字 = 2

b．ϕ30 尺寸的标注。

单击“标注”面板中的“线性”图标[线性图标]，命令行及操作显示如下：

命令：_dimlinear
指定第一条尺寸界线原点或<选择对象>：　　（捕捉ϕ30 尺寸的上端点）
指定第二条尺寸界线原点：　　（捕捉ϕ30 尺寸的下端点）
指定尺寸线位置或
[多行文字(M)/文字(T)/角度(A)/水平(H)/垂直(V)/旋转(R)]：t　　（按 Enter 键）
输入标注文字<36>：%%c30　　（按 Enter 键）
指定尺寸线位置或
[多行文字(M)/文字(T)/角度(A)/水平(H)/垂直(V)/旋转(R)]：　　（在合适的位置单击）
标注文字 = 30

③ 24f7($^{-0.020}_{-0.041}$)、ϕ12m6($^{+0.018}_{+0.007}$)、ϕ15h6($^{0}_{-0.011}$)、ϕ36f7($^{-0.025}_{-0.050}$)、9.5$^{0}_{-0.1}$、4N9($^{0}_{-0.030}$)尺寸的标注。

a．24f7($^{-0.020}_{-0.041}$)尺寸的标注。

单击“标注”面板中的“线性”图标[线性图标]，命令行及操作显示如下：

命令：_dimlinear
指定第一条尺寸界线原点或<选择对象>： （捕捉 24f7 $\left(^{-0.020}_{-0.041}\right)$ 尺寸的左端点）
指定第二条尺寸界线原点： （捕捉 24f7 $\left(^{-0.020}_{-0.041}\right)$ 尺寸的右端点）
指定尺寸线位置或
[多行文字(M)/文字(T)/角度(A)/水平(H)/垂直(V)/旋转(R)]： （在合适的位置单击）
标注文字 =24

标注结果如图 10-30 所示。

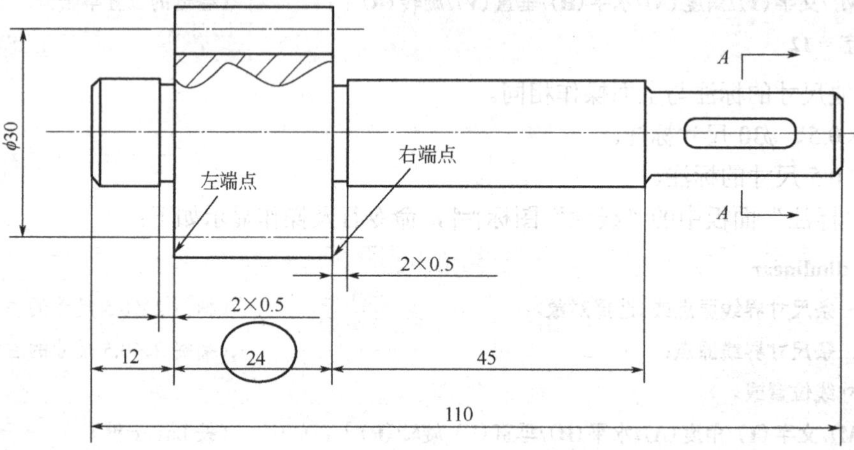

图 10-30　标注 24 的尺寸

单击面板标题栏中“默认”选项→单击“修改”面板中的“分解”图标，命令行及操作显示如下：

命令：_explode
选择对象：找到 1 个 （单击 24 尺寸）
选择对象： （按 Enter 键）

选中数字 24，右击，弹出快捷菜单，如图 10-31 所示→单击“编辑多行文字（I）…”选项，弹出“文字格式”编辑器→输入文字 24f7（-0.020^-0.041），如图 10-32 所示。

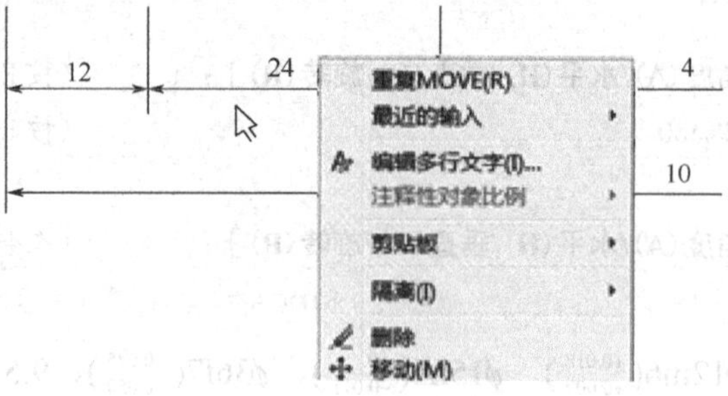

图 10-31　快捷菜单

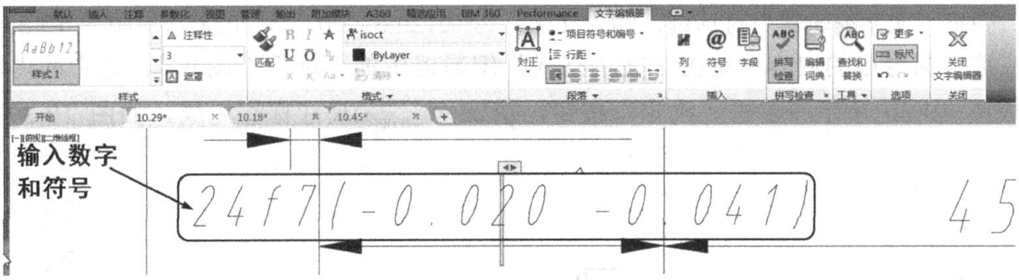

图 10-32 “文字编辑器”

选中括号中的内容，如图 10-33 所示→单击“文字编辑器”中的“堆叠”图标，选中内容变成如图 10-34 所示的形式→单击“确定”按钮，24f7（$^{-0.020}_{-0.041}$）尺寸标注完成。

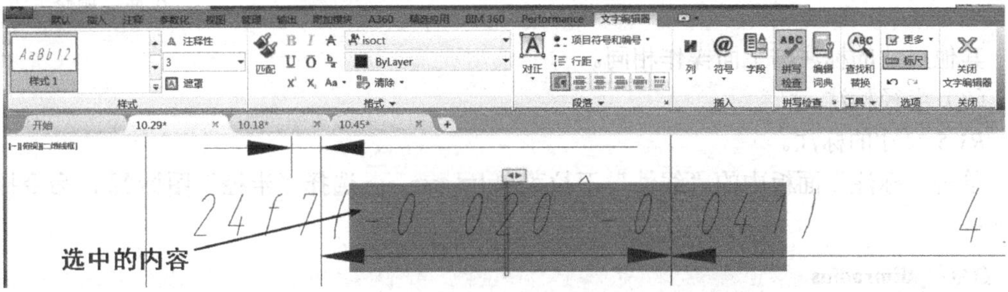

图 10-33 选中内容

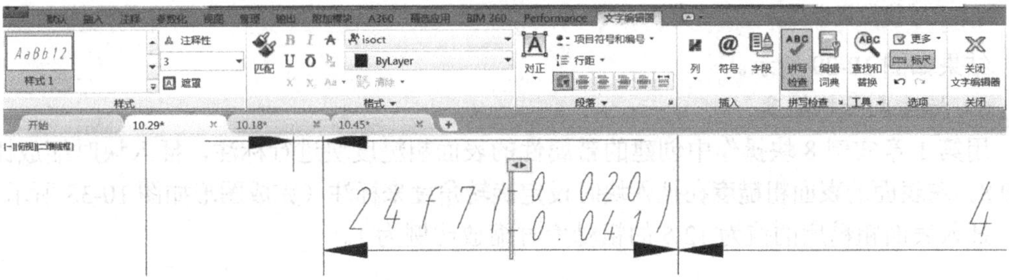

图 10-34 “堆叠”后的结果

其他尺寸的标注与上面操作类似。

b. ϕ12m6($^{+0.018}_{+0.007}$)尺寸的标注。

单击“标注”面板中的“线性”图标，命令行及操作显示如下：

命令：_dimlinear

指定第一条尺寸界线原点或<选择对象>：<对象捕捉开> （捕捉ϕ12m6（$^{+0.018}_{+0.007}$）尺寸的下端点）

指定第二条尺寸界线原点： （捕捉ϕ12m6（$^{+0.018}_{+0.007}$）尺寸的上端点）

指定尺寸线位置或

[多行文字(M)/文字(T)/角度(A)/水平(H)/垂直(V)/旋转(R)]：m

（按 Enter 键，或者单击鼠标右键，选择多行文字）

弹出“文字编辑器”对话框，输入文字：%%c12m6（+0.018^+0.007），如图 10-35 所示，选中括号中的内容→单击“文字格式”编辑器中的“堆叠”图标，选中的内容变成图 10-36 所示→单击“确定”按钮，$\phi 12m6(^{+0.018}_{+0.007})$尺寸标注完成，如图 10-37 所示。

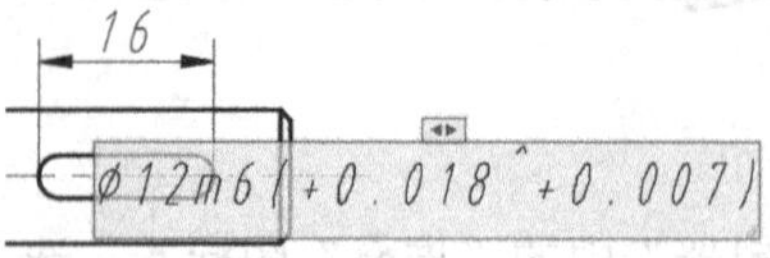

图 10-35　输入文字

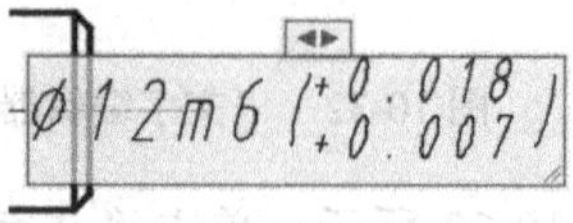

图 10-36　利用“堆叠”调整

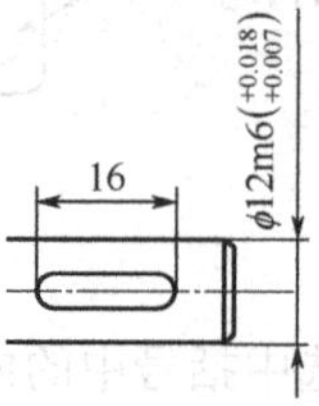

图 10-37　利用“移动”和“拉伸”调整

其他尺寸的标注与上面操作相同。

（3）半径标注。

*R*1.5 尺寸的标注。

单击“标注”面板中的“线性”下拉菜单 线性→选择“半径”图标，命令提示如下：

命令：_dimradius
选择圆弧或圆：　　（单击圆弧）
标注文字 =1.5
指定尺寸线位置或［多行文字(M)/文字(T)/角度(A)］：　　（在合适的位置单击）

结果如图 10-29 所示。

6. 标注表面粗糙度。

用第 1 章实例 8 块操作中创建的带属性的表面粗糙度块进行标注，插入块时缩放比例为 0.8。左表面的表面粗糙度在插入块时设定旋转角度来标注（完成图形如图 10-38 所示）。

插入表面粗糙度的值为 12.5 的粗糙度时缩放比例为 1。

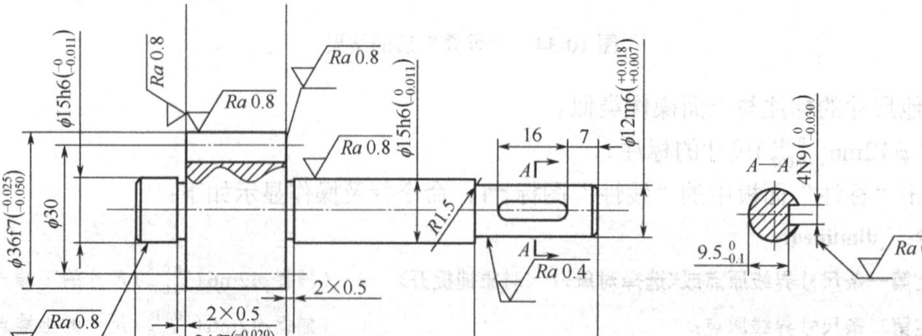

图 10-38　标注表面粗糙度

单击面板标题栏“默认”选项→单击“块”面板中的“插入块”下拉菜单，如图 10-39 所示→单击“更多选项”，弹出“插入”对话框，如图 10-40 所示→单击“浏览”按钮，弹出“选择图形文件”对话框，如图 10-41 所示→选择“粗糙度”块→单击“打开”按钮，返回“插入”对话框，如图 10-42 所示→修改缩放比例 X：0.8、勾选“统一比例”选项→单击“确定”按钮→捕捉如图 10-43 所示的位置→命令栏中输入 Ra 0.8→回车，如图 10-44 所示。

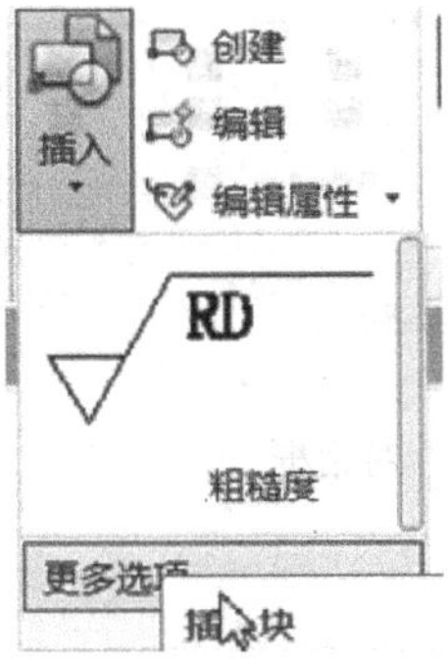

图 10-39 “插入”下拉菜单

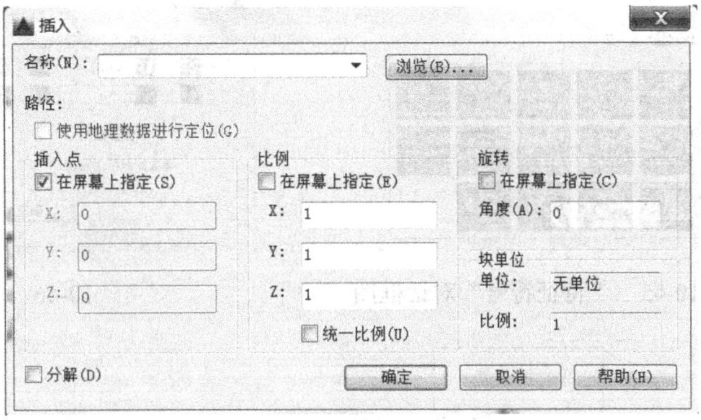

图 10-40 “插入”对话框

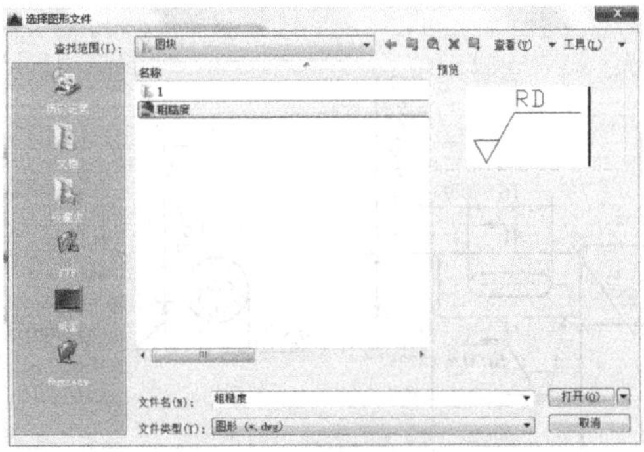

图 10-41 “选择图形文件”对话框

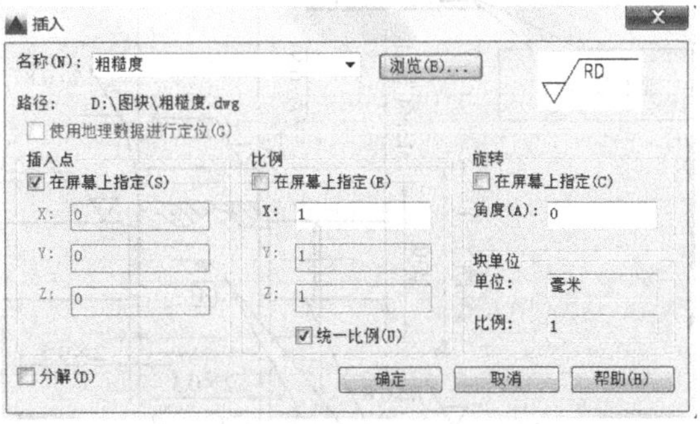

图 10-42 选择“粗糙度”块的“插入”对话框

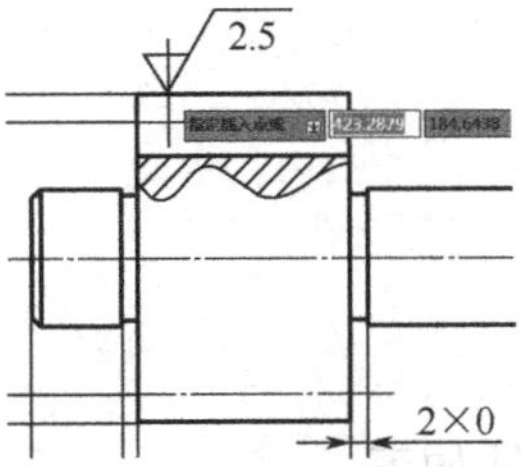

图 10-43 捕捉位置

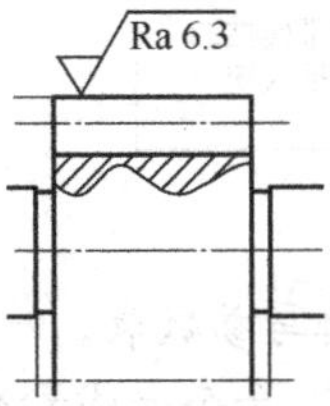

图 10-44 插入结果

其他粗糙度的插入方法与上述相同。

7. 标注几何公差。

利用“注释”功能选项“引线”面板中的“多重引线”、“直线”命令绘制引线。

单击面板标题中“注释”选项→单击“标注”面板下拉菜单中的“公差”图标，

弹出“形位公差”对话框→单击“符号”框■，弹出“特征符号”对话框，如图 10-45 所示→选择垂直度符号■→在“公差 1”中间框中输入 0.015→在“基准 1”左框中输入 A，如图 10-46 所示→单击“确定”按钮，将垂直度公差插入图中。用同样的方法标注平行度公差，结果如图 10-47 所示。

📖 说明：几何公差的引线采用“引线”面板中“多重引线”命令绘制（实例 2、实例 5 中有介绍）。

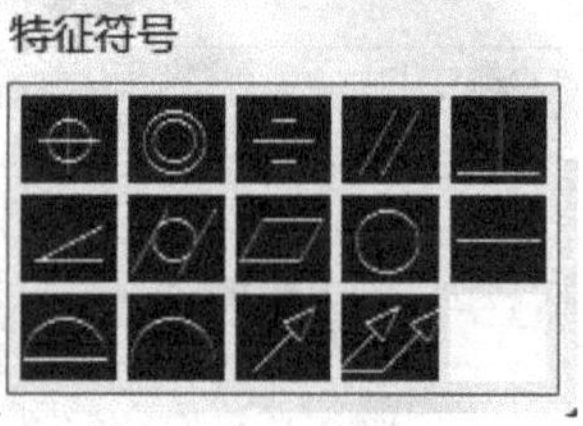

图 10-45 “特征符号”对话框图

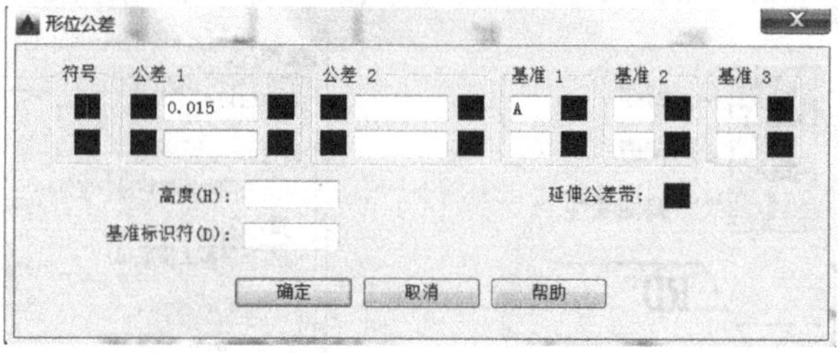

10-46 “形位公差”对话框

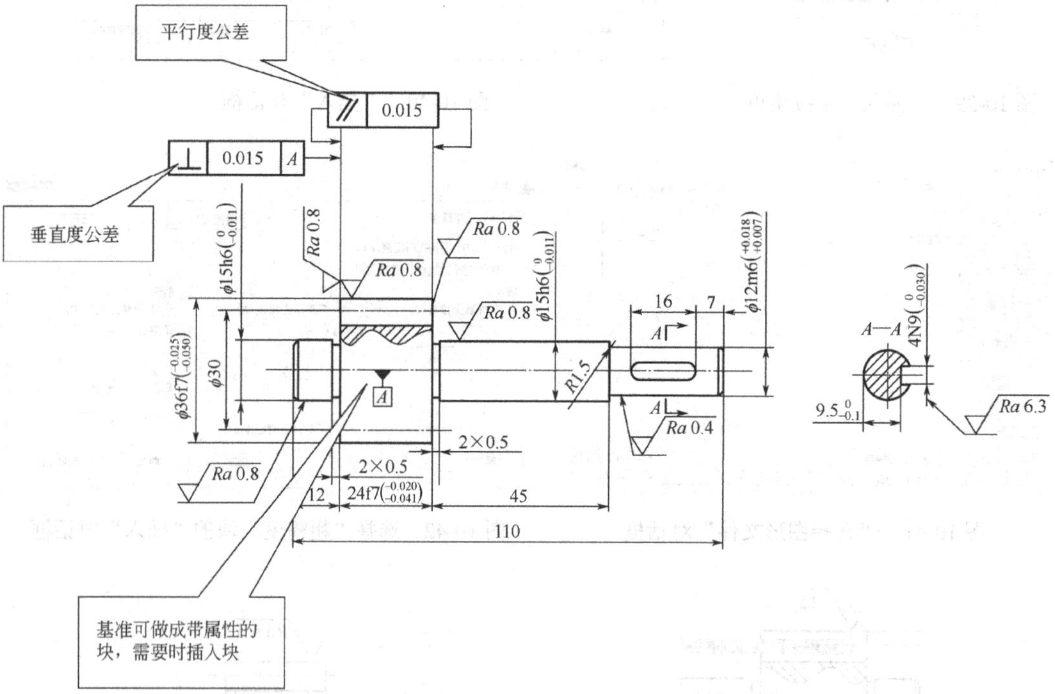

图 10-47 几何公差的标注

8. 绘制及填写参数表。

使用“表格”命令完成参数表的创建和填写，具体方法如下。

（1）单击面板标题栏中的“默认”选项→“注释”面板→单击“表格”面板中表格图标▦→弹出“插入表格”对话框，如图 10-48 所示→单击启动“表格样式”对话框图标▦→弹出“表格样式”对话框→在“表格样式”对话框中，单击“新建”按钮，弹出“创建新的表格样式”对话框→在“新样式名”文本框中输入“参数表”，如图 10-49 所示→单击“继续”按钮，弹出“新建表格样式：参数表”对话框。

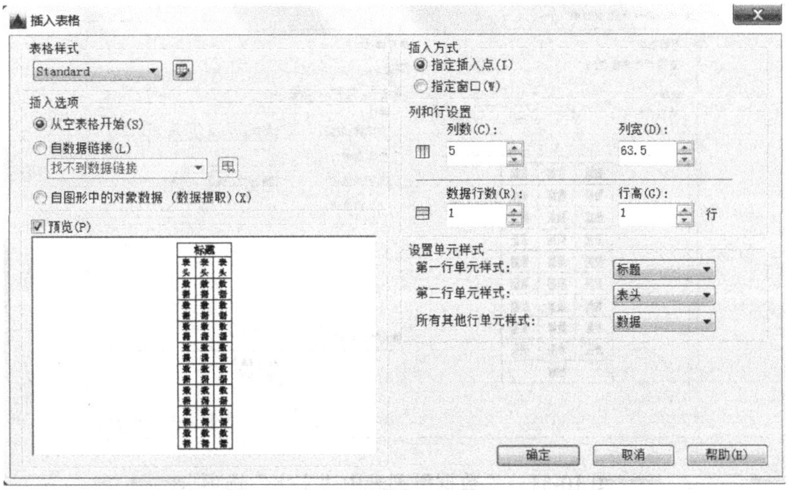

图 10-48 “插入表格”对话框

（2）在“数据”列表中：“常规”选项卡和“文字”选项卡的设置如图 10-50 和图 10-51 所示。

（3）在“表头”列表中“常规”选项卡和“文字”选项卡的设置如图 10-52 和图 10-53 所示。

（4）选择“标题”列表中“常规”选项卡和“文字”选项卡的设置如图 10-54 和 10-55 所示→单击“确定”按钮，退出“新建表格样式：参数表”对话框。

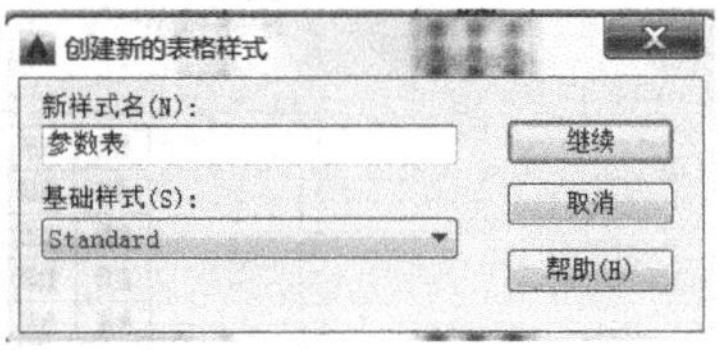

图 10-49 “创建新的表格样式”对话框

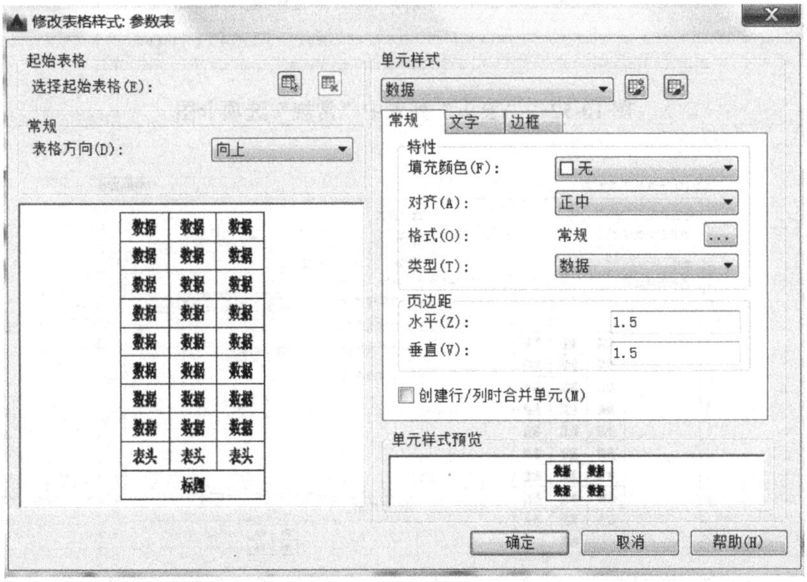

图 10-50 “数据”列表中“常规”选项卡图

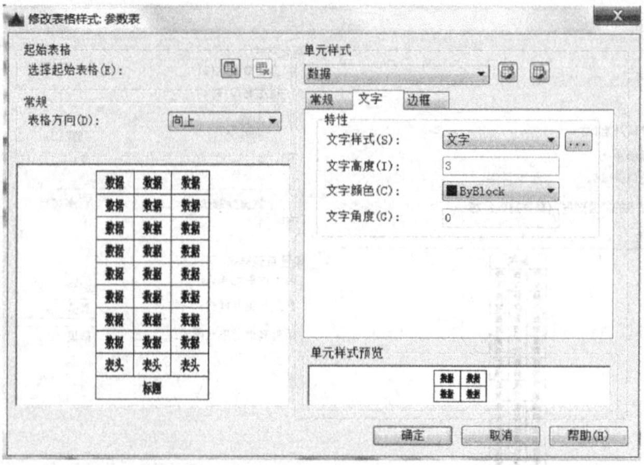

图 10-51 “数据”列表中“文字”选项卡

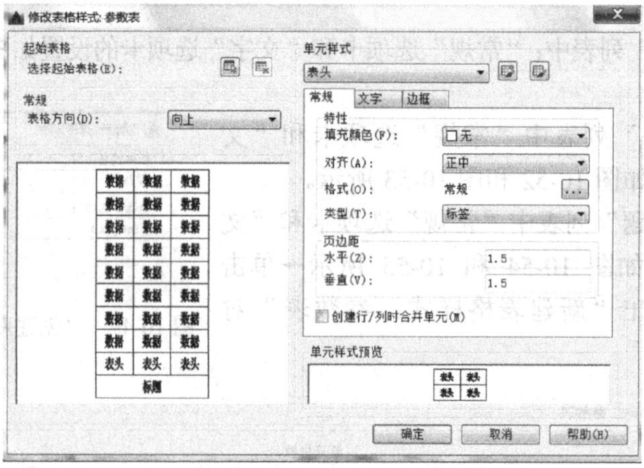

图 10-52 “表头”列表中“常规”选项卡图

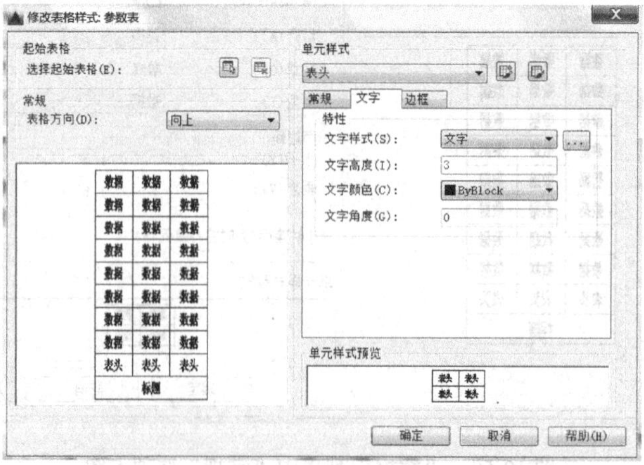

图 10-53 “表头”列表中“文字”选项卡

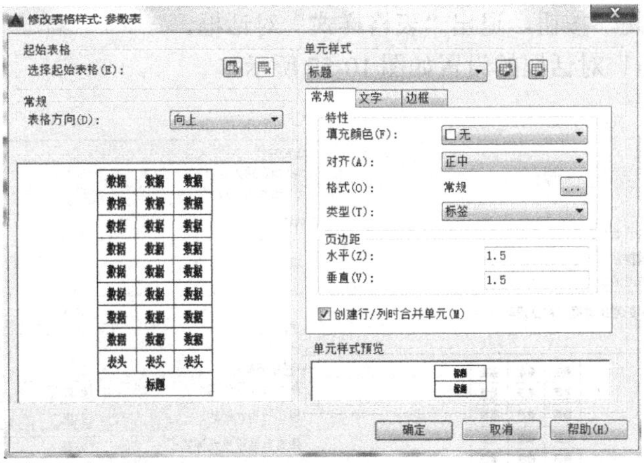

图 10-54　“标题”列表中“常规”选项卡

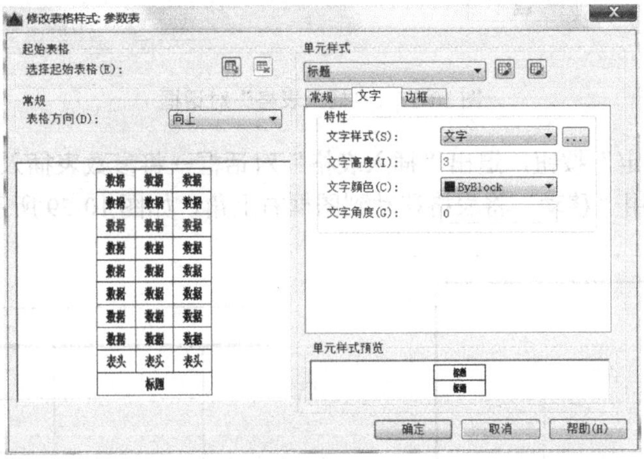

图 10-55　“标题”列表中“文字”选项卡

（5）在“表格样式”对话框的“样式”列表框中选择“参数表”→单击“置为当前”按钮，将“参数表”表格样式置为当前表格样式，如图 10-56 所示。

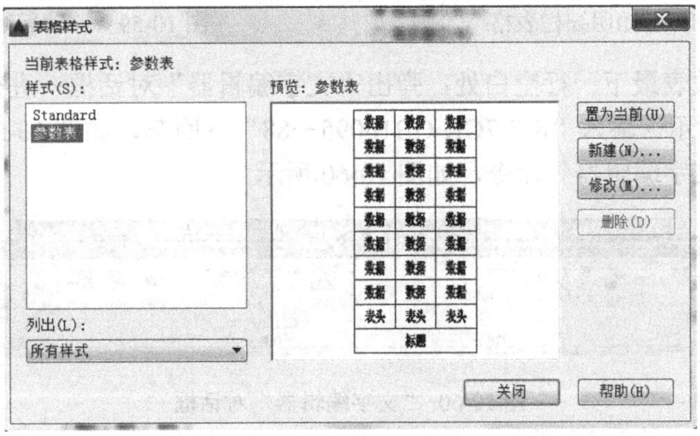

图 10-56　“表格样式”对话框

（6）单击“关闭”按钮，退出“表格样式”对话框。

（7）“插入表格”对话框的设置如图 10-57 所示。

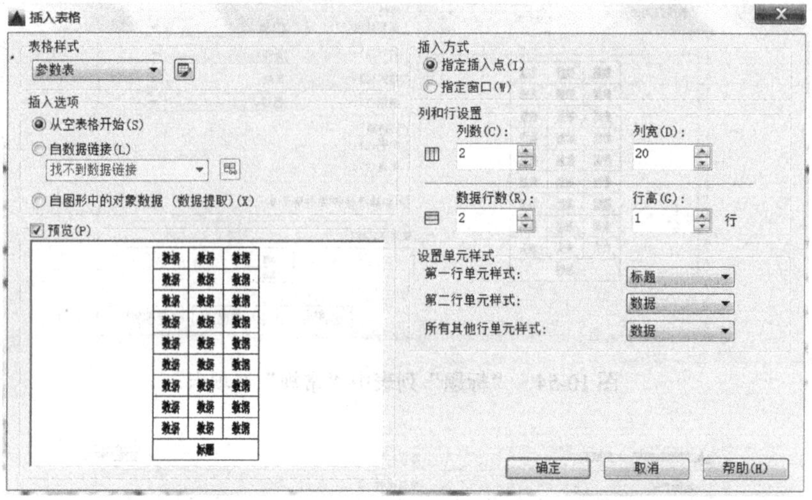

图 10-57　“插入表格”对话框

（8）单击“确定”按钮，退出“插入表格”对话框→将参数表插入图框的空白处，如图 10-58 所示→采用“移动”将表格移动到图框右上角，如图 10-59 所示。

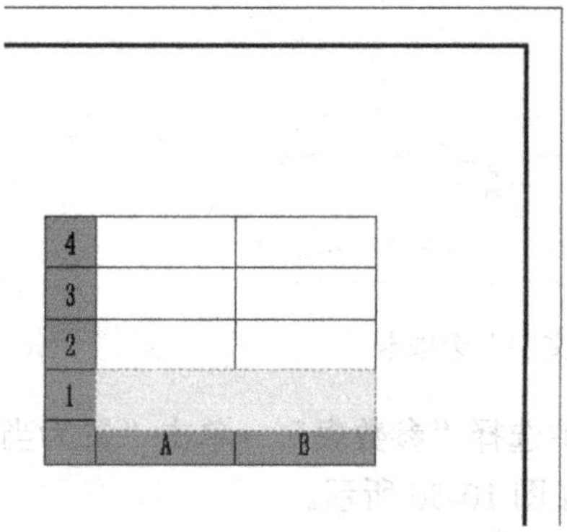

图 10-58　初始明细栏表格

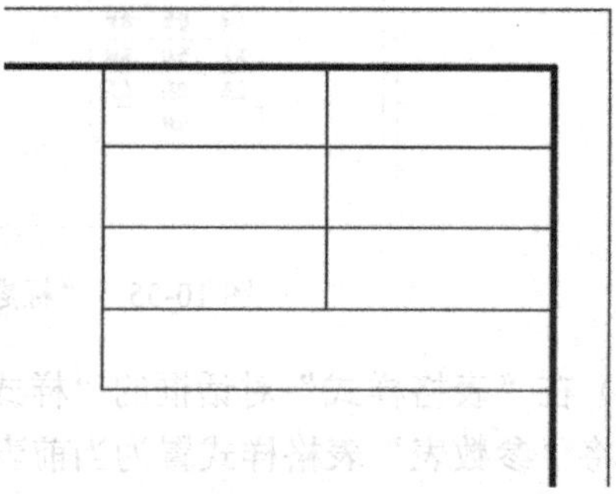

图 10-59　移动后明细栏表格

（9）双击参数表最下一行空白处，弹出“文字编辑器”对话框→进行样式、格式等设置，如图 10-60 所示→输入“8-7-7GK GB10095—88”→回车，如图 10-61 所示。

单击“关闭文字编辑器”命令，如图 10-60 所示。

图 10-60　“文字编辑器”对话框

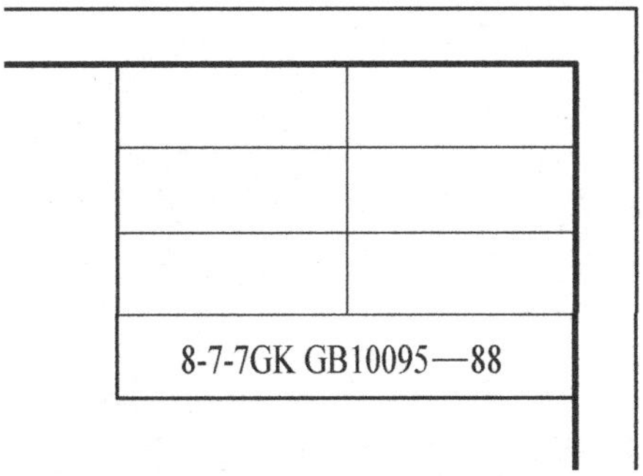

图 10-61　参数表标题栏

（10）采用同样的方法完成其他单元格中参数的输入，输入结果如图 10-62 所示。

📖 说明：参数表也可采用“直线”、“偏移”、“修剪”命令绘制。

9. 编写技术要求及填写标题栏。

使用面板标题栏“默认”功能选项的“文字”面板中的“多行文字”命令来编写技术要求，“技术要求”字高设为 6，其他文字的字高设为 5，如图 10-63 所示。

图 10-62　参数表

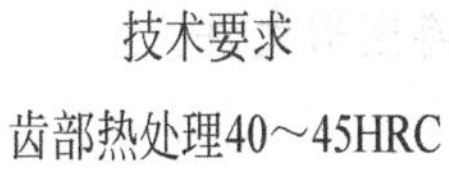

图 10-63　技术要求

使用“编辑多行文字…”命令来填写标题栏，材料和零件名称等字高为 5，设计人员签名及日期等字高为 3，填写标题栏之前应将标题栏块分解，操作步骤为：单击“修改”面板中的“分解”图标 →选择标题栏→右击，标题栏分解。

单击标题栏中“图样名称”，如图 10-64 所示→右击，弹出“快捷菜单”，如图 10-65 所示→选择“编辑多行文字…”选项，弹出“文字格式”编辑器→输入“齿轮轴”，选项设置、参数设置及输入文字→单击“确定”按钮。采用同样的方法填写完成标题栏，如图 10-66 所示。

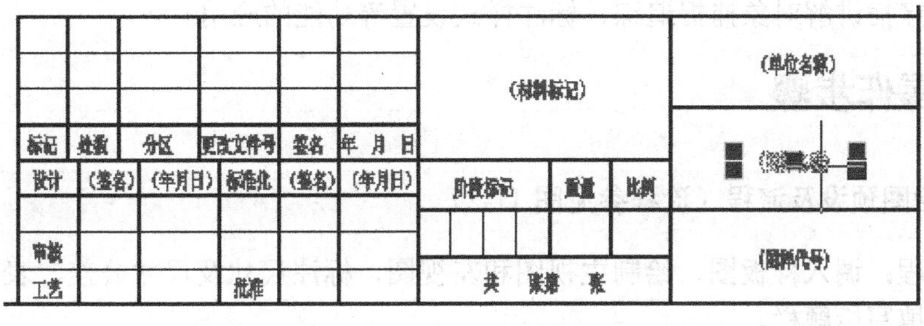

图 10-64　选择编辑对象

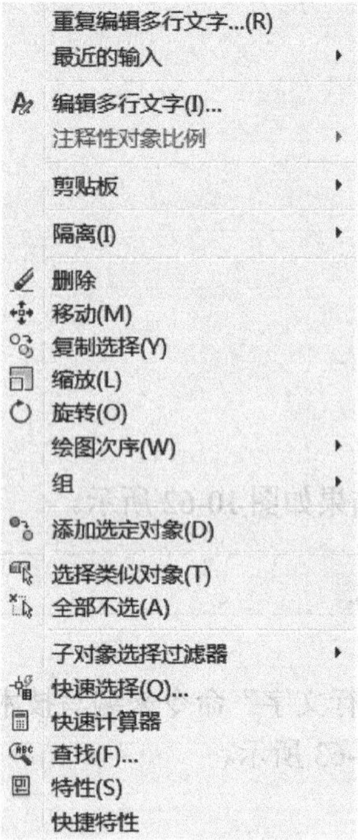

图 10-65　快捷菜单

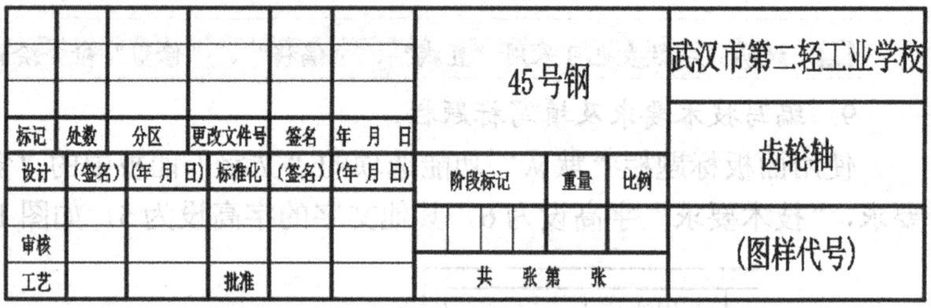

图 10-66　标题栏填写完成

完整的齿轮轴零件图参见图 10-1 所示。

10. 保存图形文件。

实例 11　盘盖类零件图的绘制

一、要点提示

盘盖类零件的结构特点：由同一轴线上不同直径的圆柱面组成，其厚度相对于直径来说比较小，结构呈盘状。在零件上有一个键槽和均布的 4 个孔，如图 11-1 所示。

使用命令：圆、偏移、修剪、特性匹配、直线、移动、偏移、倒角、镜像、图案填充、线性标注、直径标注等。

本实例穿插讲解对象捕捉追踪、标注样式设置等功能的应用。

二、操作步骤

（一）绘图预设及流程（流程参见图 11-2）

绘制流程：调入样板图，绘制主视图和左视图，标注尺寸及尺寸公差、表面粗糙度等技术要求，填写标题栏。

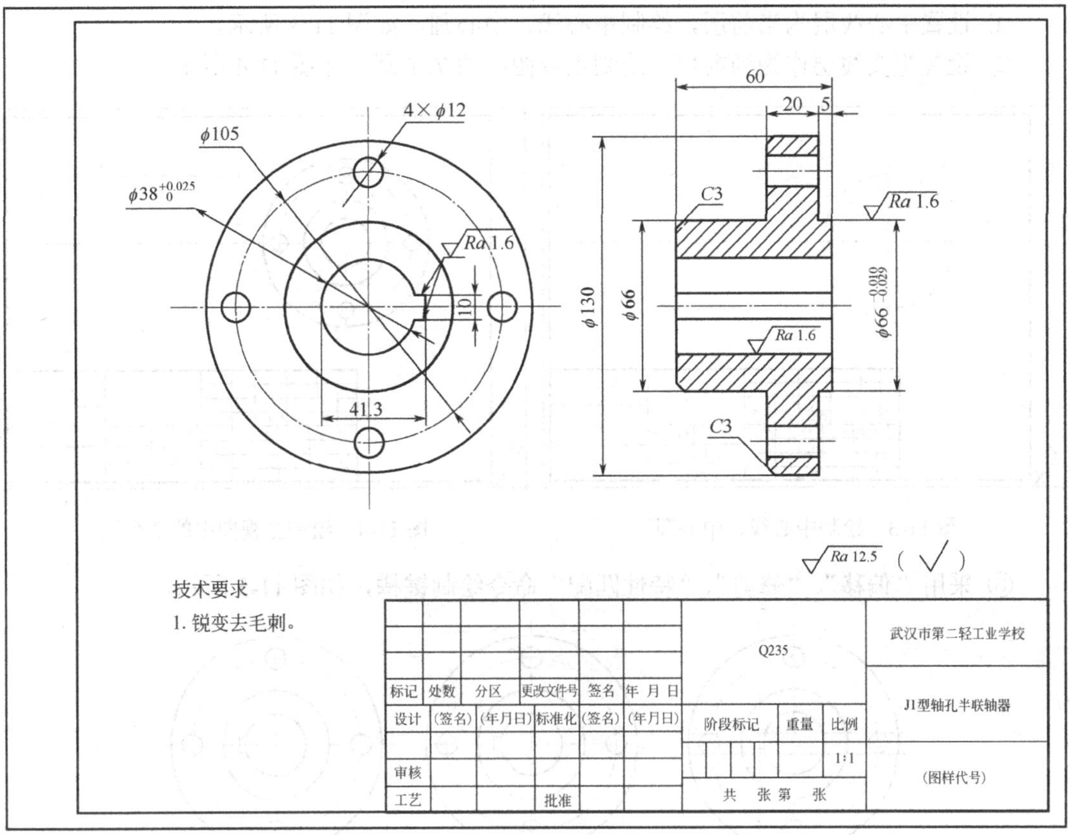

图 11-1　J1 型轴孔半联轴器零件图

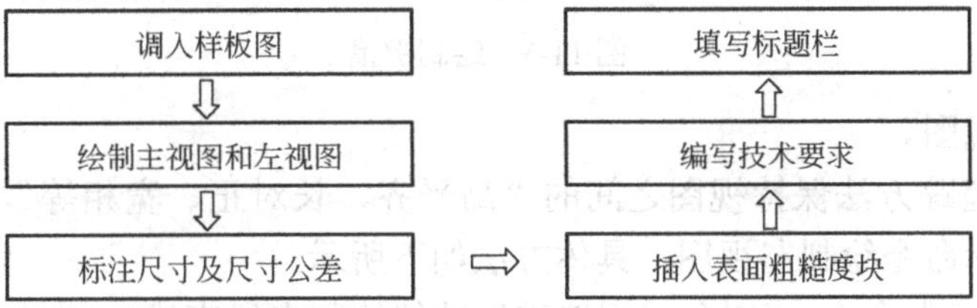

图 11-2　流程图

（二）详细步骤

1. 根据零件的结构形状与大小确定表达方法、比例和图幅，调用样板图。

零件图采用主视图、左视图两个视图，以此来表达零件。左视图采用全剖视图。调用样板图 A3 幅面，比例采用 1:1。

2. 设置作图环境。

在状态行设置极轴角为 45°，设置有关的对象捕捉，依次激活状态栏上的“正交”、“对象捕捉”、“对象捕捉追踪”、“极轴追踪”功能。

3. 绘制视图。

（1）绘制主视图。

① 设置中心线层为当前层，绘制中心线、中心圆，如图 11-3 所示。

② 设置粗实线层作为当前层，绘制主视图中的 7 个圆，如图 11-4 所示。

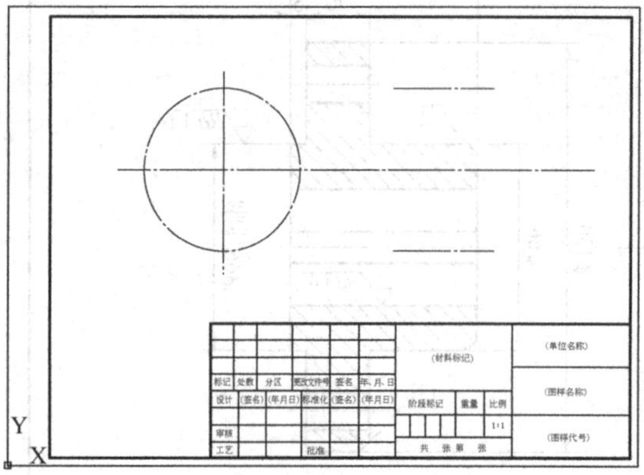

图 11-3　绘制中心线、中心圆

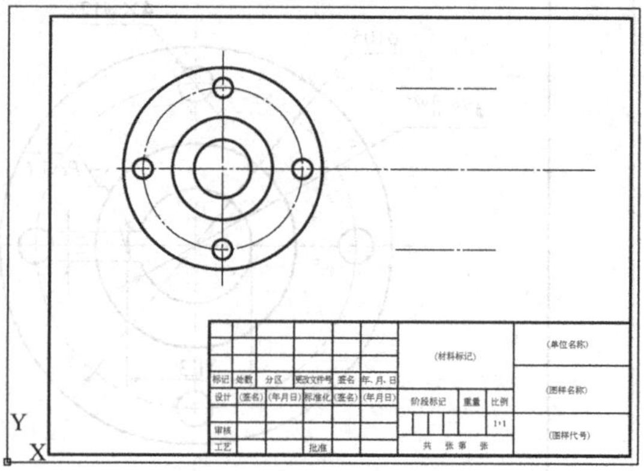

图 11-4　绘制主视图中的 7 个圆

③ 采用“偏移”、“修剪”、“特性匹配”命令绘制键槽，如图 11-5 所示。

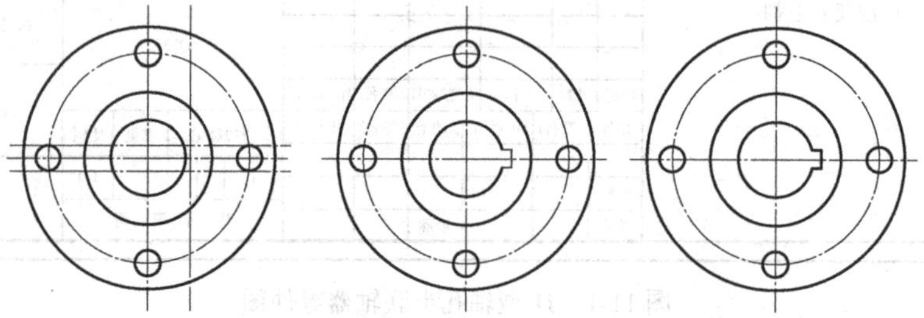

偏移结果　　偏剪结果　　特性匹配结果

图 11-5　绘制键槽

（2）绘制左视图。

用对象捕捉追踪方法保持视图之间的“高平齐、长对正、宽相等”，使用绘图命令及复制、镜像等编辑命令绘制左视图，具体方法如下所示。

① 利用“直线”命令、“对象捕捉追踪”功能绘制多段直线。

a．利用“直线”命令、“对象捕捉追踪”功能绘制直线的第 1 点，如图 11-6 所示。

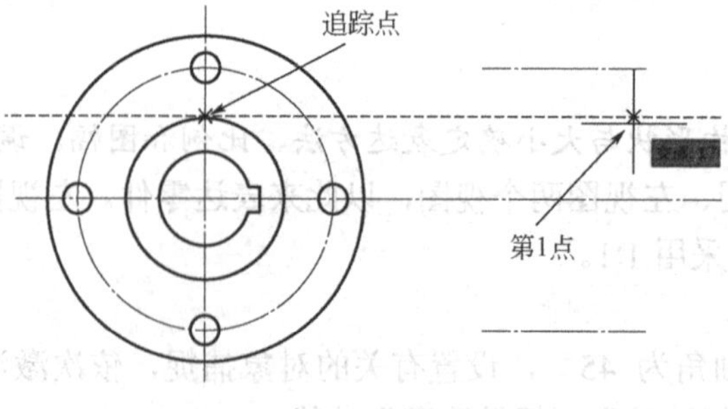

图 11-6　绘制多段线第 1 点

b．鼠标水平左移，输入 5，绘制直线第 2 点（激活状态栏中的“正交”按钮），如图 11-7 所示。

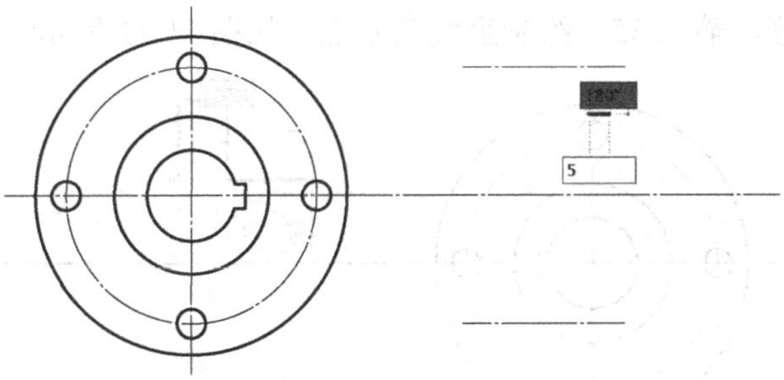

图 11-7　绘制多段线第 2 点

c．鼠标垂直上移，追踪捕捉直线的第 3 点，如图 11-8 所示。

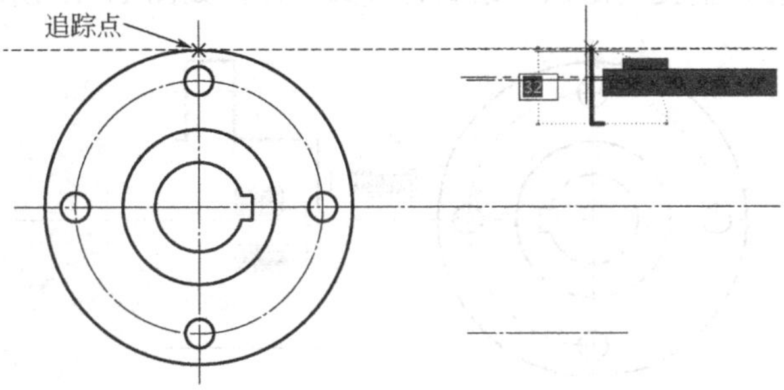

图 11-8　绘制多段线第 3 点

d．鼠标水平左移，输入 20，绘制直线第 4 点，如图 11-9 所示。

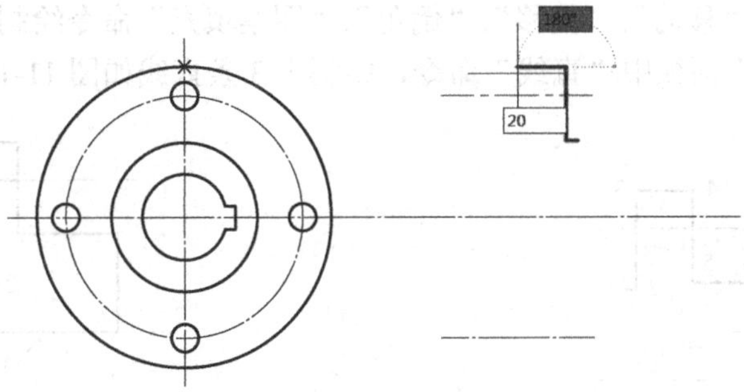

图 11-9　绘制多段线第 4 点

e．鼠标垂直下移，输入 32，绘制直线第 5 点，如图 11-10 所示。

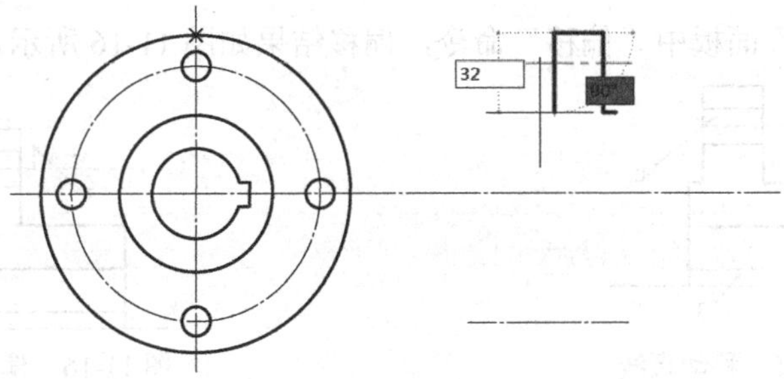

图 11-10　绘制多段线第 5 点

f. 鼠标水平左移，输入35，绘制直线第6点，如图11-11所示。

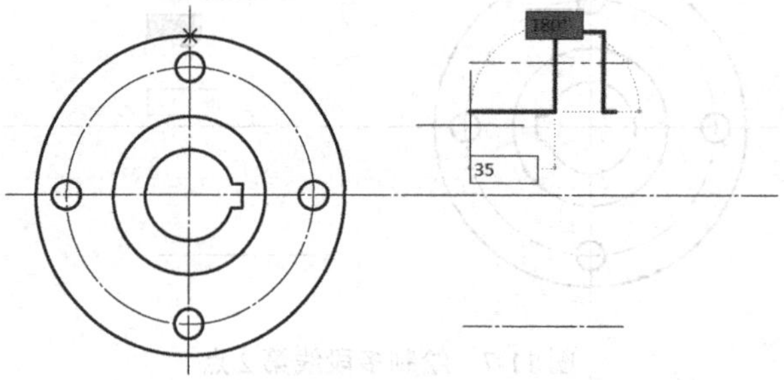

图11-11 绘制多段线第6点

g. 鼠标垂直下移，捕捉垂足点，绘制直线第7点，如图11-12所示。

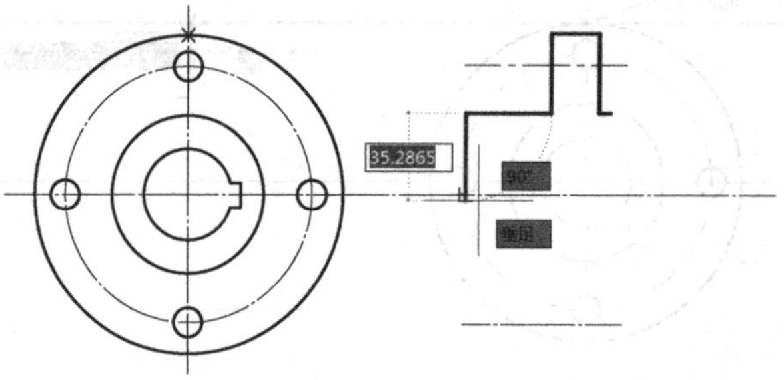

图11-12 绘制多段线第7点

h. 用“直线”命令、“对象捕捉追踪”功能绘制出的多段直线，如图11-13所示。

② 用“直线”、“移动”、“偏移”、“倒角”、“图案填充”命令绘制完成左视图。

a. 单击“绘图”面板中“直线”命令，绘制出3条直线如图11-14所示。

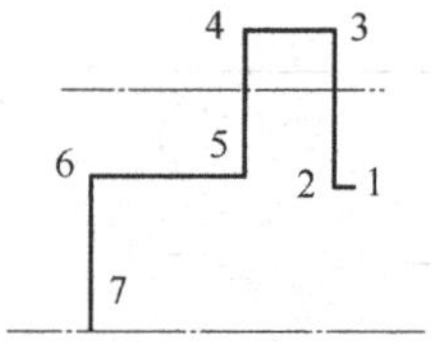

图11-13 绘制多段直线

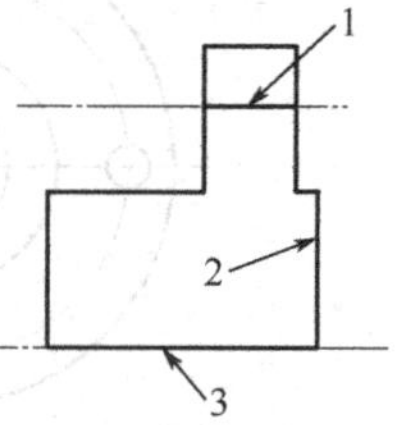

图11-14 绘制3条直线

b. 单击“修改”面板中“移动”命令，将直线1向上移动6、直线3向上移动5，如图11-15所示。

c. 单击“修改”面板中“偏移”命令，偏移结果如图11-16所示。

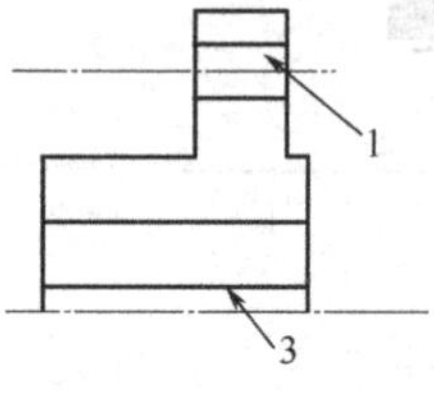

图11-15 移动直线

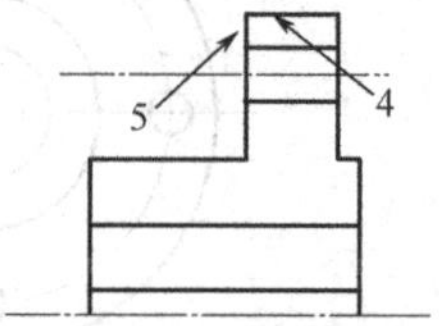

图11-16 偏移直线

d. 单击“修改”面板中“圆角”图标右侧 ▾ →选择“倒角”图标 ，命令行及操作显示如下：

```
命令：_chamfer
（“修剪”模式）当前倒角距离 1 = 0.0000，距离 2 = 0.0000
选择第一条直线或［放弃(U)/多段线(P)/距离(D)/角度(A)/修剪(T)/方式(E)/多个(M)］：d
                                                        （按 Enter 键）
指定 第一个 倒角距离<0.0000>：3                          （按 Enter 键）
指定 第二个 倒角距离<3.0000>：3                          （按 Enter 键）
选择第一条直线或［放弃(U)/多段线(P)/距离(D)/角度(A)/修剪(T)/方式(E)/多个(M)］：
                                                        （单击图 11-16 中的直线 4）
选择第二条直线，或按住 Shift 键选择直线以应用角点或［距离(D)/角度(A)/方法(M)］：
                                                        （单击图 11-16 中的直线 5）
```

使用同样方法完成另一处倒角，如图 11-17 所示。

e．单击“修改”面板中的“镜像”图标，命令行及操作显示如下：

```
命令：_mirror
选择对象：指定对角点：找到 14 个                  （框选图 11-17 中的整个图形）
选择对象：                                        （按 Enter 键）
指定镜像线的第一点：                              （捕捉下面中心线的左端点）
指定镜像线的第二点：                              （捕捉下面中心线的右端点）
要删除源对象吗？［是(Y)/否(N)］<否>：             （按 Enter 键）
```

镜像结果如图 11-18 所示。

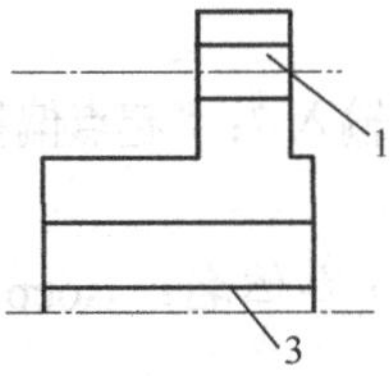

图 11-17　倒角

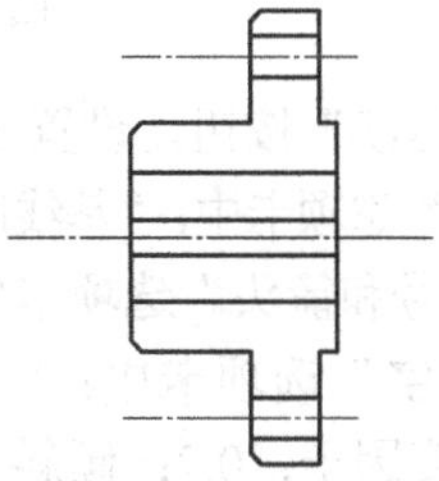

图 11-18　镜像

f．设置剖面线层为当前图层，使用“绘图”面板中“图案填充”命令完成剖面填充，如图 11-19 所示。

g．打断水平中心线。

单击“修改”面板中的“打断”图标，命令行及操作显示如下：

```
命令：_break 选择对象：                          （单击中间中心线上的一点）
指定第二个打断点或［第一点(F)］：<对象捕捉 关>    （单击中间中心线上的另一点）
```

打断结果如图 11-20 所示。

4．标注尺寸。

（1）设置标注样式。

单击面板标题栏中 “注释”→ ISO-25 →“管理标注样式...”选项，弹出

“标注样式管理器”对话框→单击“新建”按钮，弹出“创建新标注样式”对话框→新样式名输入“y1”，如图 11-21 所示。

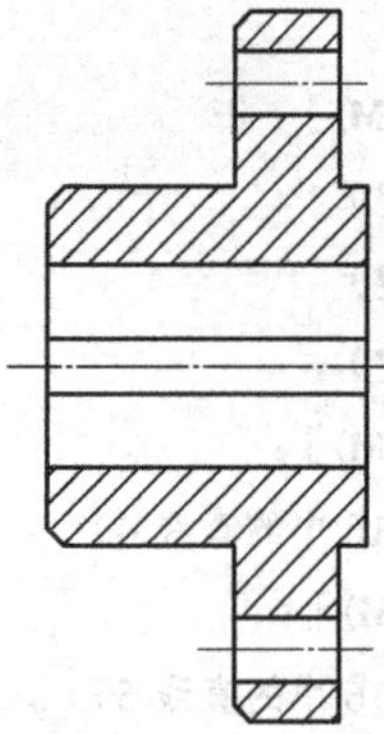

图 11-19　图案填充

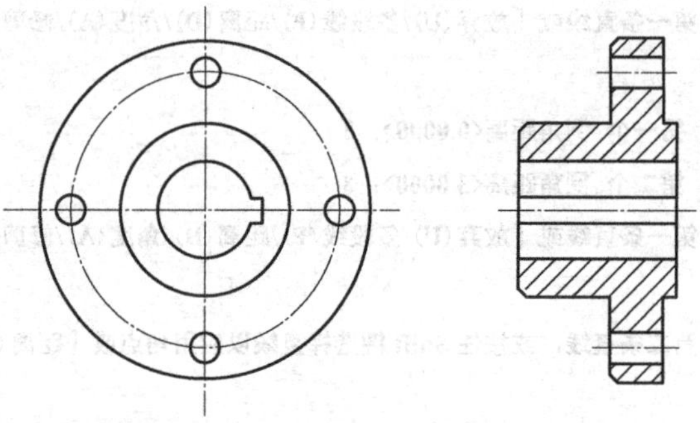

图 11-20　打断

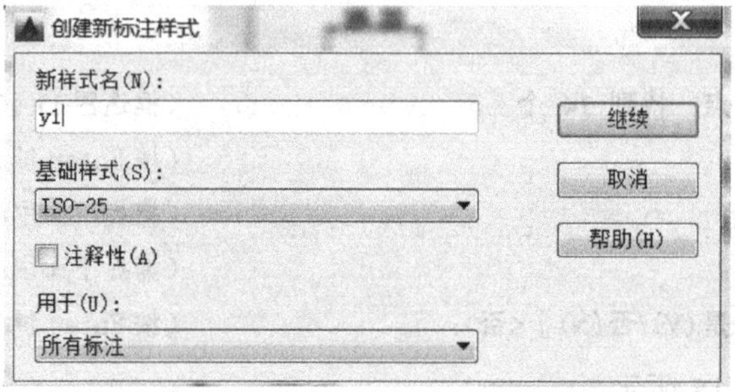

图 11-21　“创建新标注样式”对话框

单击“继续”按钮，设置 5 个选项卡的参数。

- “线”选项卡中：“基线间距”输入 7；“超出尺寸线”输入 2；“起点偏移量”输入 0。
- “符号和箭头”选项卡中：“箭头大小”输入 5。
- “文字”选项卡中：“文字样式”选择“样式 1”（字体名：isocp.shx；“文字高度”：7；宽度因子：0.7；倾斜角度：15。）
- “调整”选项卡中：单击“箭头”单选框。
- “主单位”选项卡中：“精度”文本框中选“0.0”、“小数分隔符”文本框中选‘.’（句点）；“消零”复选框中单击“后续”，其余采用默认设置。

（2）标注尺寸。

① 线性标注。

将剖面线层关闭。用 y1 样式标注尺寸 10、41.3、20、5、60、*C*3，如图 11-22 所示。

② 直径标注。

新建标注样式 y2，设置如图 11-23 和 11-24 所示，其余设置与标注样式 y1 相同。

- “文字”选项卡：“文字对齐”选择“水平”。
- “调整”选项卡：选“文字或箭头（最佳效果）”单选项。

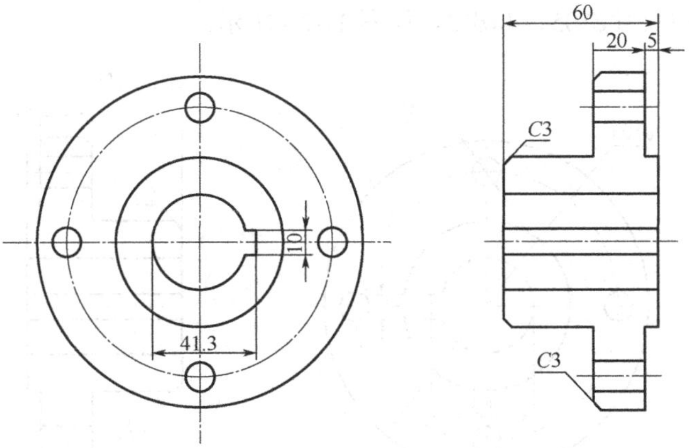

图 11-22　线性标注

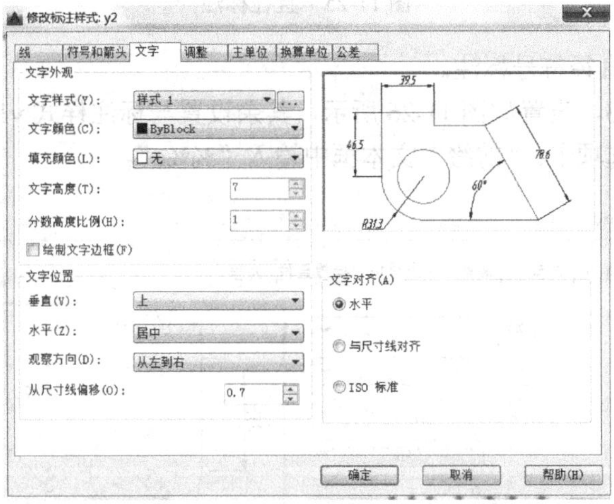

图 11-23　标注样式 y2“文字”选项卡

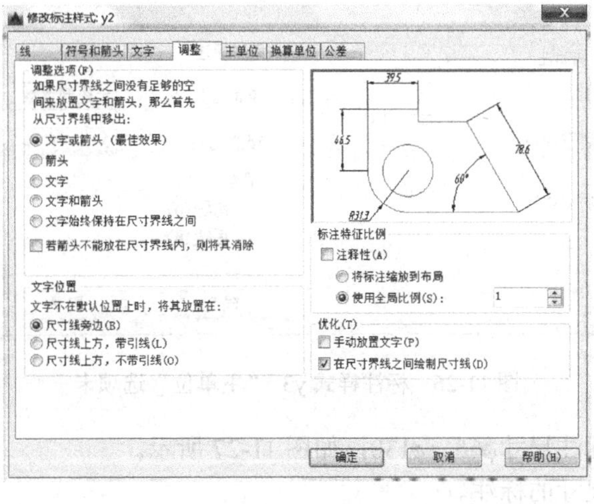

图 11-24　标注样式 y2“调整”选项卡

用 y2 样式标注尺寸ϕ105、4×ϕ12。如图 11-25 所示。

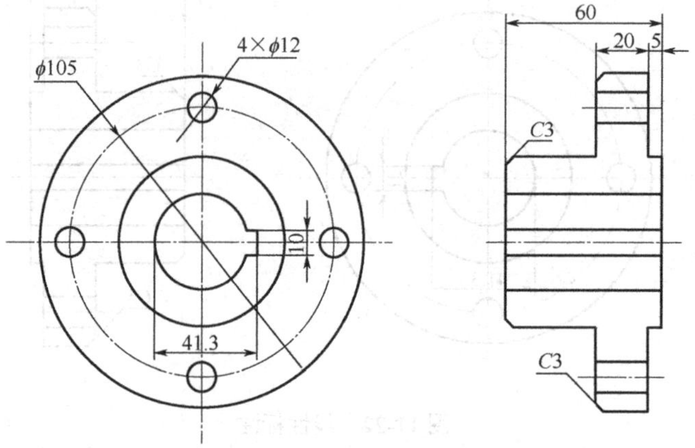

图 11-25　直径标注

③ 线性尺寸带直径符号标注。

新建标注样式 y3，设置如图 11-26 所示，其余设置与标注样式 y1 相同。

● “主单位”选项卡：“前缀”文本框中输入“%%c”。

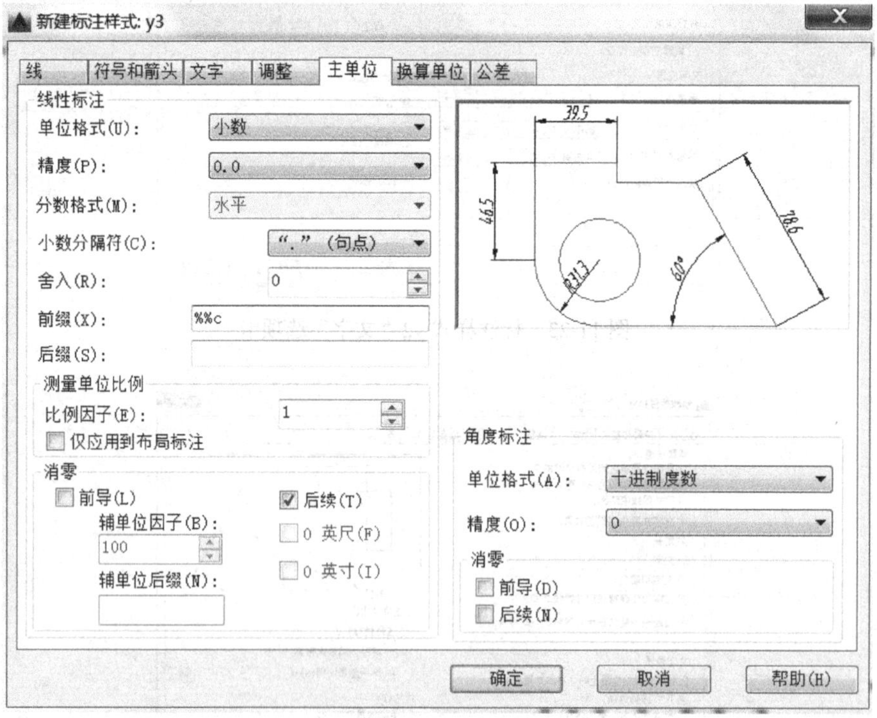

图 11-26　标注样式 y3 “主单位”选项卡

用标注样式 y3 标注尺寸ϕ66、ϕ130，如图 11-27 所示。

④ 带上下偏差尺寸的标注。

a．标注尺寸$\phi 66^{-0.010}_{-0.029}$。

新建标注样式 y4，设置公差选项卡，如图 11-28 所示，其余设置与标注样式 y3 相同。

● “公差”选项卡中：“公差方式”选择“极限偏差”；“精度”选择“0.000”；上偏差文本框中输入-0.01；下偏差文本框中输入-0.029，结果如图 11-30 所示。

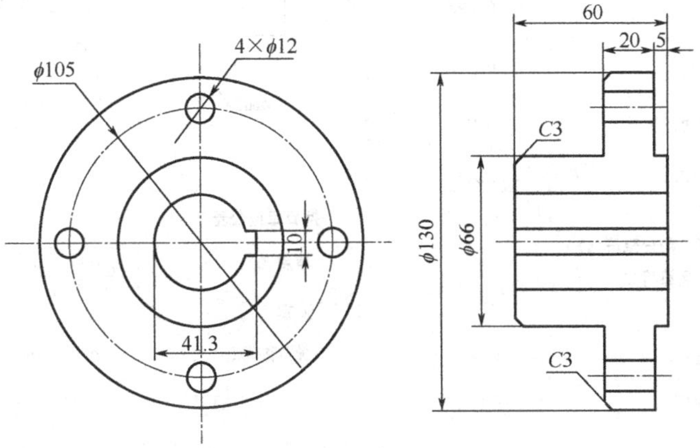

图 11-27　φ66、φ130 的标注

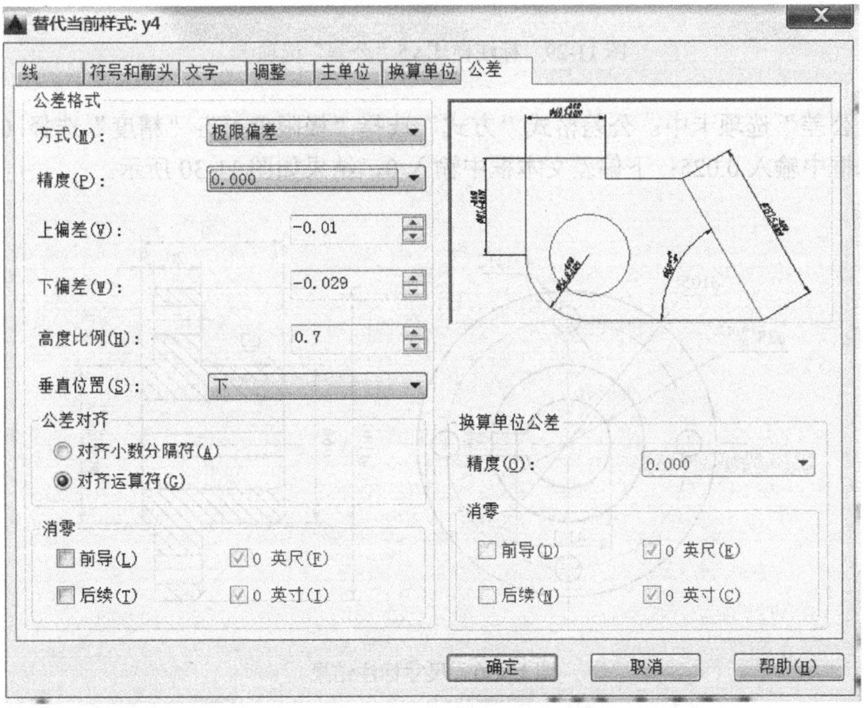

图 11-28　标注样式 y4“公差”选项卡

b．标注几何公差$\phi 38^{+0.025}_{0}$。

新建标注样式 y5，“公差”选项卡设置如图 11-29 所示，其余设置与标注样式 y2 相同。

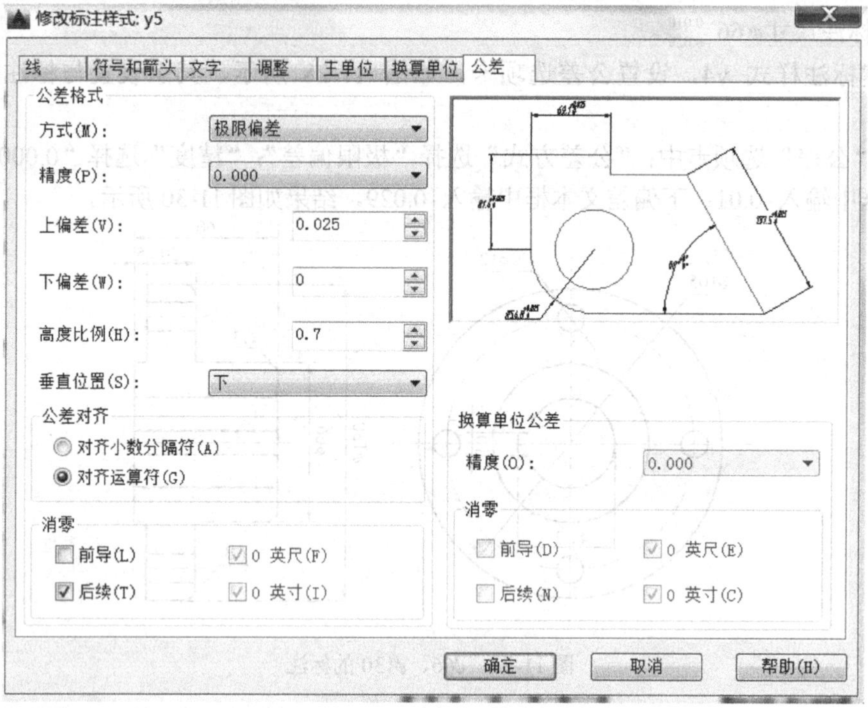

图 11-29　标注样式 y5“公差”选项卡

◆“公差”选项卡中：公差格式“方式”选择“极限偏差”；“精度”选择 0.000；上偏差文本框中输入 0.025；下偏差文本框中输入 0，结果如图 11-30 所示。

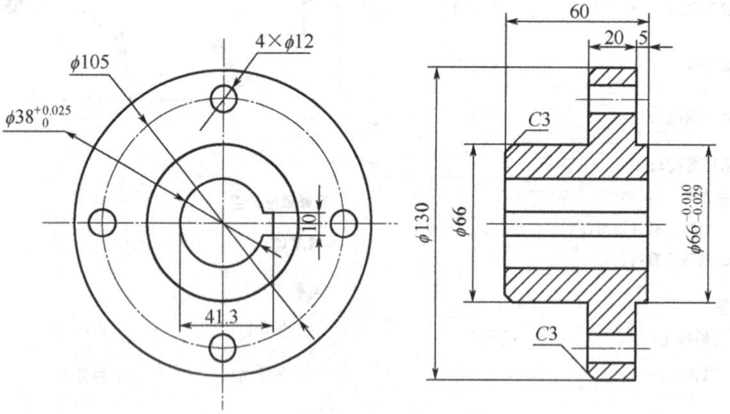

图 11-30　尺寸标注结果

5. 标注表面粗糙度。

打开剖面线图层，采用第 1 章实例 8 块操作中创建的带属性表面粗糙度块进行标注，插入块时缩放比例为 1，结果如图 11-31 所示。

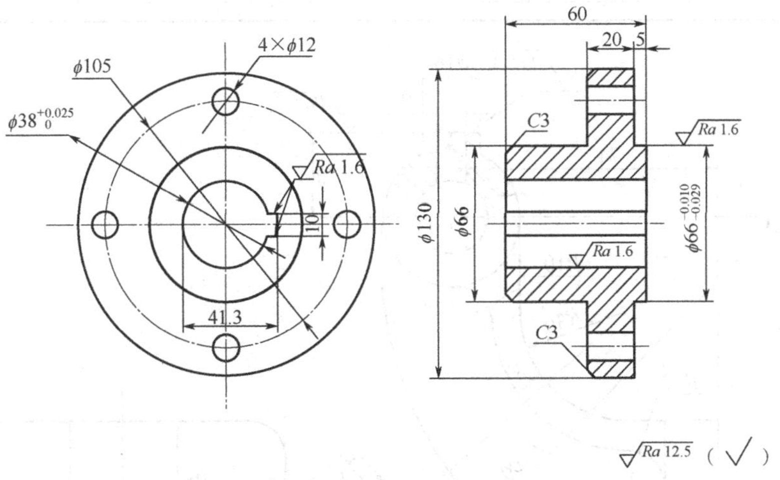

图 11-31　标注表面粗糙度

6. 编写技术要求及填写标题栏。

编写技术要求及填写标题栏的方法与前面介绍的方法相同，标题栏填写内容如图 11-32 所示。

完成图形如图 11-1 所示。

						Q235			武汉市第二轻工业学校
标记	处数	分区	更改文件号	签名	年 月 日				J1型轴孔半联轴器
设计	(签名)	(年月日)	标准化	(签名)	(年月日)	阶段标记	重量	比例	
								1:1	(图样代号)
审核									
工艺			批准			共 张 第 张			

图 11-32　标题栏填写完成

7. 保存图形文件。

说明：实例 8、实例 9、实例 11 分别介绍了多种尺寸标注的方法，读者可以根据自己学习的情况，灵活采用。

实例 12　叉架类零件图的绘制

一、要点提示

叉架类零件的结构特点：由支承轴的轴孔、用以固定的底板及加强筋和悬臂等组成（参见图 12-1）。

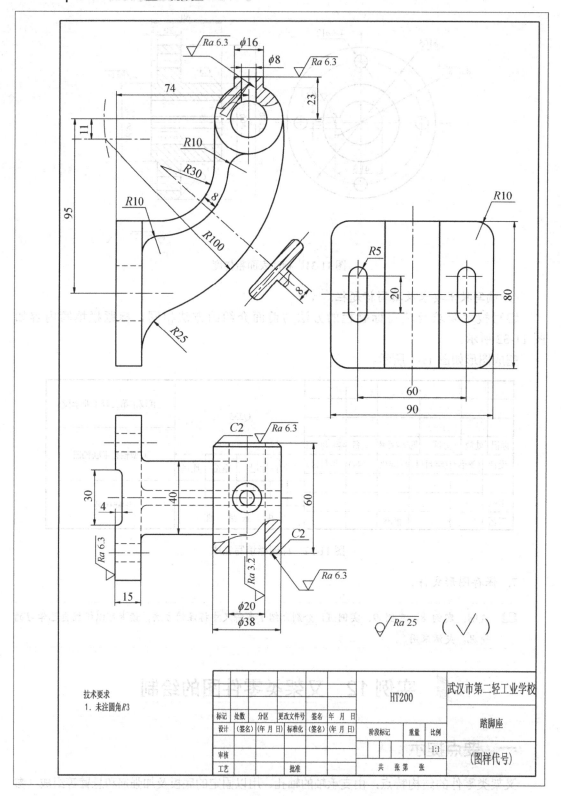

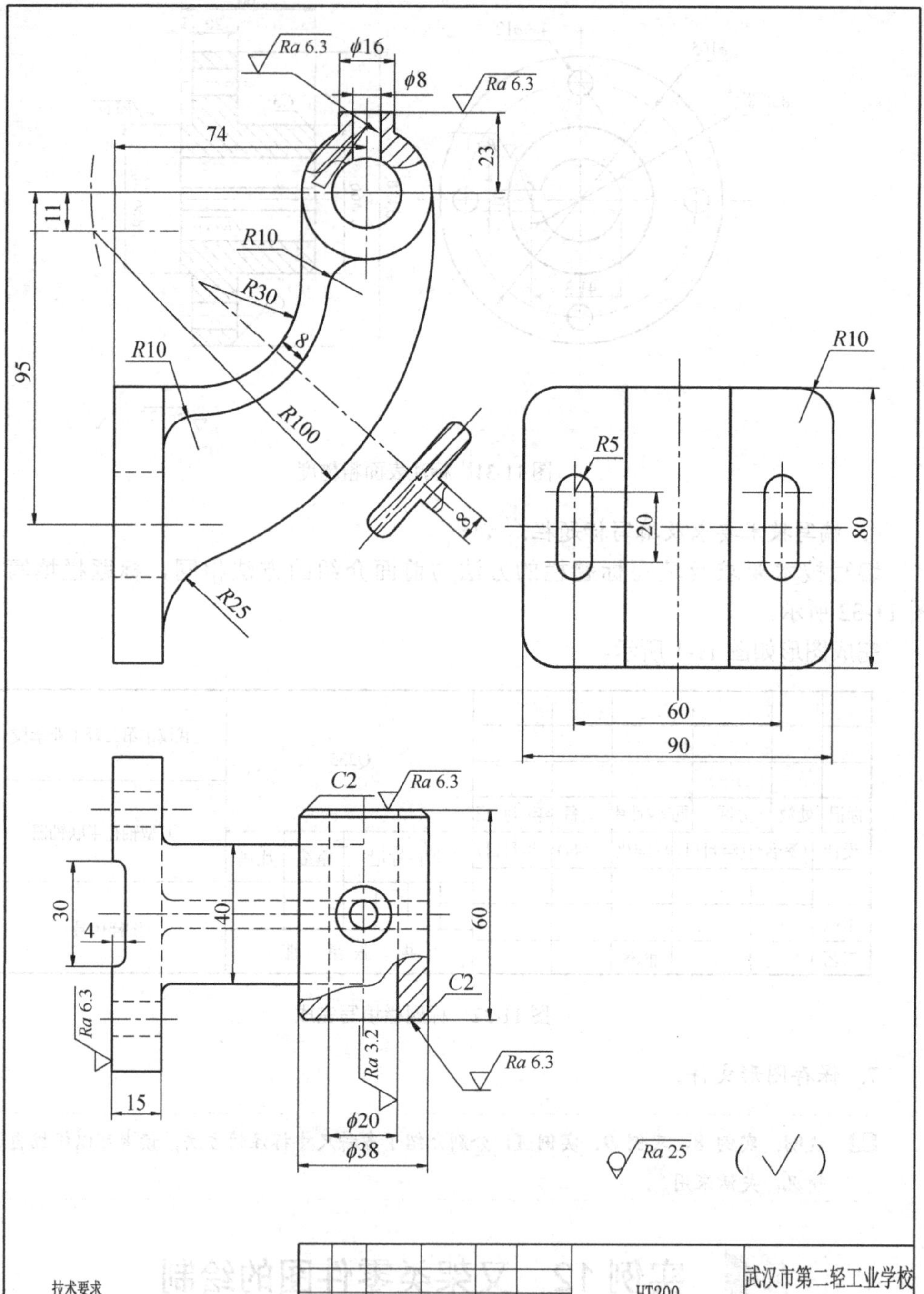
Ra 6.3
ϕ16
ϕ8
Ra 6.3
74
23
11
R10
R30
8
95
R10
R100
8
R25
R10
R5
20
80
60
90
C2
Ra 6.3
30
4
40
60
C2
Ra 6.3
Ra 3.2
Ra 6.3
15
ϕ20
ϕ38
Ra 25
(√)
技术要求
1. 未注圆角R3
HT200
武汉市第二轻工业学校
踏脚座
标记 处数 分区 更改文件号 签名 年 月 日
设计 (签名) (年 月 日) 标准化 (签名) (年 月 日)
阶段标记 重量 比例
1:1
审核
工艺 批准
共 张 第 张
(图样代号)

图 12-1 踏脚座零件图

使用命令：直线、圆、偏移、移动、修剪、圆角、打断、样条线、图案填充、拉伸、矩形、标注、插入块等。

通过本实例的实训，可使学员掌握叉架类零件的绘制方法及相关命令的综合运用。

二、操作步骤

（一）绘图预设及流程

绘制流程：调入样板图，绘制主视图、断面图、俯视图、向视图，标注尺寸及尺寸公差、表面粗糙度等技术要求，如图 12-2 所示。

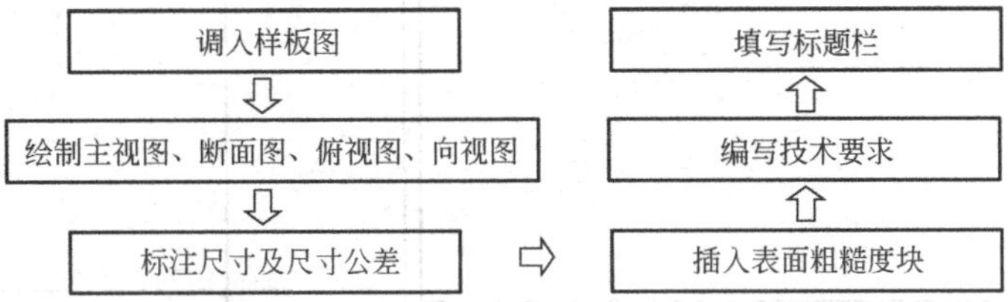

图 12-2　流程图

（二）详细步骤

1. 根据零件的结构形状与大小确定表达方法、比例和图幅，调用样板图。

零件图采用主视图、俯视图、向视图、断面图四个视图来表达零件。主视图采用局部剖视图。调用带国标标题栏的竖放样板图 A3 幅框，比例采用 1:1。

2. 设置绘图环境。

在状态栏设置极轴角为 45°，激活 “正交” 功能，设置并激活相关的“对象捕捉”、“对象捕捉追踪” 功能。

3. 绘制视图。

（1）绘制主视图。

① 设置中心线层为当前层，绘制中心线，如图 12-3 所示。

② 设置粗实线层为当前层，绘制主视图中的两个圆及一垂直线，如图 12-4 所示。

③ 用“直线”、“偏移”、“移动” 命令绘制底板，如图 12-5 所示。

④ 在 ϕ 38 圆左侧画一条与其垂直中心线平行的直线→向右拉伸底板上侧线，如图 12-6 所示。

⑤ 用“圆角” 命令绘制 $R30$ 的圆弧→用“修剪” 命令裁剪多余线段→用“偏移” 命令绘制 $R38$ 的圆弧，如图 12-7 所示。

⑥ 用“圆角” 命令绘制两个 $R10$ 的圆弧→补画断开的线段，如图 12-8 所示。

⑦ $R100$ 的水平中心线与 $\phi 38$ 圆的水平中心线距离为 11，$R100$ 与 $\phi 38$ 圆内切。

以 $\phi 38$ 的圆心为圆心，（100-19）为半径画圆（中心线所绘制的圆）；以箭头所指的交点为圆心，画出 $R100$ 的圆，如图 12-9 所示。

用“圆角”命令画出底板右侧面与 $R100$ 之间的过渡圆弧→补画断开的线段。如图 12-9 所示。

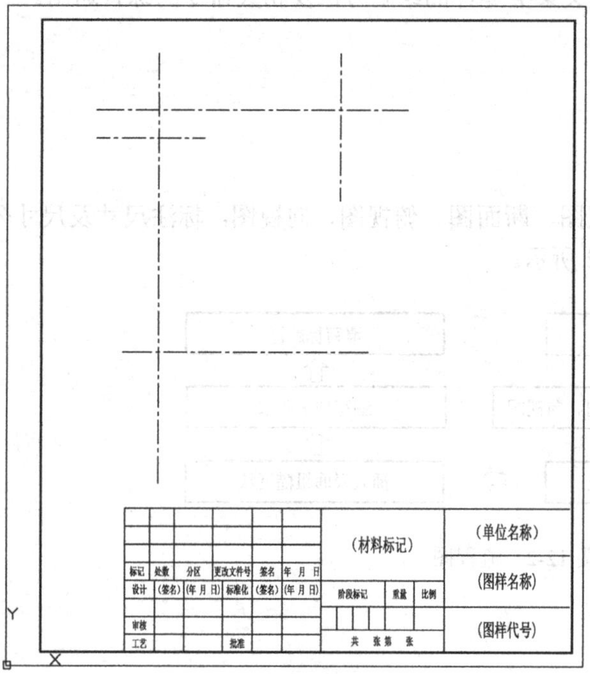

图 12-3　绘制中心线

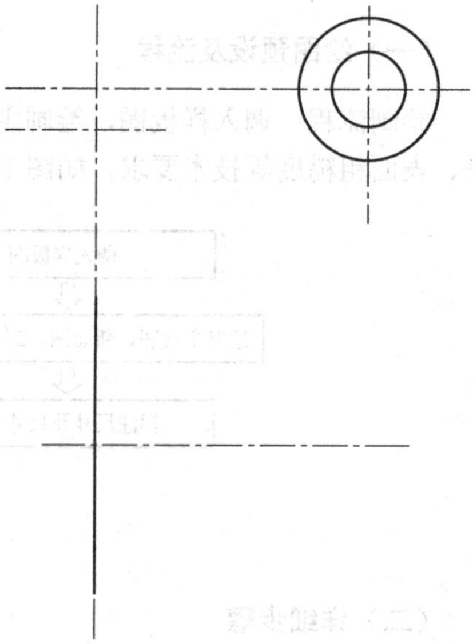

图 12-4　绘制两圆及一垂直线

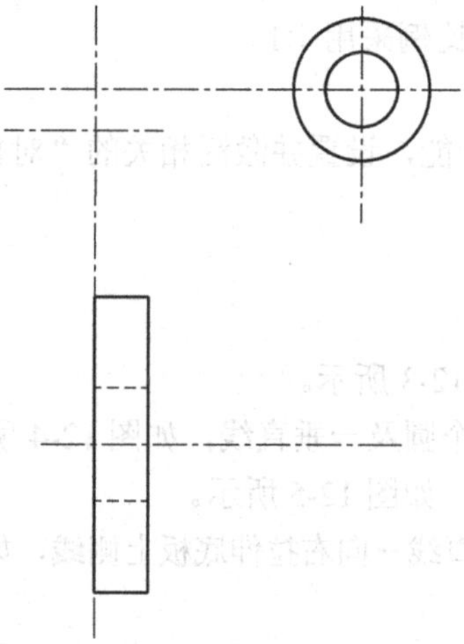

图 12-5　绘制底板

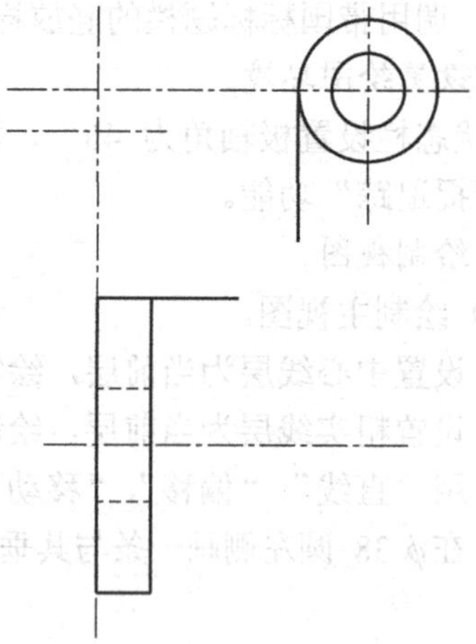

图 12-6　绘制两侧线

⑧ 用“修剪”命令将多余的图素剪掉，如图 12-10 所示。

⑨ 画出上部局部剖及筋板移出断面图，如图 12-11 所示。

（2）绘制踏脚座的俯视图。

运用“对象捕捉追踪”功能，根据主视图，用“直线”、“偏移”、“圆”、“圆角”、“修剪”等命令绘制踏脚座的俯视图，如图 12-12 所示。

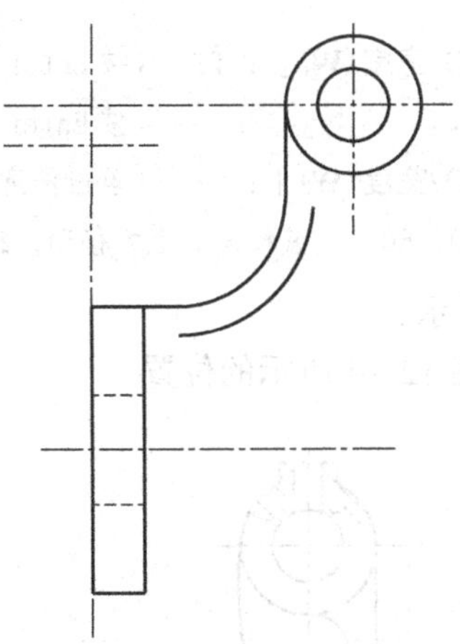

图 12-7　绘制 *R*30、*R*38 的圆弧

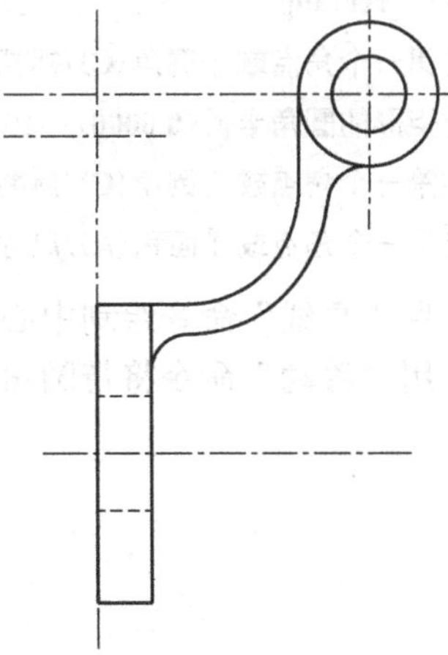

图 12-8　绘制两 *R*10 的圆弧

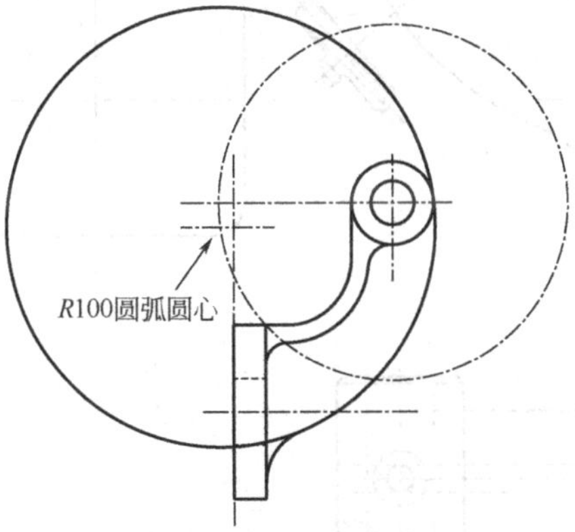

图 12-9　绘制 *R*100 的圆

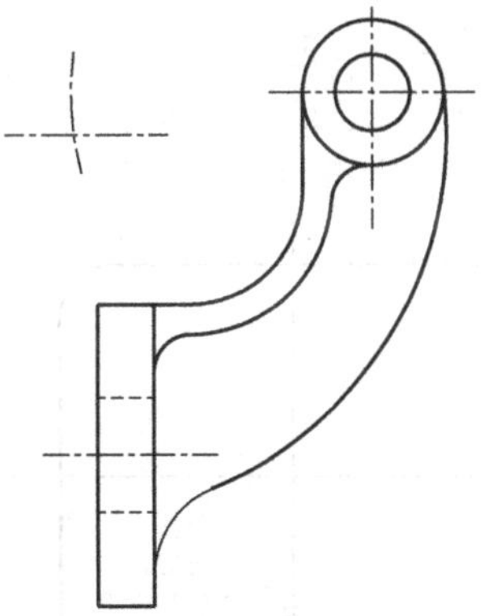

图 12-10　剪掉多余的图素

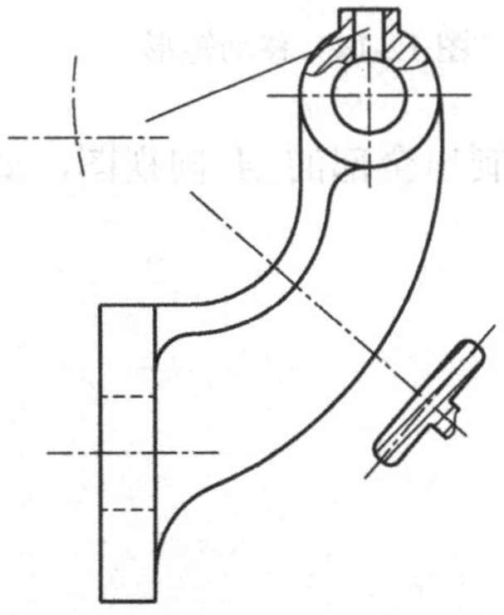

图 12-11　局部剖及筋板移出断面图

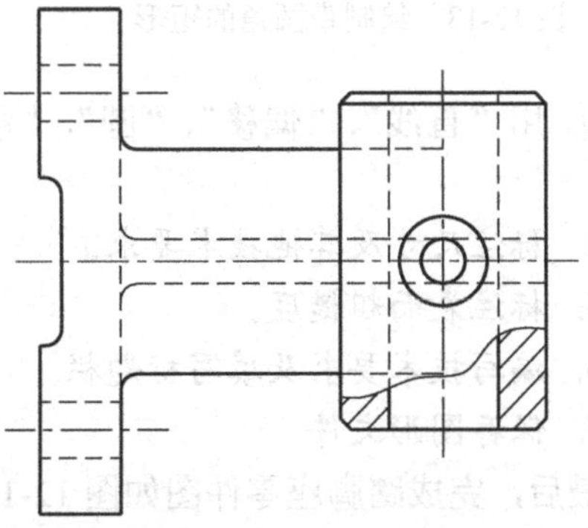

图 12-12　绘制俯视图

（3）绘制 *A* 向视图。

① 单击“绘制”面板中“矩形”图标，命令行及操作显示如下：

```
命令：_rectang
指定第一个角点或［倒角(C)/标高(E)/圆角(F)/厚度(T)/宽度(W)］：f　　(按 Enter 键)
指定矩形的圆角半径<0.0000>：10　　(按 Enter 键)
指定第一个角点或［倒角(C)/标高(E)/圆角(F)/厚度(T)/宽度(W)］：　　(单击任意点)
指定另一个角点或［面积(A)/尺寸(D)/旋转(R)］：@90，80　(鼠标向右上方移动，按 Enter 键)
```

② 用“直线”命令绘制中心线，如图 12-13 所示。

③ 用“移动”命令将带圆角的矩形移动到如图 12-14 所示的位置。

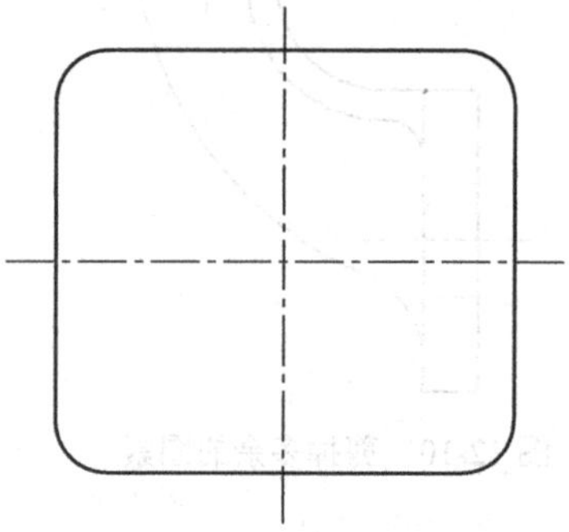

图 12-13　绘制带圆角的矩形

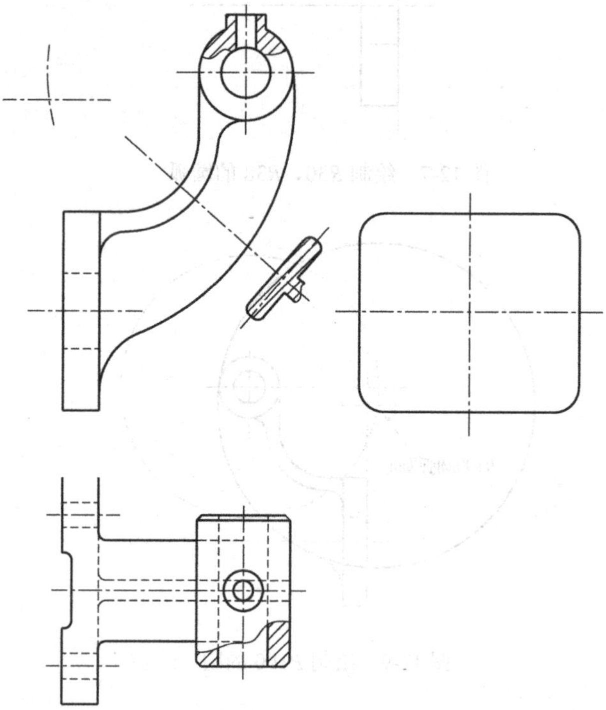

图 12-14　移动矩形

④ 用“直线”、“偏移”、“圆”、“修剪”等命令绘制出全部的 *A* 向视图，如图 12-15 所示。

4. 标注尺寸及其他技术要求。
5. 标注表面粗糙度。
6. 编写技术要求及填写标题栏。
7. 保存图形文件。

最后，完成踏脚座零件图如图 12-1 所示。

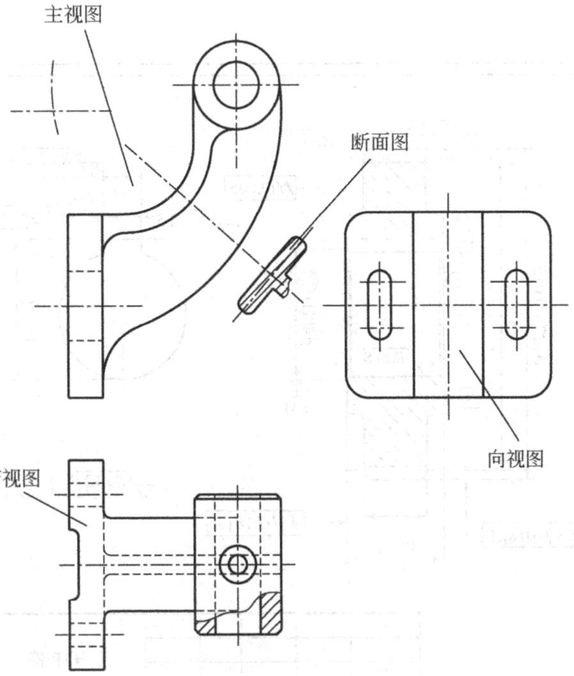

图 12-15　踏脚座的全部视图

课后练习

1．绘制下列轴零件并加画图框和标题栏。

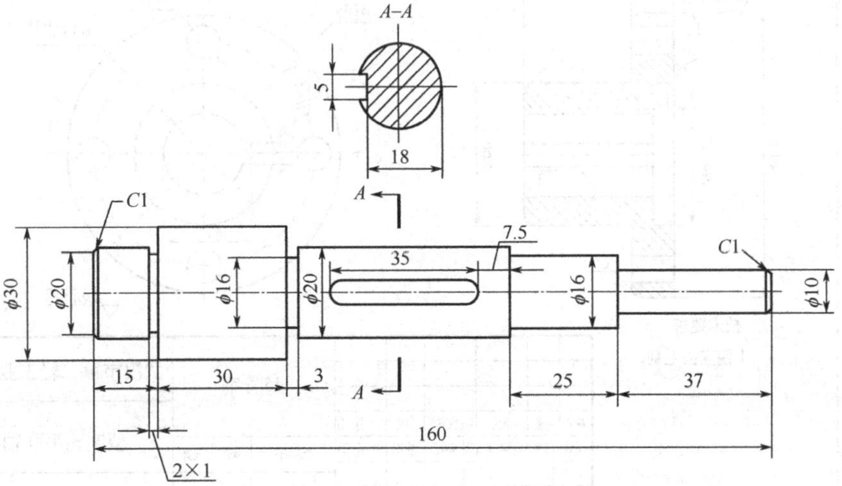

2．绘制下列零件图。

（1）

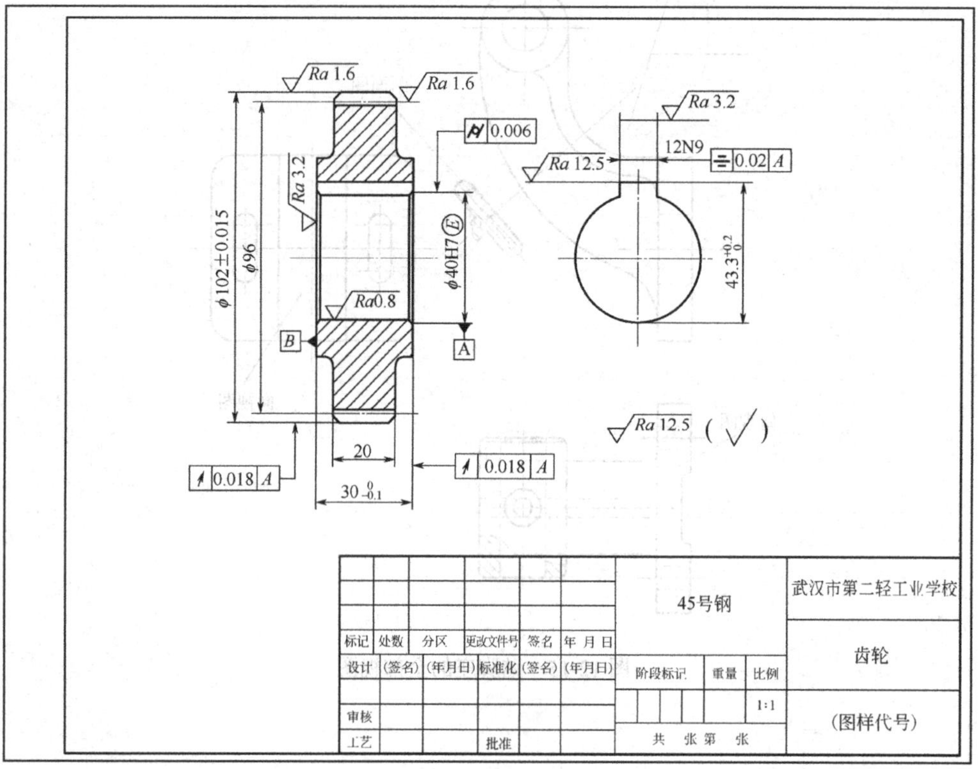
Ra 1.6
Ra 1.6
Ra 3.2
0.006
Ra 12.5
12N9
0.02 A
Ra 3.2
φ102±0.015
φ96
φ40H7(E)
43.3 +0.2 0
Ra0.8
B
A
Ra 12.5 (√)
20
0.018 A
0.018 A
30 0 -0.1
标记 处数 分区 更改文件号 签名 年 月 日
设计 (签名) (年月日) 标准化 (签名) (年月日)
审核
工艺 批准
45号钢
阶段标记 重量 比例
1:1
共 张 第 张
武汉市第二轻工业学校
齿轮
(图样代号)

（2）

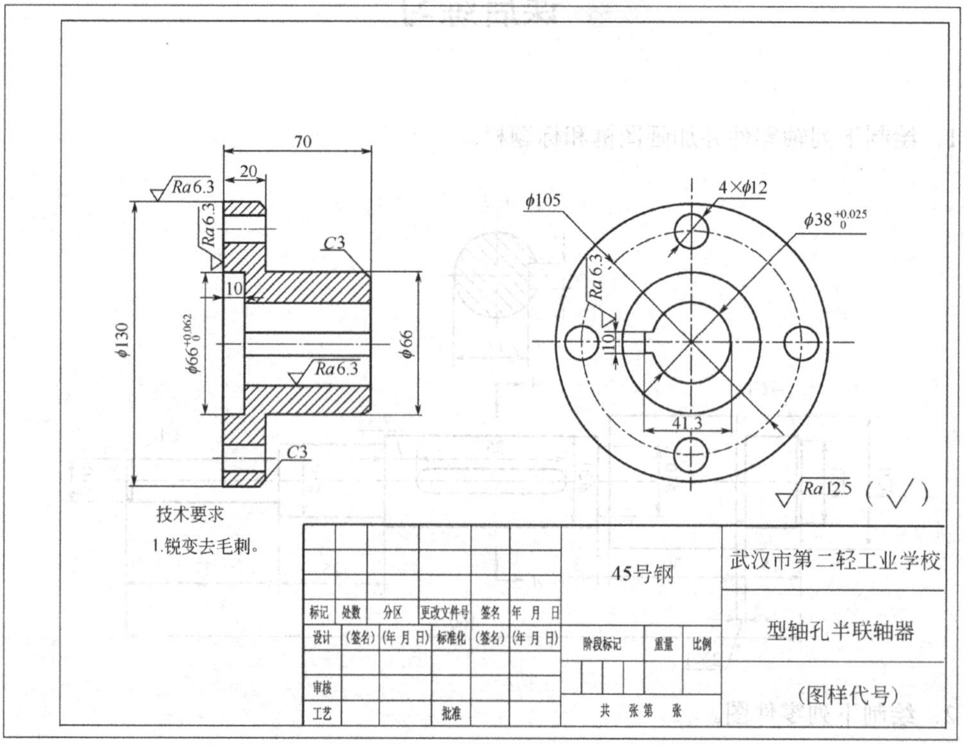
70
20
Ra6.3
Ra6.3
C3
10
φ130
φ66 +0.062 0
φ66
Ra6.3
C3
φ105
4×φ12
φ38 +0.025 0
Ra6.3
10
41.3
Ra12.5 (√)
技术要求
1.锐变去毛刺。
标记 处数 分区 更改文件号 签名 年 月 日
设计 (签名) (年 月 日) 标准化 (签名) (年 月 日)
审核
工艺 批准
45号钢
阶段标记 重量 比例
共 张 第 张
武汉市第二轻工业学校
型轴孔半联轴器
(图样代号)

（3）

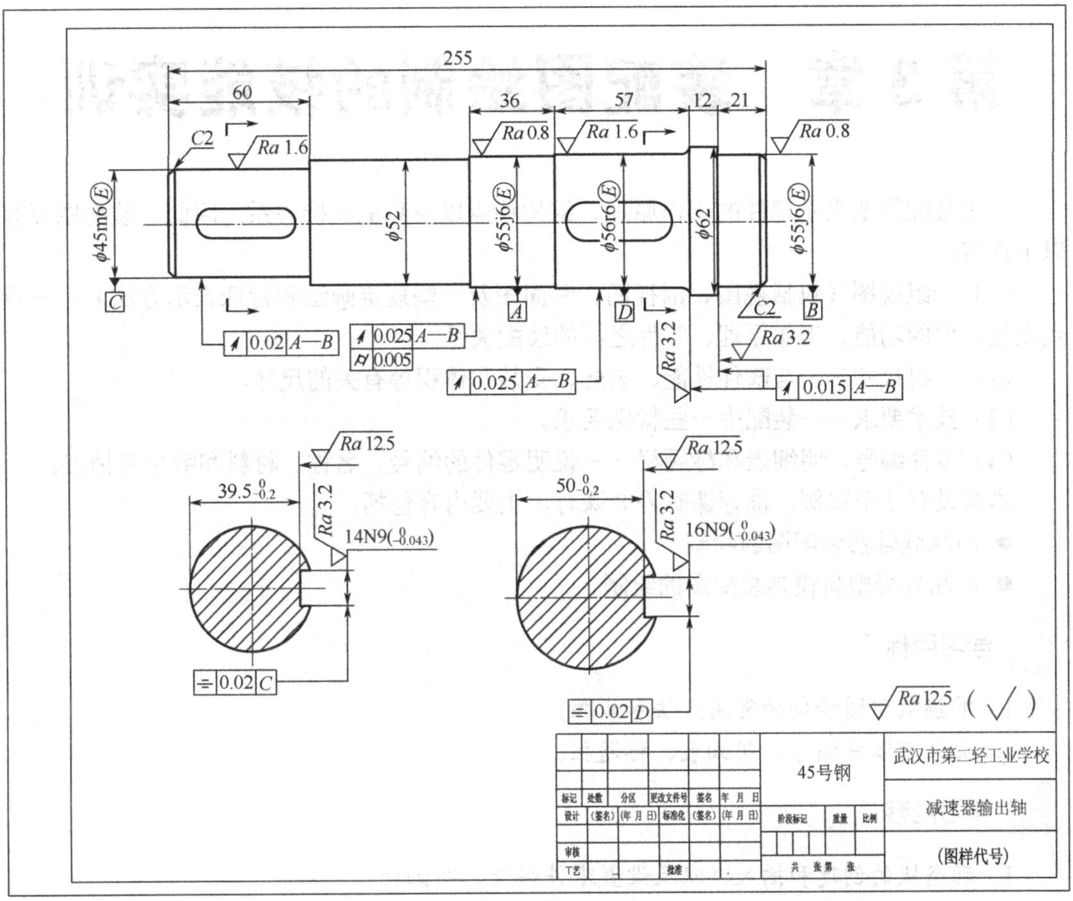
255
60
36
57
12
21
C2
Ra 1.6
Ra 0.8
Ra 1.6
Ra 0.8
φ45m6(E)
φ52
φ55j6(E)
φ56r6(E)
φ62
φ55j6(E)
C
A
D
B
C2
0.02 A—B
0.025 A—B
0.005
0.025 A—B
Ra 3.2
Ra 3.2
0.015 A—B
Ra 12.5
39.5 0 -0.2
Ra 3.2
14N9(0 -0.043)
0.02 C
Ra 12.5
50 0 -0.2
Ra 3.2
16N9(0 -0.043)
0.02 D
Ra 12.5 (√)
45号钢
武汉市第二轻工业学校
减速器输出轴
(图样代号)
标记 处数 分区 更改文件号 签名 年 月 日
设计 (签名) (年 月 日) 标准化 (签名) (年 月 日)
阶段标记 重量 比例
审核
工艺 批准
共 张 第 张

第 3 章 装配图绘制的技能实训

一张装配图要表示部件的工作原理、结构特点以及装配连接关系。因此，装配图要有以下内容：

（1）一组视图（包括视图、剖视图、断面图及一些规定画法和特殊表示方法）——重点表达部件的功能、工作原理、零件之间的装配关系。

（2）一组尺寸——与部件性能、装配、安装和体积等有关的尺寸。

（3）技术要求——装配中一些特殊要求。

（4）零件编号、明细表和标题栏——说明零件的编号、名称、材料和数量等情况。

本章设有 2 个实例，推荐课时为 8 课时，主要内容包括：

- 凸缘联轴器装配图的绘制
- 产品外壳塑料模具装配图的绘制

学习目标

1. 掌握装配图绘制的常用方法和步骤。
2. 会设置零件编号、明细表、标题栏。

学习内容

1. 动态块的创建和插入，以及设置零件编号、明细栏。
2. 用“并入文件”指令绘制装配图的方法。
3. 根据设计思路，绘制模具装配图的方法。

实例 13 凸缘联轴器装配图的绘制

一、要点提示

凸缘联轴器装配图的结构特点：为清晰反映主要零件的装配关系，主视图采用全剖视图，充分表达了凸缘联轴器的工作原理和零件之间的装配关系；左视图采用了基本视图，表达了连接螺栓的数量及其分布位置关系。凸缘联轴器共有 4 种零件，其中 2 种为标准件，如图 13-1 所示。

使用命令：复制、粘贴、修剪、删除、快速引线、表格、标注、插入块等。

本实例穿插讲解动态块的创建及插入。

通过本实例的实训，可使学员掌握画装配图的方法和步骤；掌握动态块的创建及插入，以及设置零件编号、明细栏等。

在机械设计过程中，一般是先画装配图，再根据装配图拆画零件图。本实例用零件图组合、绘制装配图，这是根据装配图拆画零件图的逆过程。

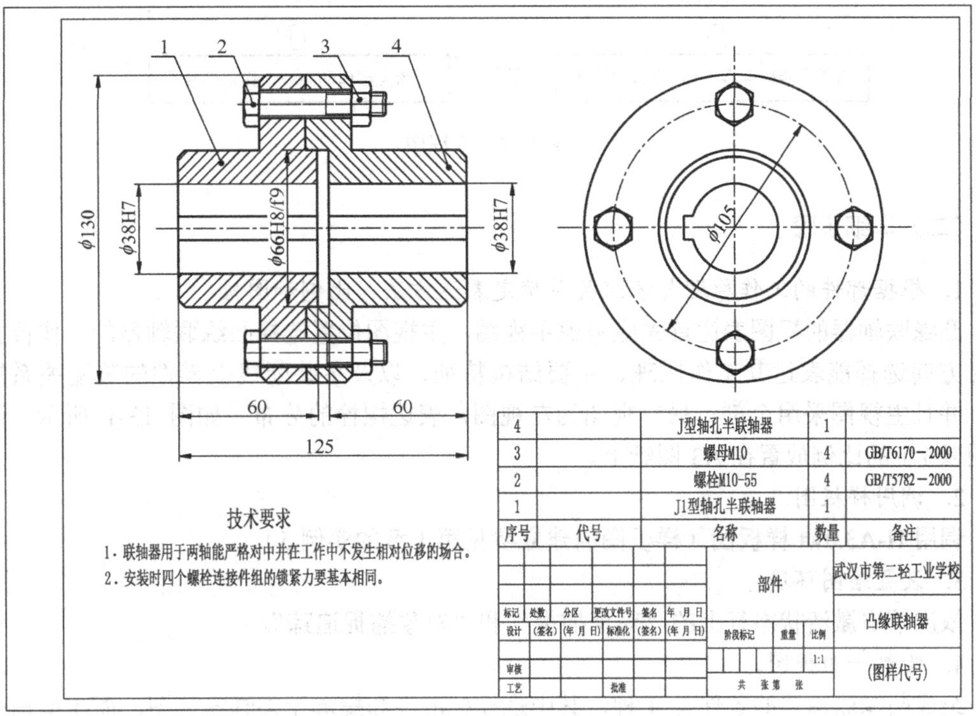

图 13-1　凸缘联轴器装配图

二、操作步骤

（一）绘图流程

绘制装配图流程，参见图 13-2。

1．以 J1 型轴孔半联轴器、J 型轴孔半联轴器的零件图为实体，保留装配图需要的图形，定义成图块，重新命名存储。

2．根据装配图的尺寸、比例调用样板图。

3．以 J1 型轴孔半联轴器的左视图（装配图的主视图的一部分），J 型轴孔半联轴器的左视图（装配图的左视图的一部分）为基础，将其他图形用“复制”、“粘贴”命令插入到装配图中，根据需要再补画一些图素，修剪和删除多余的图素。

4．创建螺栓动态块、螺母图块，并插入块。修剪和删除多余的图素。

5．标注必要的尺寸。

6．进行零件编号，绘制并填写明细栏，编写技术要求及填写标题栏等。

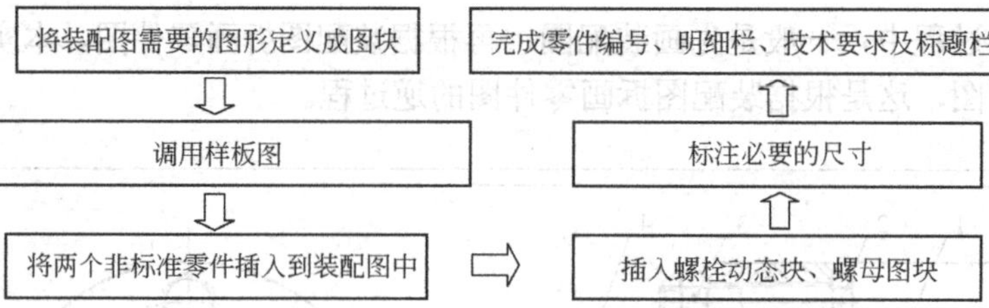

图 13-2　流程图

（二）详细步骤

1. 根据部件的工作原理与装配关系确定表达方法、比例和图幅。

凸缘联轴器的视图表达首先应考虑主视图，主视图位置选择凸缘联轴器的工作位置，投射方向选择能表达其工作原理、主要结构特征，以及主装配线上零件的装配关系的方向，并且主视图采用全剖。另一视图为左视图，表达螺栓的分布，如图 13-1 所示。两个视图以 1:1 的比例放置在 A3 图纸上。

2. 调用样板图。

调用 H-A3.dwt 样板图（样板图的建立参见第 1 章的实例 5）。

3. 设置绘图环境。

依次单击激活状态行上的“对象捕捉”和“对象捕捉追踪”。

4. 绘制一组视图。

组成凸缘联轴器的零件有 4 种，其中螺栓标准件和螺母无须画零件图，而 J 型轴孔半联轴器的零件图为第 2 章中的课后练习，J1 型轴孔半联轴器的零件图（如图 11-1 所示）、已在本书实例 11 中做了介绍，这里不再赘述。用户只需将零件图上已画好的图形调入装配图，可以节省绘制图形的时间。调入图形的方法有 3 种：

- 图块插入法：将零件图上的各个图形创建为图块，然后在装配图中插入所需的图块。如在零件图中使用 BLOCK 命令创建的内部图块，可通过“设计中心”引用这些内部图块；或在零件图中使用 WBLOCK 命令创建外部图块，绘制装配图时，可直接使用 INSERT 命令插入当前装配图中。
- 零件图形文件插入法：用户可使用 INSERT 命令将零件的整个图形文件直接插入当前装配图中，也可通过“设计中心”将多个零件图形文件插入当前装配图中。
- 剪贴板插入法：利用 AutoCAD 的“复制”命令（图标按钮），将零件图中所需图形复制到剪贴板上，然后使用“粘贴”命令（图标按钮），将剪贴板上的图形粘贴到装配图所需的位置上。

编制凸缘联轴器装配图视图，如图 13-1 所示，首先根据装配图的表达方案，使用剪贴板插入法，将各相关零件图的图形（比例都为原值比例 1:1）插入到当前的装配图中，如图 13-3 所示。

然后按照装配顺序，由左向右依次将图框右侧的零件图形移入图框内，如图 13-4 所示。补画看得见的线条，删除和修剪被遮住的线条。单击“修改”→“编辑图案填充”→“角度”输入 90，修改剖面符号方向，使相邻零件的剖面符号方向相反，如

图 13-5 所示。

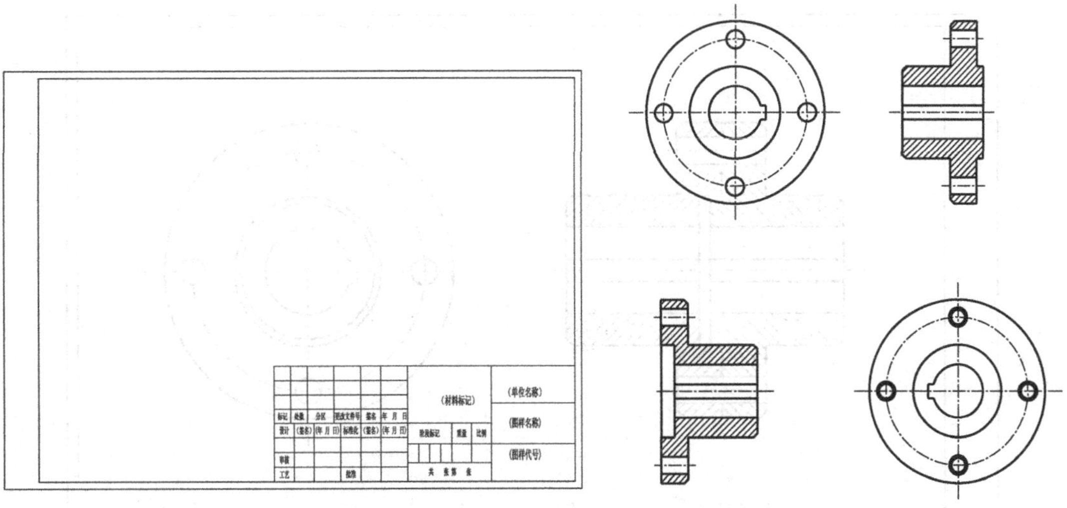

图 13-3 剪贴板插入法

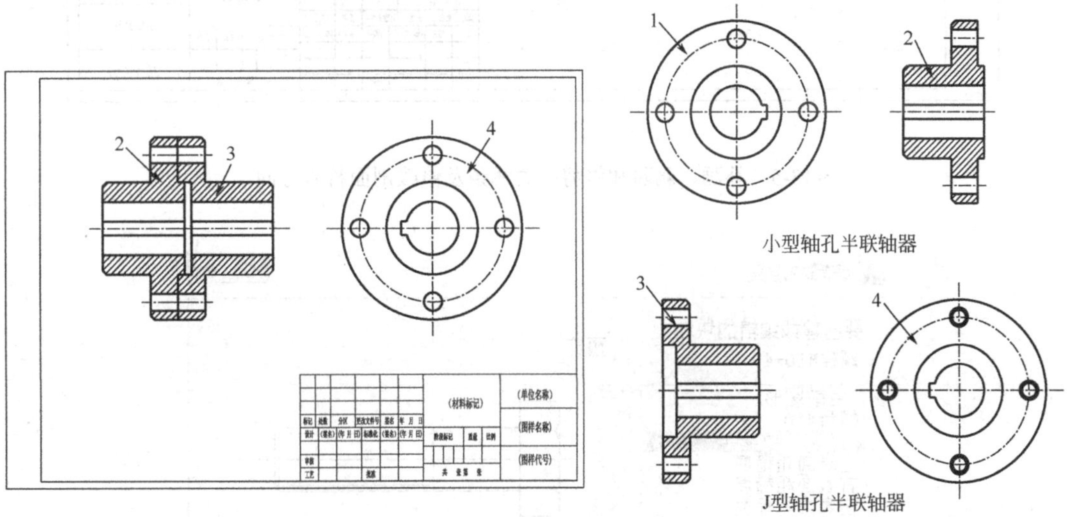

图 13-4 将零件的图形移入图框内

下面用图块插入法插入螺栓和螺母。

（1）插入螺栓。

由于第 1 章课后练习中创建的螺栓块公称长度为 40，凸缘联轴器装配图需要的公称长度为 55。故需要用到动态块功能。插入公称长度为 55 的螺栓。

在块编辑器中修改现有块，将 GB/T 5782—2000 M10×40（主视）的图块，公称长度系列还有 45、50、55、60、65、70、80、90、100，添加动态行为，使插入的螺栓（主视）图块可以根据需要调整其公称长度。

① 启动块编辑器。

单击“块”面板栏中“块编辑器”图标，弹出“编辑块定义”对话框，如图 13-6

所示→选择“螺栓 M10-40”→单击“确定”按钮，打开块编写区域，如图 13-7 所示。

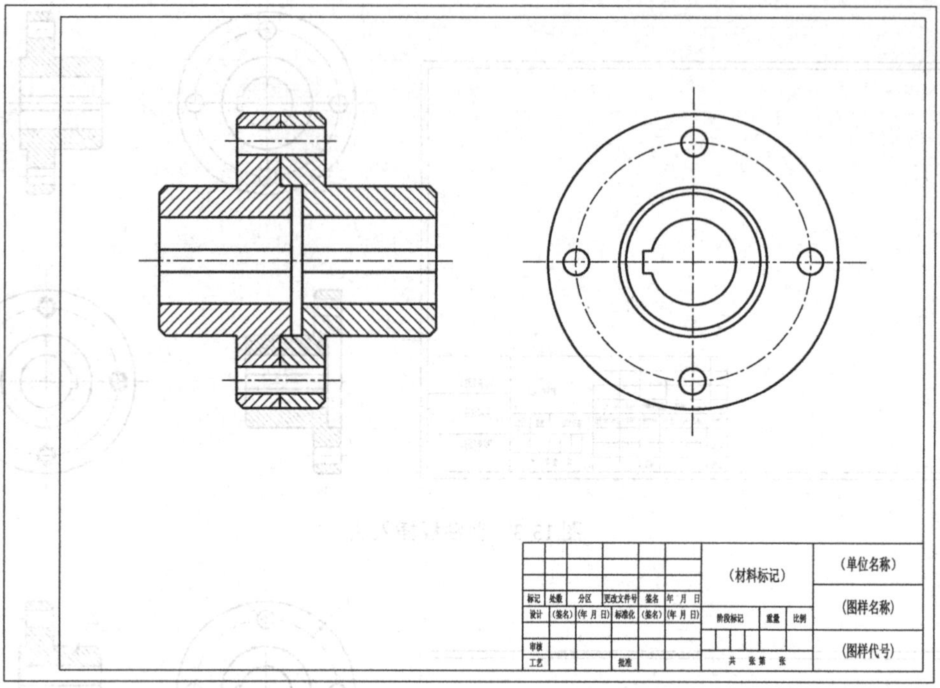

图 13-5　补画、删除和修剪有关线条及修改剖面符号方向

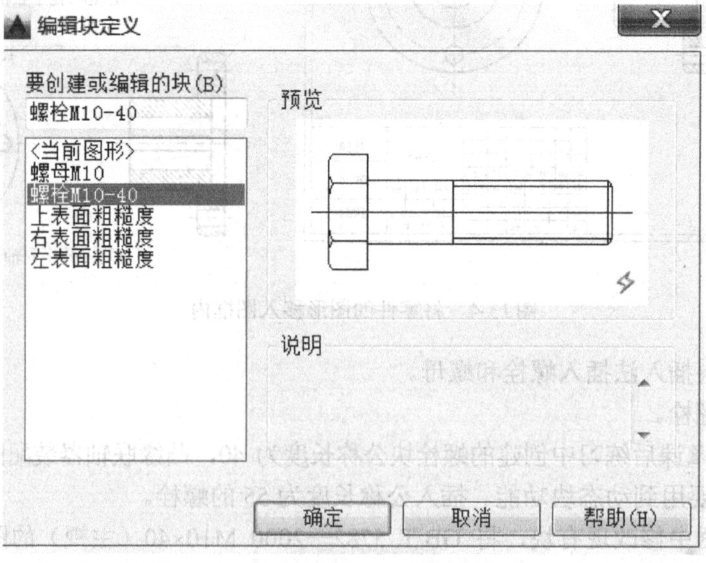

图 13-6　“编辑块定义”对话框

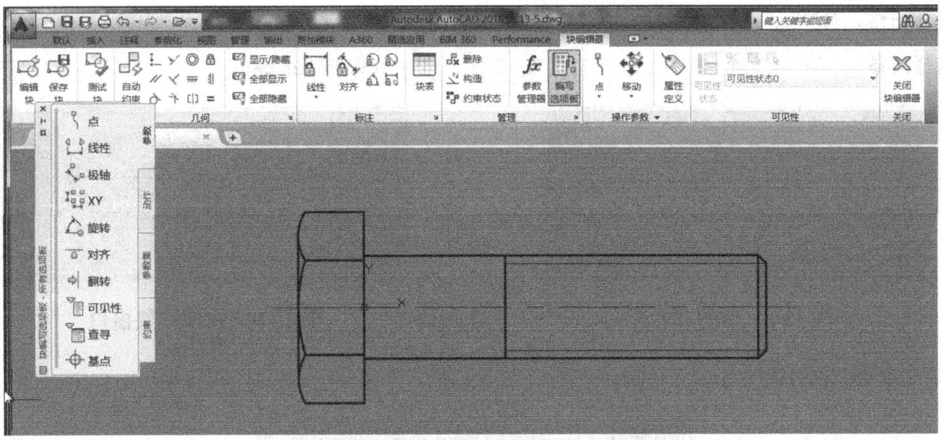

图 13-7 “螺栓 M10-40”块编写区域

② 添加动态行为。

单击“块编写选项板”上“参数集”选项卡的线性拉伸图标，命令行及操作显示如下：

命令：_BParameter 线性

指定起点或［名称(N)/标签(L)/链(C)/说明(D)/基点(B)/选项板(P)/值集(V)］： v （按 Enter 键）

输入距离值集合的类型［无(N)/列表(L)/增量(I)］<无>： L （按 Enter 键）

输入距离值列表(逗号分隔)： 45，50，55，60，65，70，80，90，100 （按 Enter 键）

指定起点或［名称(N)/标签(L)/链(C)/说明(D)/基点(B)/选项板(P)/值集(V)］： （捕捉线性参数的起点［*A* 点］）

指定端点： （捕捉线性参数的端点［*B* 点］）

指定标签位置： （单击参数标签的位置）

设置参数如图 13-8 所示。

③ 单击“块编写选项板”上“动作”选项卡的“拉伸动作”图标，命令行及操作显示如下：

命令：_BActionTool 拉伸

选择参数： （单击上面定义的线性参数）

指定要与动作关联的参数点或输入［起点(T)/第二点(S)］<起点>： （捕捉要与动作关联的参数点 *B* 点）

指定拉伸框架的第一个角点或［圈交(CP)］： （单击拉伸框架的第一个角点）

指定对角点： （单击拉伸框架的对角点）

指定要拉伸的对象 （选择拉伸框架窗口包围的或相交的所有对象，如图 13-9 所示）

选择对象：找到 1 个

选择对象：找到 1 个，总计 2 个

选择对象：找到 1 个，总计 3 个

…………

选择对象：找到 1 个，总计 10 个
选择对象：　　　　　　　　　　　　　　　　　　　　　　　（按 Enter 键）

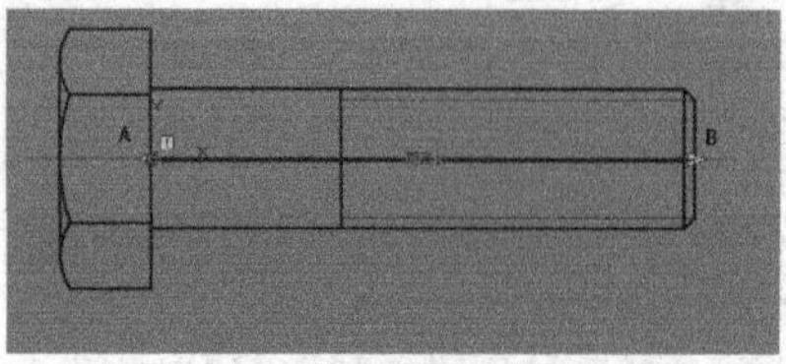

图 13-8　设置参数

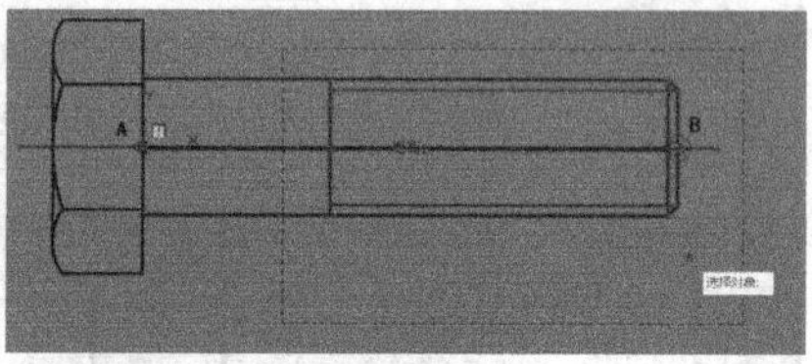

图 13-9　拉伸框架窗口

结果如图 13-10 所示。

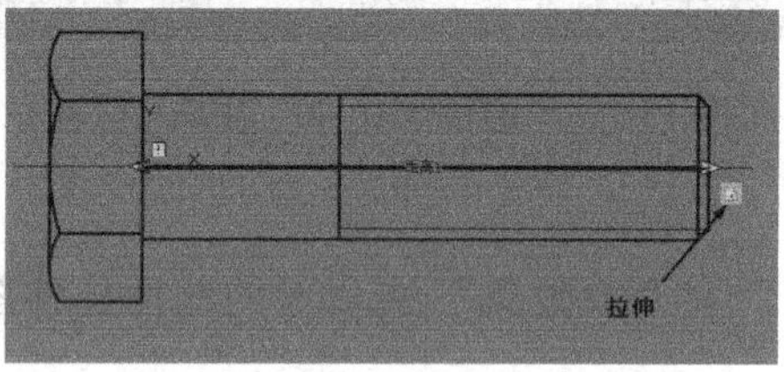

图 13-10　添加第 1 个拉伸动作

④ 单击“块编写选项板”上“动作”选项卡的“拉伸动作”图标，命令行及操作显示如下：

命令：_BActionTool 拉伸
选择参数：　　　　　　　　　　　　　　　　　　　　　　　（选择上面定义的线性参数）
指定要与动作关联的参数点或输入［起点(T)/第二点(S)］<起点>：
　　　　　　　　　　　　　　　　　　　　　　　　　　　　（捕捉要与动作关联的参数点 *A* 点）
指定拉伸框架的第一个角点或［圈交(CP)］：　　　　　　　　（单击拉伸框架的第一个角点）
指定对角点：　　　　　　　　　　　　　　　　　　　　　　（单击拉伸框架的对角点）
指定要拉伸的对象　　（选择如图 13-11 所示拉伸框架窗口包围的或相交的所有对象）
选择对象：找到 1 个
选择对象：找到 1 个，总计 2 个
选择对象：找到 1 个，总计 3 个
选择对象：找到 1 个，总计 4 个
……
选择对象：指定对角点：找到 1 个，总计 11 个
选择对象：指定对角点：找到 1 个，总计 12 个
选择对象：找到 1 个，总计 13 个
选择对象：　　　　　　　　　　　　　　　　　　　　　　　（按 Enter 键）

结果如图 13-12 所示。

⑤ 保存块定义。

单击“块编辑器”上的“保存块定义”图标，保存螺栓 M10-40 的块的定义。

单击“关闭块编辑器”。

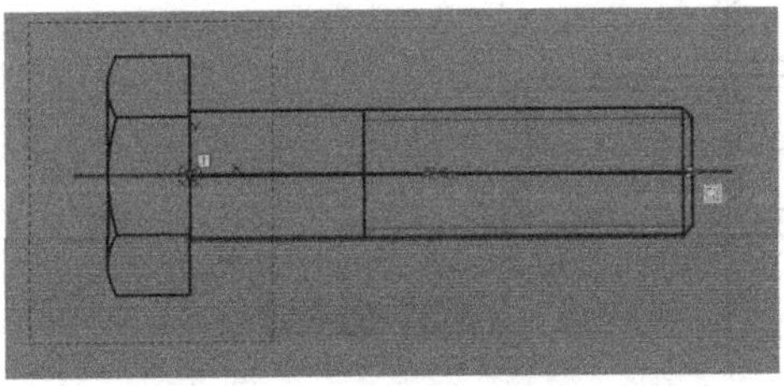

图 13-11　拉伸框架窗口

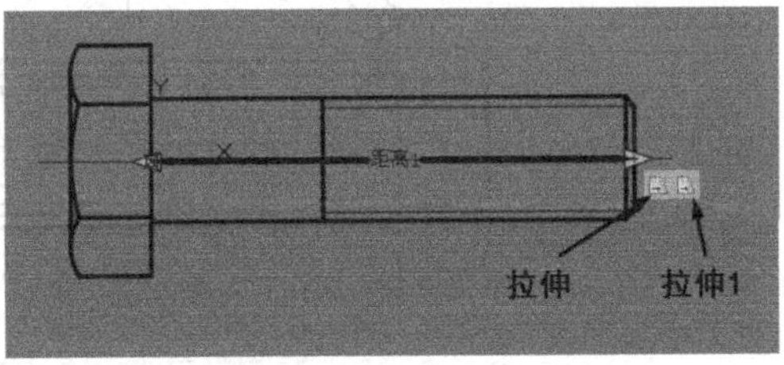

图 13-12　添加第 2 个拉伸动作

⑥ 插入“螺栓 M10-40”的块。

单击“默认”功能选项→单击“块”面板中的“插入块”图标，弹出“插入”对话框→单击“浏览”按钮→选择“螺栓 M10-40”块，返回到“插入”对话框，如图 13-13 所示→单击“确定”按钮→捕捉如图 13-14 所示位置。

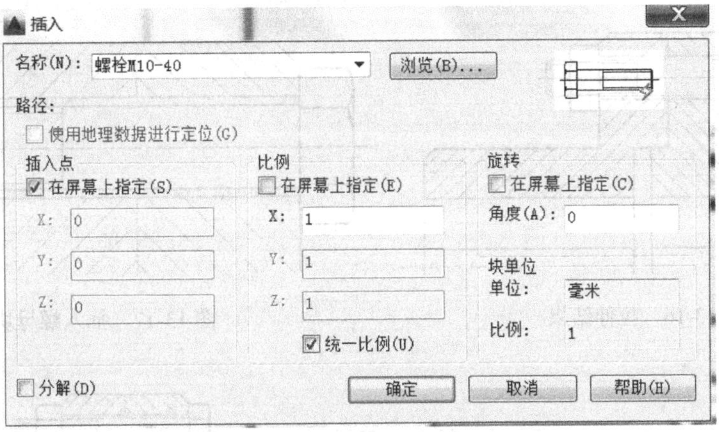

图 13-13　“插入”对话框

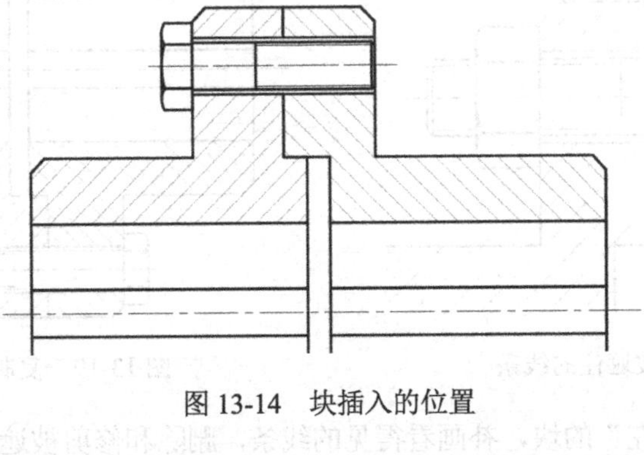

图 13-14　块插入的位置

使用螺栓上的自定义夹点来拉伸螺栓，单击螺栓使其选中→单击右边三角形使其变红后向右拉伸至第三根短线位置，如图 13-15 所示。（第一根短线位置：公称长度为 45；第二根短线位置：公称长度为 50；第三根短线位置：公称长度为 55。）

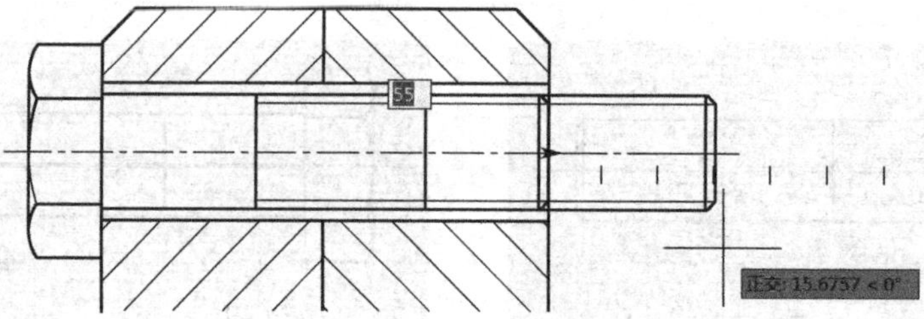

图 13-15 拉伸至公称长度为 55

拉伸结果如图 13-16 所示。

(2) 插入螺母。

插入"螺母 M10"的块，将螺母旋转 180°，再将螺母移动到如图 13-17 所示位置，删除和修剪被遮住的线条，如图 13-18 所示。

将上面的螺栓连接直接复制到下面，再删除和修剪被遮住的线条，如图 13-19 所示。

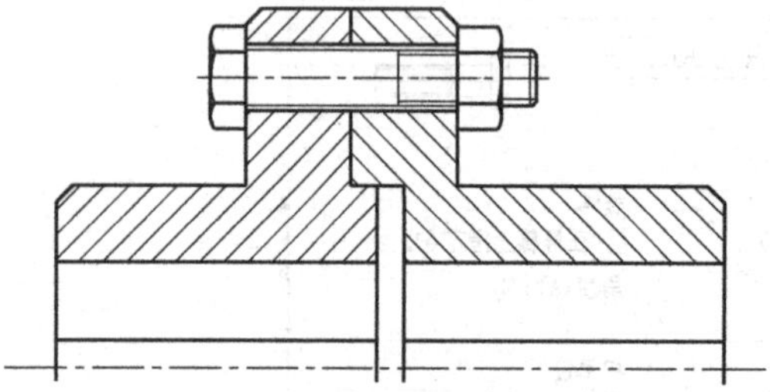

图 13-16 拉伸结果

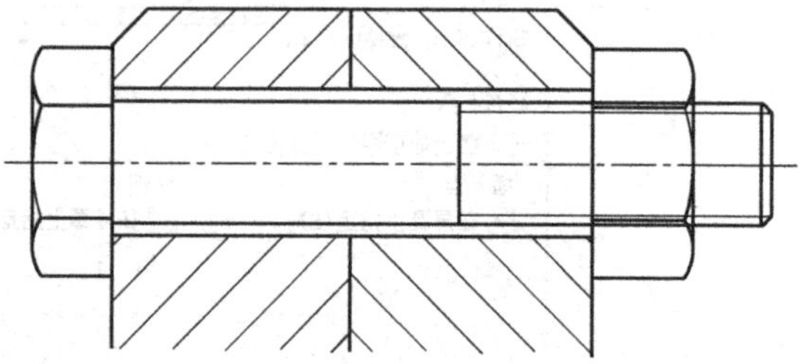

图 13-17 插入螺母块

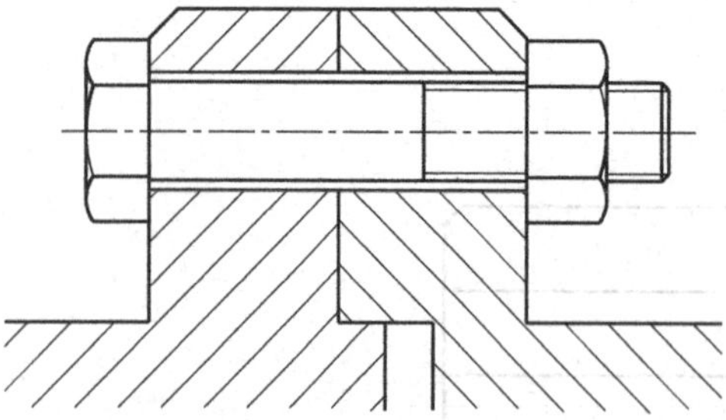

图 13-18 修剪被遮住的线条

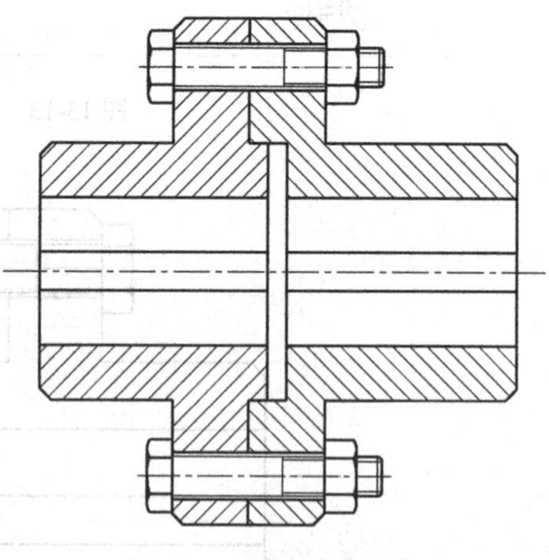

图 13-19 复制螺栓连接

插入"螺栓 M10-左"的块，补画看得见的线条，删除和修剪被遮住的线条，如图 13-20 所示。

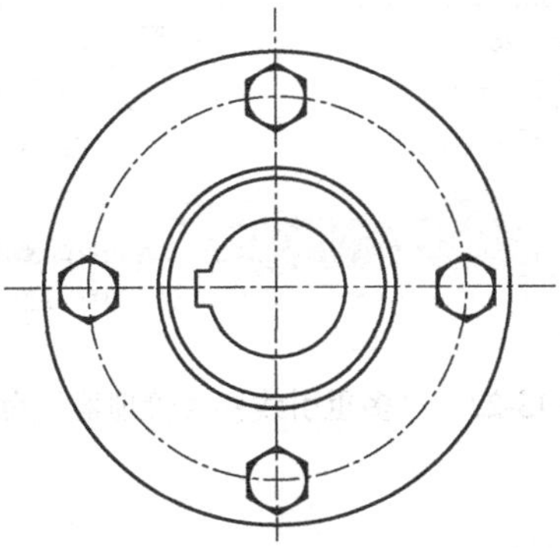

图 13-20　插入“螺栓 M10-左”的块，补画、修剪线条

5. 标注必要的尺寸。

尺寸的标注方法已在第 2 章中详细介绍，这里不再赘述，标注尺寸如图 13-21 所示。

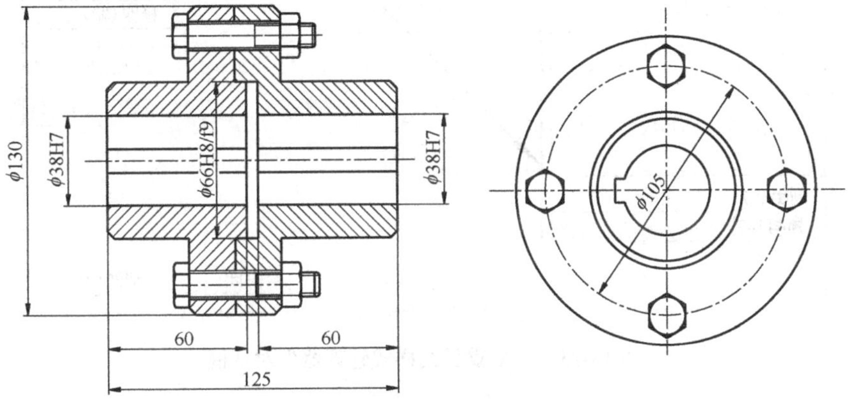

图 13-21　标注必要的尺寸

6. 编写技术要求。

使用多行文字编辑器填写技术要求。

7. 标注序号、填写明细栏和标题栏。

（1）序号。

编写序号的常见形式是在所指的零部件的可见轮廓线内画一圆点，然后从圆点开始画细实线的指引线，在指引线的端点画一细实线的水平线或圆，在水平线上或圆内注写序号，也可以不画水平线或圆而直接在指引线的端点附近注写序号，序号字号应比尺寸数字大一号或两号；对很薄的零件或涂黑的涂面，应用箭头代替指引线起点的圆点，箭头应指向所标部分的轮廓。

① 设置引线样式。

单击面板标题栏中“注释”选项→“引线”面板→“多重引线样式管理器”图标 ↘，如图 13-22 所示→弹出“多重引线样式管理器”对话框，如图 13-23 所示→单击“新建”按钮，弹出“创建新多重引线样式”对话框，如图 13-24 所示→新样式名输入 y1→单击“继续” 按钮，弹出“修改多重引线样式”对话框，如图 13-25 所示。

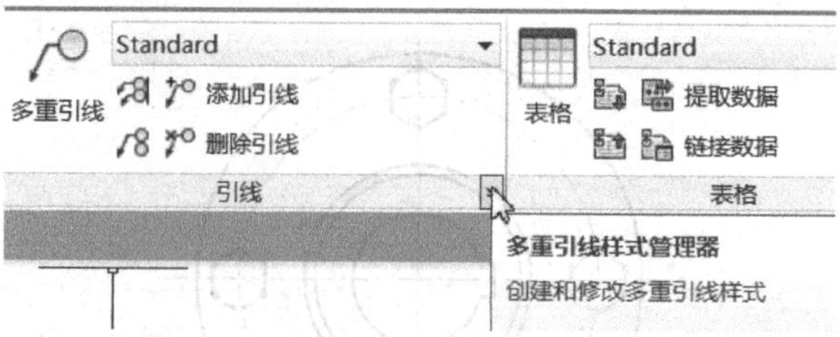

图 13-22 “多重引线样式管理器”命令

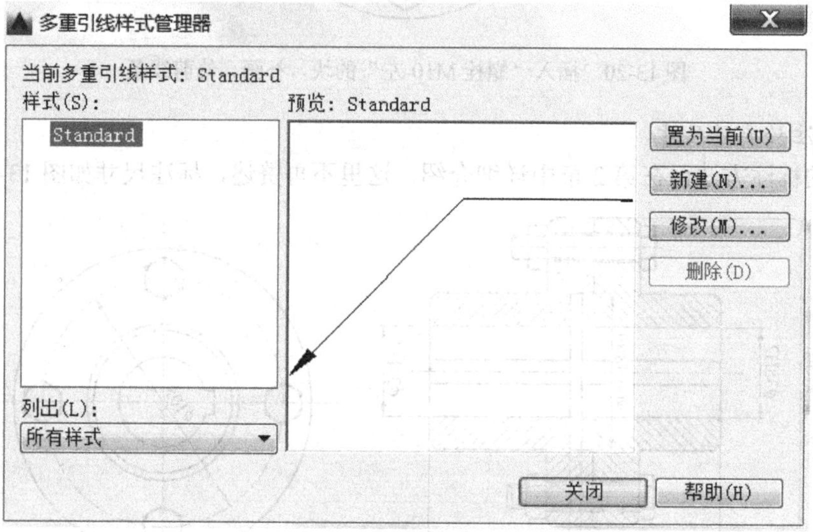

图 13-23 “多重引线样式管理器”对话框

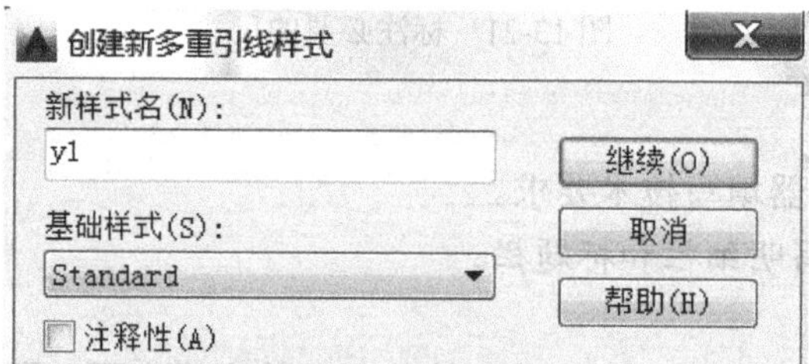

图 13-24 “创建新多重引线样式”对话框

● “引线格式”选项卡中：“符号”选项中选择“点”；“箭头”大小中输入 2；“打断大小”中输入 0.5，如图 13-25 所示。

● “引线结构”选项卡中：“设置基线距离”中输入 10，其他采用默认值，如图 13-26 所示。

● “内容”选项卡中：“文字样式”选择“文字”；“连接位置—左”中选择“最后一行加下划线”；“连接位置—右”中选择“最后一行加下划线”，其他选项采用默认值，如图 13-27 所示。

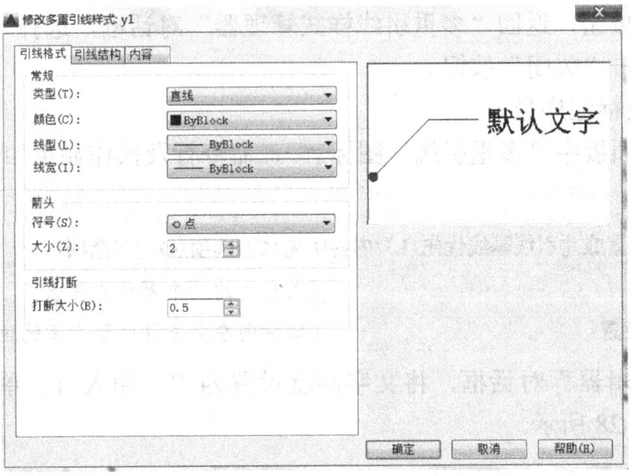

图 13-25　“修改多重引线样式”对话框-“引线格式”选项卡

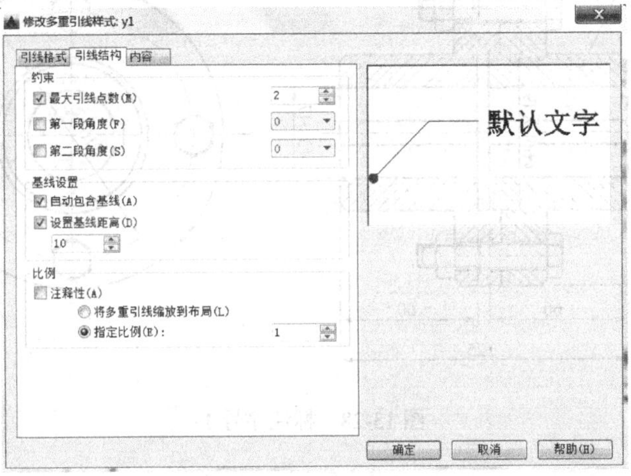

图 13-26　“修改多重引线样式”对话框-“引线结构”选项卡

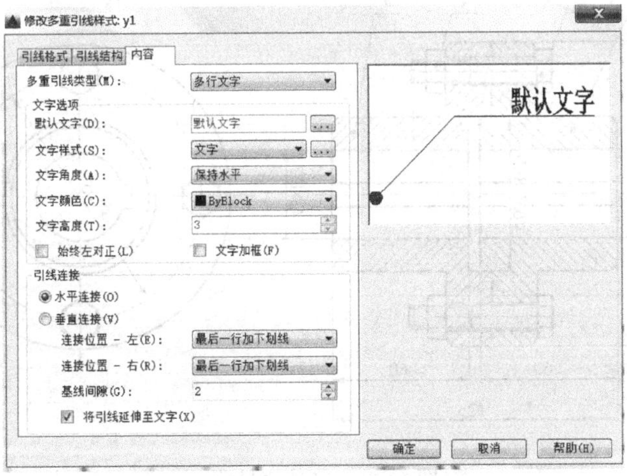

图 13-27　“内容”选项卡

单击“确定”按钮，返回“多重引线样式管理器”对话框，选择 y1 样式→单击“置为当前”按钮→单击“关闭”按钮。

② 绘制引线及标注序号。

单击“引线”面板中“多重引线”图标，命令行及操作显示如下：

命令：_mleader

指定引线箭头的位置或［引线基线优先(L)/内容优先(C)/选项(O)］<选项>：
（在左边的一个零件内单击）

指定引线基线的位置： （鼠标向左上方移动至合适的位置单击）

弹出“文字编辑器”对话框，将文字高度设置为 7，输入 1，单击“关闭文字编辑器”按钮，如图 13-28 所示。

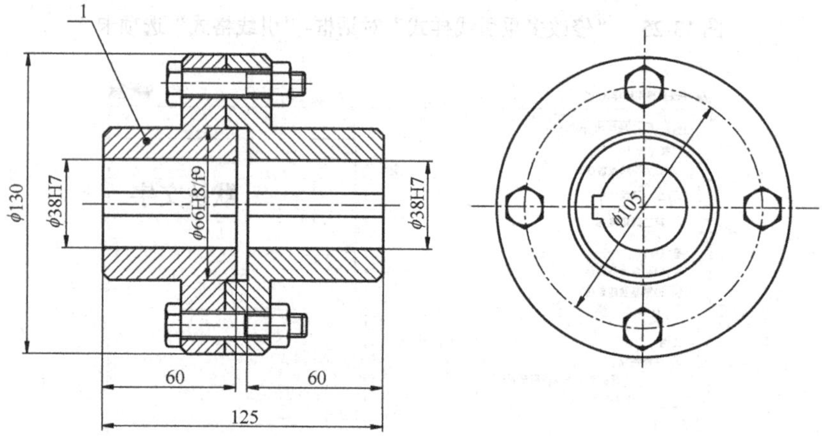

图 13-28　标注序号 1

同样的方法，完成其他序号的标注，如图 13-29 所示。

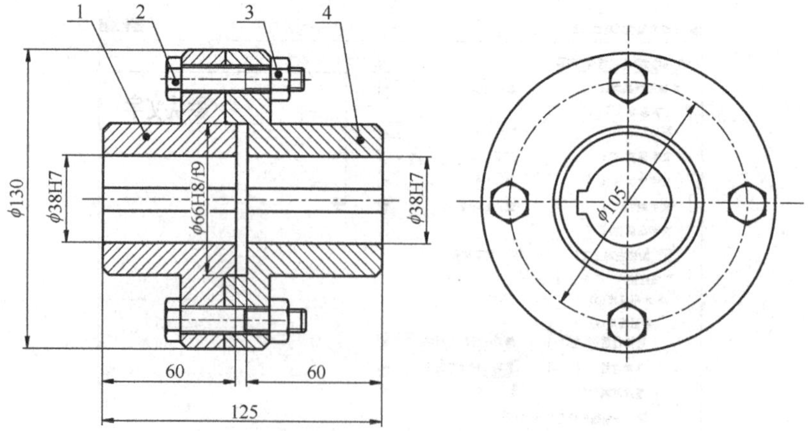

图 13-29　其他序号标注

（2）填写明细栏。

使用“表格”命令完成参数表的创建和填写，具体方法如下。

① 单击面板标题栏中“注释”选项→单击“表格”面板中表格图标→弹出“插入表格”对话框，如图 13-30 所示→单击“启动表格样式对话框”图标→弹出“表格样式”对话框→单击“新建”按钮，弹出“创建新的表格样式”对话框→在“新样式名”文本框中输入“明细栏”，如图 13-31 所示→单击“继续”按钮，弹出“新建表格样式：明细栏”对话框。

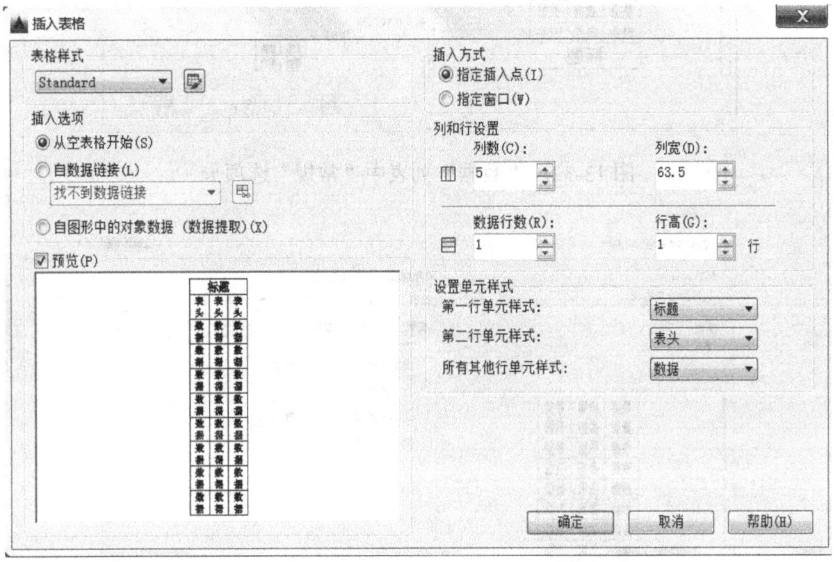

图 13-30 “插入表格”对话框

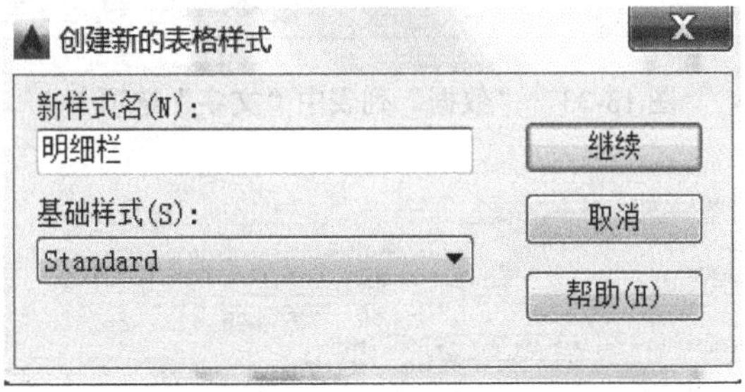

图 13-31 “创建新的表格样式”对话框

② 在“数据”列表中“常规”选项卡和“文字”选项卡的设置如图 13-32 和图 13-33 所示。

③ 在“表头”列表中“常规”选项卡和“文字”选项卡的设置如图 13-34 和图 13-35 所示。

④ 在“标题”列表中“常规”选项卡和“文字”选项卡的设置如图 13-36 和 13-37 所示→单击“确定”按钮，退出“新建表格样式：明细栏”对话框。

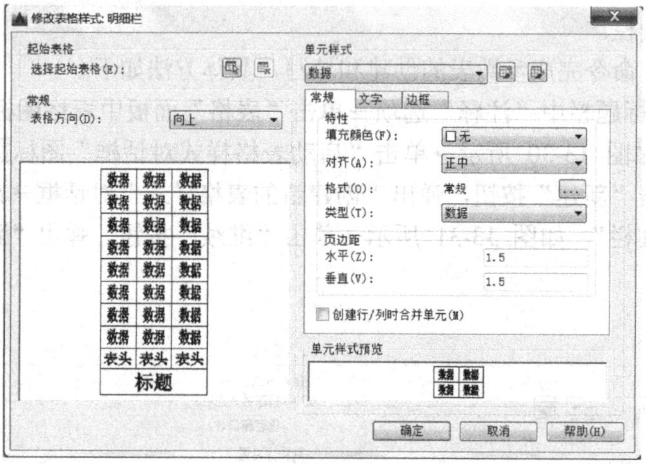

图 13-32 “数据”列表中“常规”选项卡

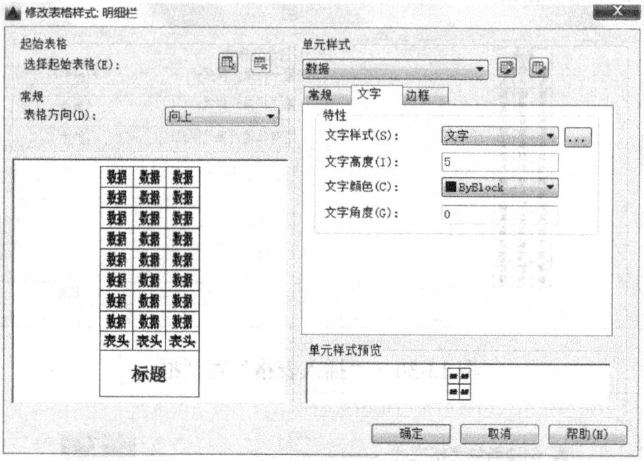

图 13-33 “数据”列表中“文字”选项卡

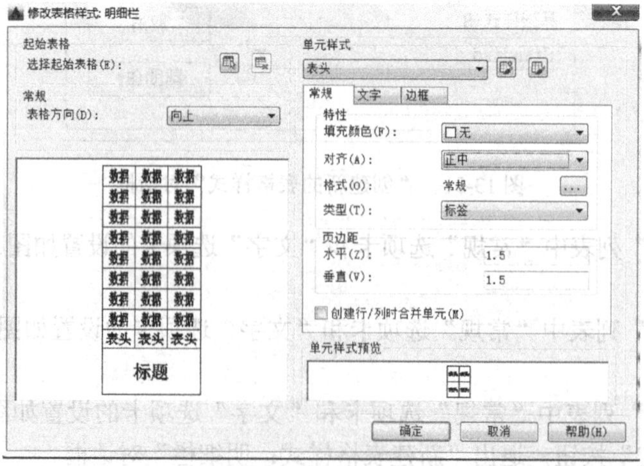

图 13-34 “表头”列表中“常规”选项卡图

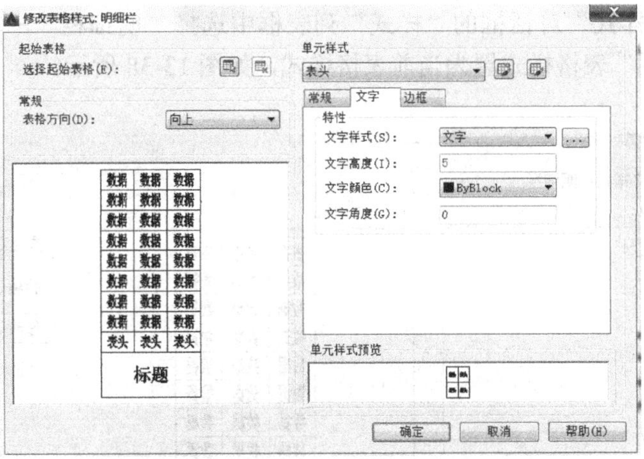

图 13-35 “表头”列表中“文字”选项卡

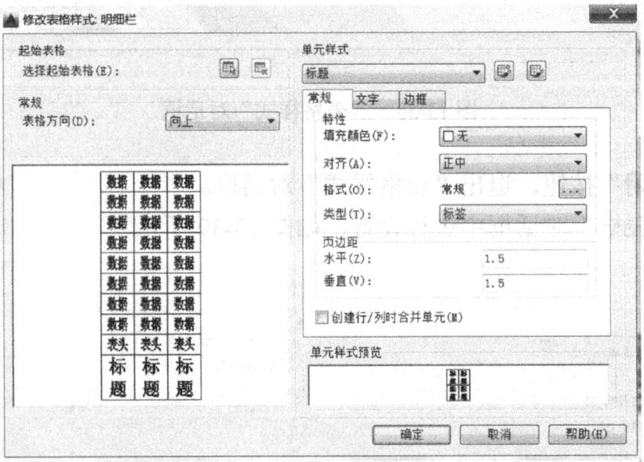

图 13-36 “标题”列表中“常规”选项卡图

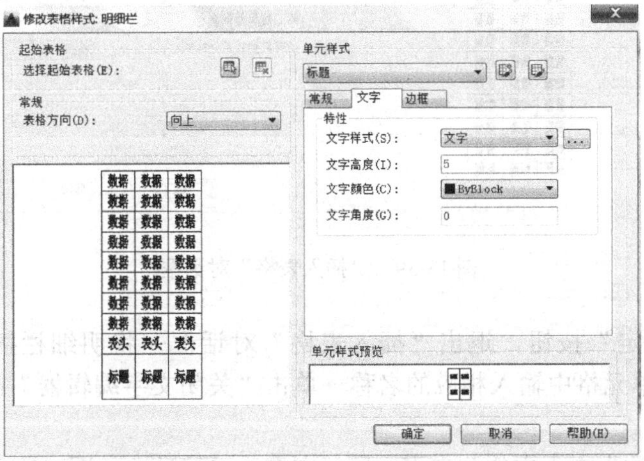

图 13-37 “标题”列表中“文字”选项卡

⑤ 在“表格样式”对话框的“样式”列表框中选择“明细栏”→单击“置为当前”按钮，将“明细栏”表格样式置为当前表格样式，如图 13-38 所示。

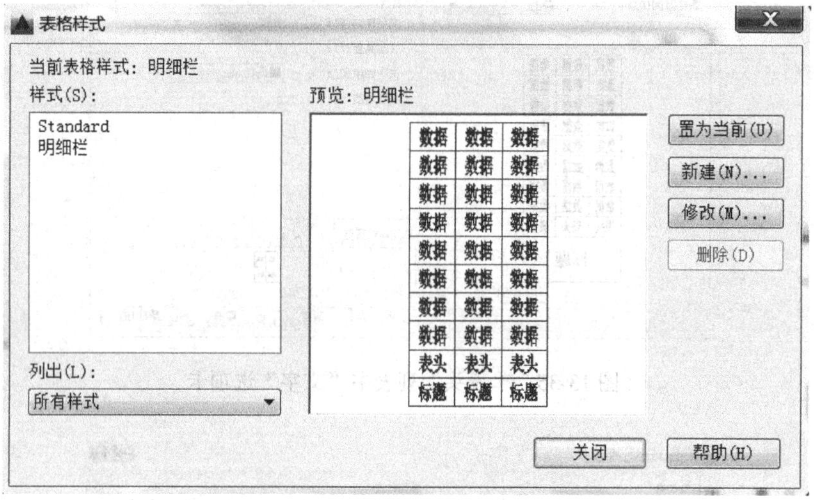

图 13-38 “表格样式”对话框

⑥ 单击“关闭”按钮，退出“表格样式”对话框。

⑦ 在“插入表格”对话框中进行设置，如图 13-39 所示。

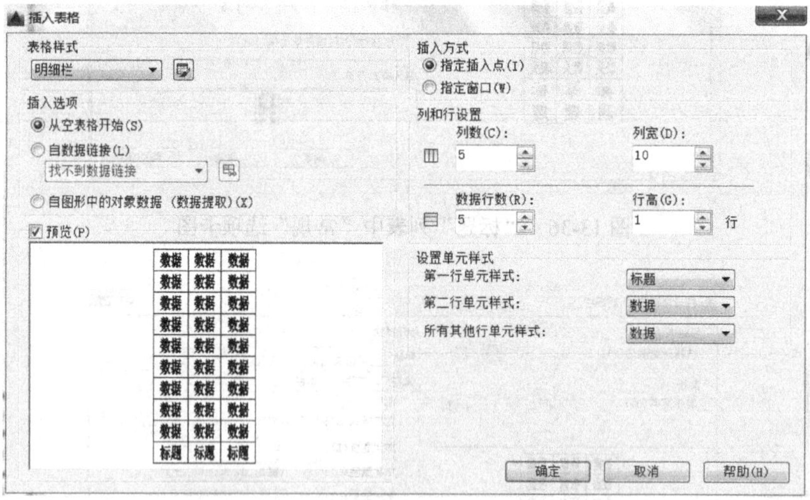

图 13-39 “插入表格”对话框

⑧ 单击“确定”按钮，退出“插入表格”对话框→将明细栏插入标题栏的左上角→并在列标题单元格中输入相应的名称→单击“关闭文字编辑器”结束命令，结果如图 13-40 所示。

⑨ 单击“备注”右上方的列夹点→鼠标向右水平移动，如图 13-41 所示→从键盘上

输入 130→回车。

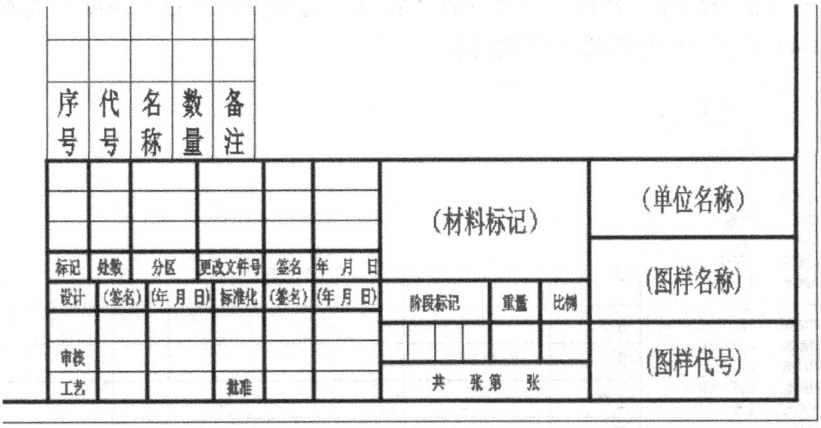

图 13-40　初始明细栏表格

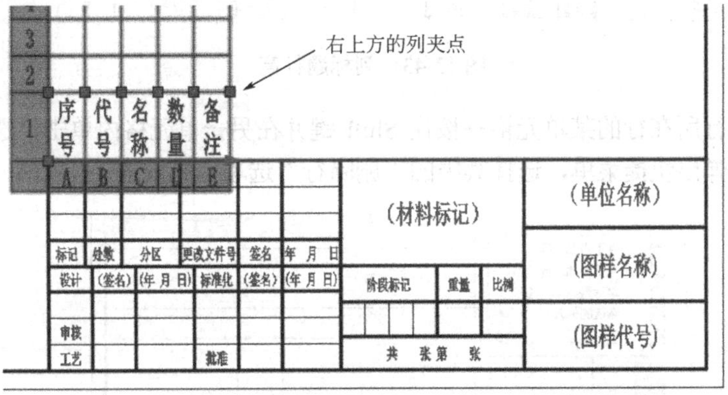

图 13-41　利用列夹点修改“代号”列的宽度

⑩ 单击“数量”右上方的列夹点→鼠标向右水平移动→输入 95→回车。

⑪ 单击“名称”右上方的列夹点→鼠标向右水平移动→输入 90→回车。

⑫ 单击“代号”右上方的列夹点→鼠标向右水平移动→输入 35→回车。

各个列的宽度修改完成，如图 13-42 所示。

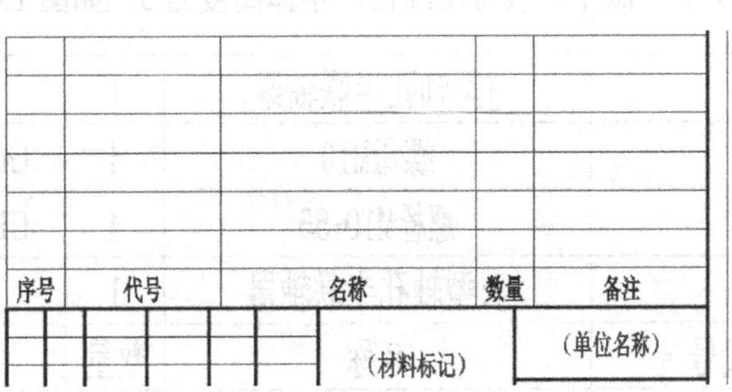

图 13-42　修改完成各个列的宽度

⑬ 单击选择“序号”单元格→按住 Shift 键并在明细栏最右上方单元格内单击→选择所有列标题→右击→选择“特性”命令→在“特性”选项板的“单元高度”文本框中输入 10，如图 13-43 所示→回车以确定修改内容。

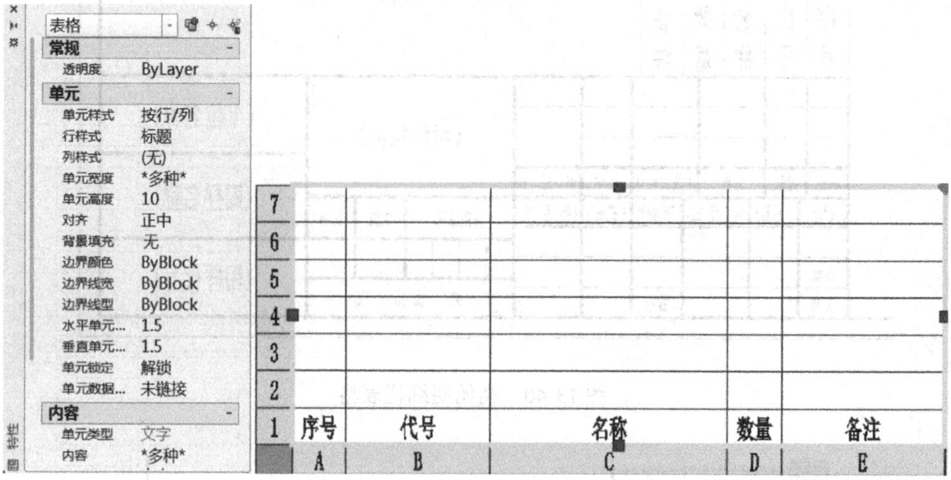

图 13-43　列标题行高

⑭ 击第 6 行所在行的某单元格→按住 Shift 键并在另一单元格内单击，选择这一行中所有单元格→右击弹出快捷菜单，选择其中的“删除行”选项，完成的表格如图 13-44 所示。

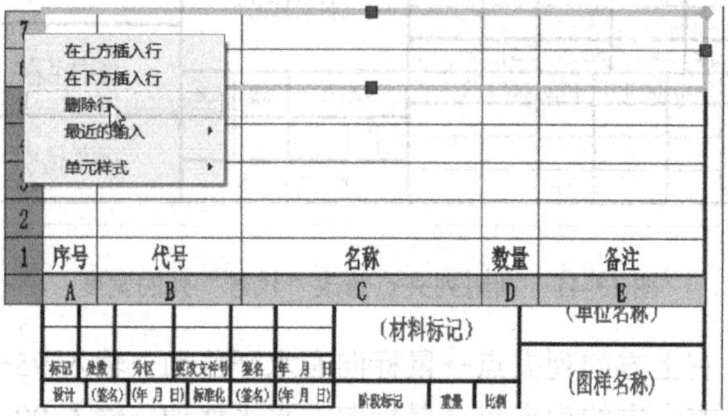

图 13-44　完成的表格

⑮ 使用“多行文字”命令，填写明细栏，字体高度为 5，如图 13-45 所示。

4		J型轴孔半联轴器	1	
3		螺母M10	4	GB/T6170—2000
2		螺栓M10-55	4	GB/T5782—2000
1		J1型轴孔半联轴器	1	
序号	代号	名称	数量	备注

图 13-45　完成的明细栏

（3）填写标题栏。

标题栏的填写可使用“编辑多行文字”命令来填写标题栏，材料和零件名称等字高为 5，设计人员签名及日期等字高为 3，其填写方法参见实例 10，填写结果如图 13-46 所示。

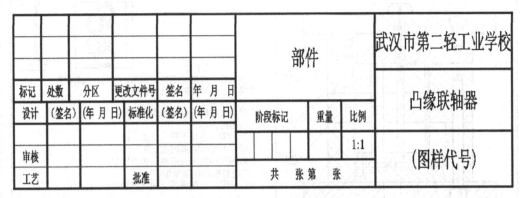

						部件			武汉市第二轻工业学校
标记	处数	分区	更改文件号	签名	年 月 日				凸缘联轴器
设计	(签名)	(年 月 日)	标准化	(签名)	(年 月 日)	阶段标记	重量	比例	
								1:1	(图样代号)
审核									
工艺			批准			共 张第 张			

图 13-46　完成的标题栏

8. 保存图形文件。

完整的装配图如图 13-1 所示。

实例 14　五环塑料模装配图的绘制

一、要点提示

五环塑料模的装配连接关系简单明了，主视图用全剖视图表达模具工作原理和零件之间的装配关系，俯视图用以表达动模俯视外观、动模板的导柱、复位杆、推杆、螺钉孔的分布。装配图主要由两个基本视图和产品图组成，如图 14-1 所示为五环塑料模装配图。

一、要点提示

（一）绘图流程

绘制方法：首先调入样板图，再绘制产品图、主视图、俯视图，最后标注尺寸及尺寸公差、表面粗糙度等技术要求，填写明细栏、标题栏。绘图流程如图 14-2 所示。

（二）详细步骤

1. 绘制产品图。

使用“矩形”、“直线”、“圆”、“偏移、“镜像”、“修剪”等命令绘制产品图，如图 14-3 所示。

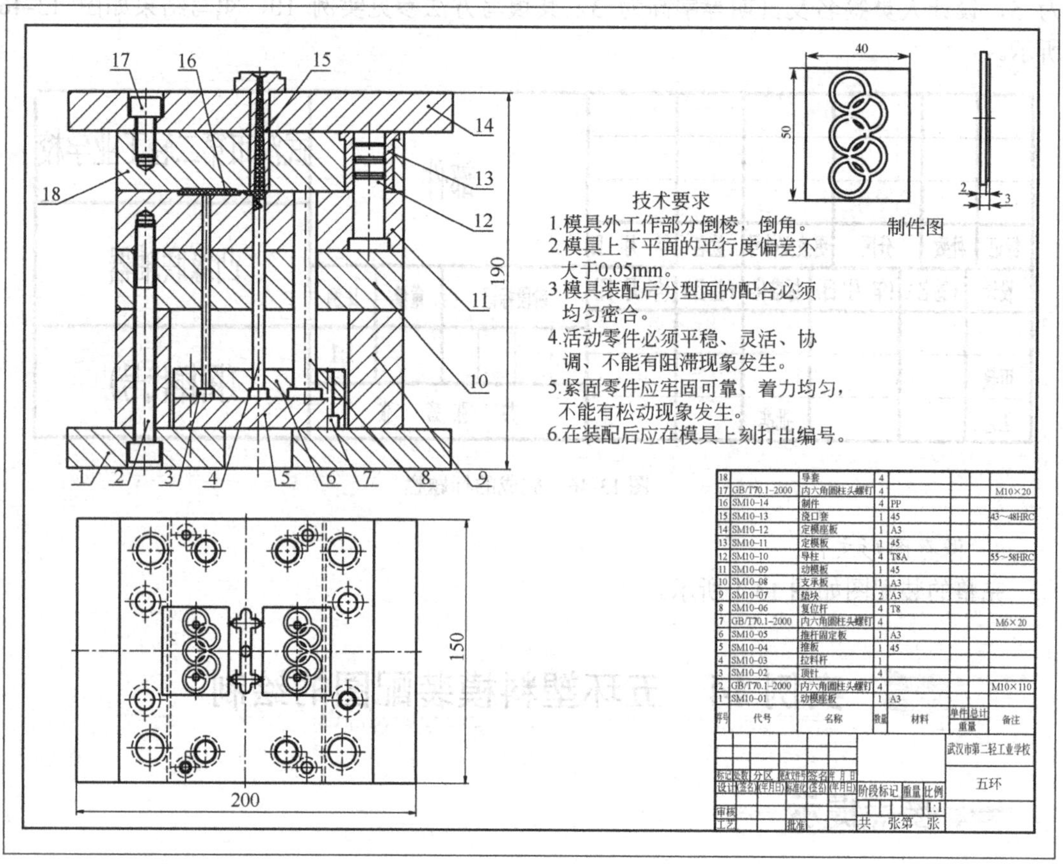

序号	代号	名称	数量	材料	单件重量	总计重量	备注
18		导套	4				
17	GB/T70.1-2000	内六角圆柱头螺钉	4				M10×20
16	SM10-14	制件	4	PP			
15	SM10-13	浇口套	1	45			43～48HRC
14	SM10-12	定模座板	1	A3			
13	SM10-11	定模板	1	45			
12	SM10-10	导柱	4	T8A			55～58HRC
11	SM10-09	动模板	1	45			
10	SM10-08	支承板	1	A3			
9	SM10-07	垫块	2	A3			
8	SM10-06	复位杆	4	T8			
7	GB/T70.1-2000	内六角圆柱头螺钉	4				M6×20
6	SM10-05	推杆固定板	1	A3			
5	SM10-04	推板	1	45			
4	SM10-03	拉料杆	1				
3	SM10-02	顶针	4				
2	GB/T70.1-2000	内六角圆柱头螺钉	4				M10×110
1	SM10-01	动模座板	1	A3			

图 14-1 五环塑料模装配图

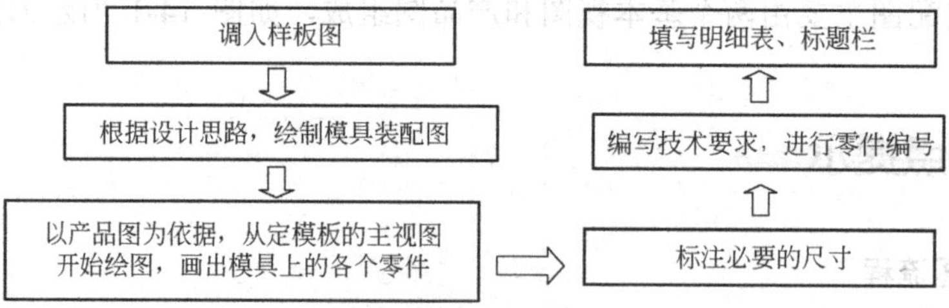

图 14-2 流程图

2. 根据产品图绘制定模板的主视图。

使用“矩形”、“直线”、“偏移、“圆角”、“镜像”、“修剪”等命令画出定模板的主视图，如图 14-4 所示。

3. 根据图 14-3 和图 14-4 绘制动模板。

在“对象捕捉”、“对象捕捉追踪”打开的状态下，使用“矩形”、“直线”、“偏移”、“圆角”、“镜像”、“修剪”等命令绘制动模板，如图 14-5 所示。

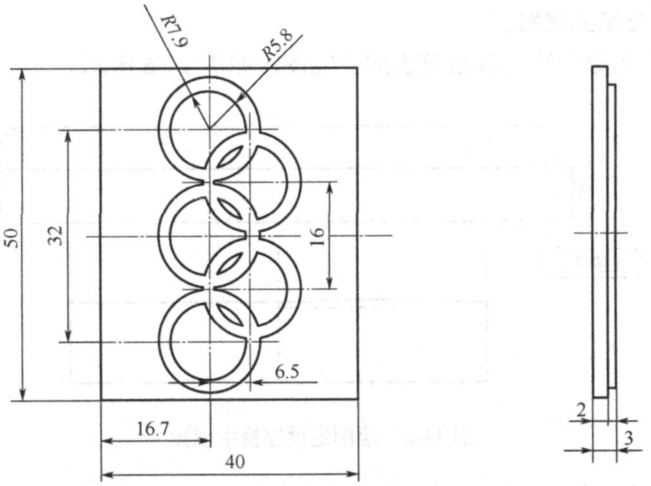

图 14-3　绘制五环零件图

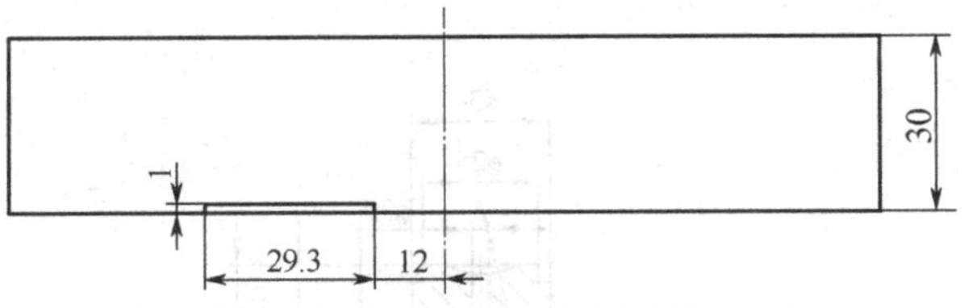

图 14-4　绘制定模板主视图

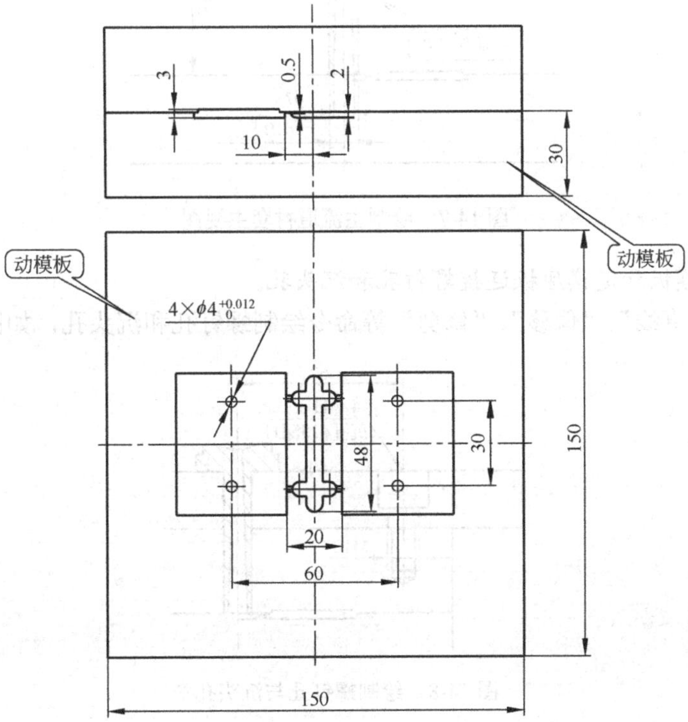

图 14-5　绘制动模板

4. 绘制定模座板主视图。

使用“直线”等命令绘制定模座板的主视图，如图 14-6 所示。

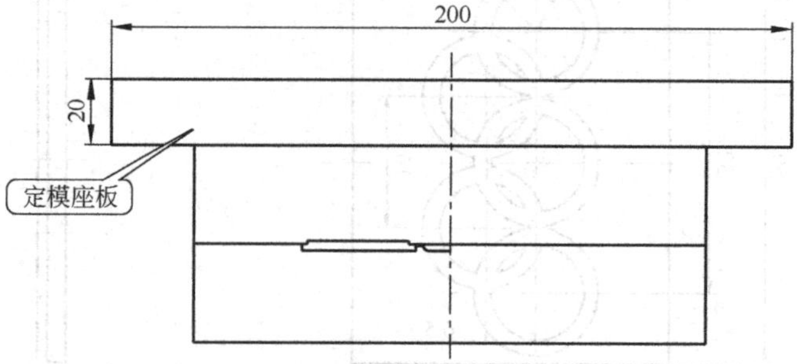

图 14-6　绘制定模座板主视图

5. 绘制主流道衬套主视图。

使用“直线”、“修剪”、“图案填充”等命令绘制主流道衬套的主视图，如图 14-7 所示。

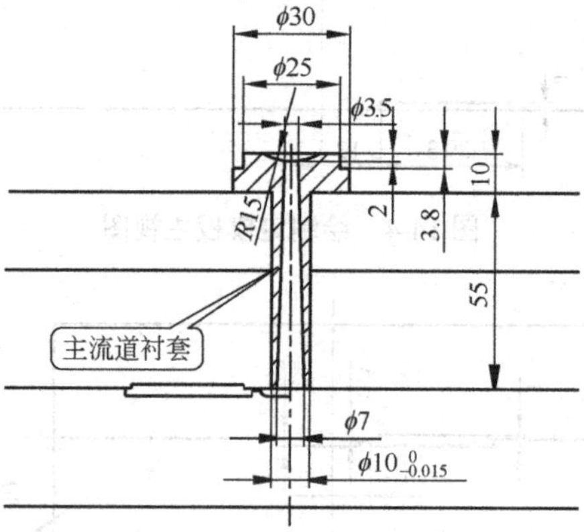

图 14-7　绘制主流道衬套主视图

6. 绘制定模板和定模座板连接螺钉孔和沉头孔。

（1）使用“直线”、“偏移”、“修剪”等命令绘制螺钉孔和沉头孔，如图 14-8 所示。

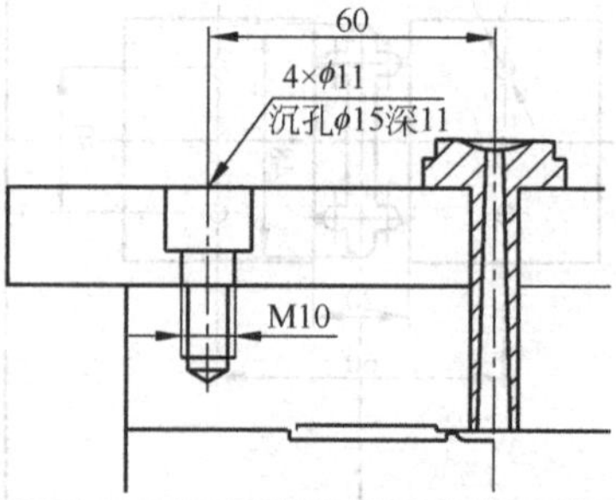

图 14-8　绘制螺钉孔与沉头孔

（2）插入螺钉（M10×20—GB/T 70.1—2000），结果如图 14-9 所示。

采用插入动态块的方法插入螺钉，螺钉尺寸参见附录B。

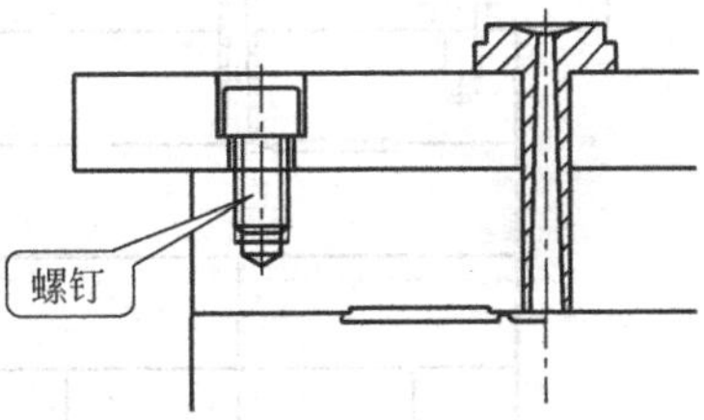

图 14-9　插入螺钉

7. 绘制支承板主视图。

使用“直线”等命令绘制支承板的主视图，如图 14-10 所示。

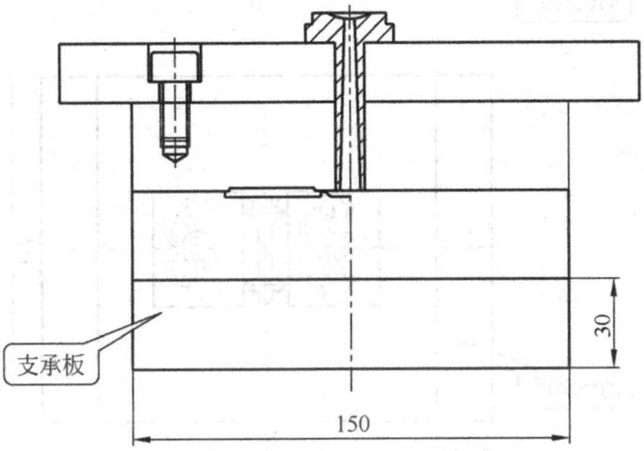

图 14-10　绘制支承板

8. 绘制垫块。

使用“直线”等命令绘制垫块，如图 14-11 所示。

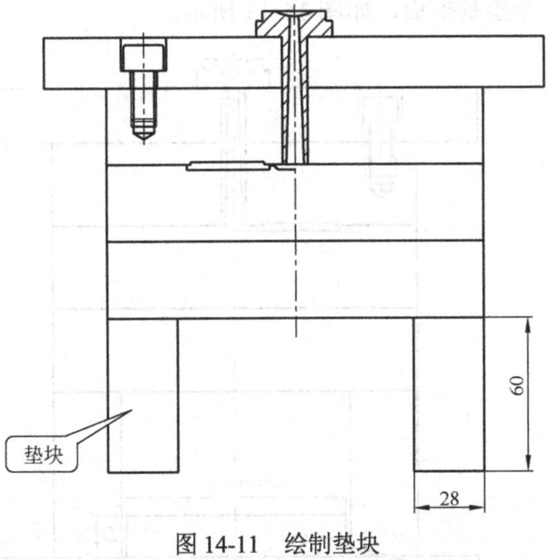

图 14-11　绘制垫块

9. 绘制动模座板。

使用“直线”等命令绘制动模座板，如图 14-12 所示。

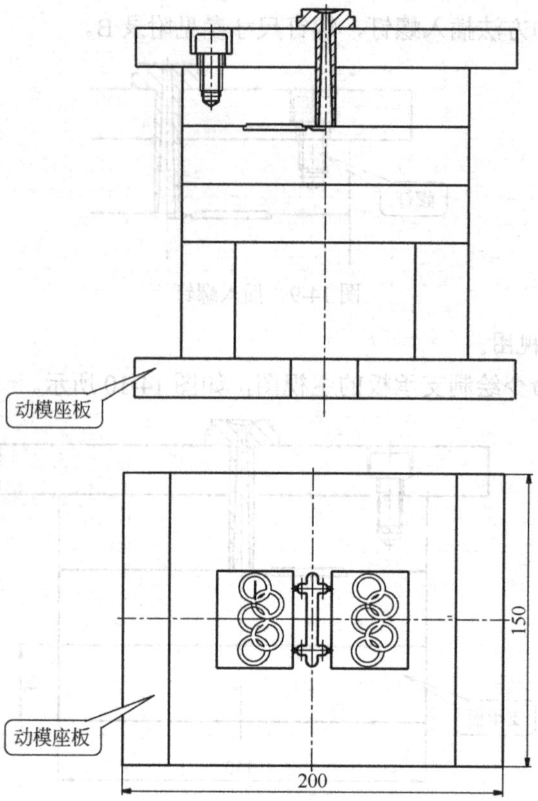

图 14-12　绘制动模座板

10. 绘制推板。

使用“直线”等命令绘制推板，如图 14-13 所示。

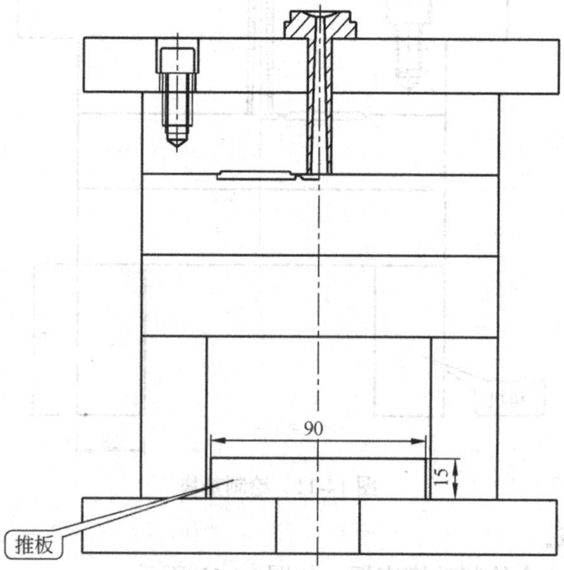

图 14-13　绘制推板

11. 绘制推杆固定板主视图。

使用“直线”等命令绘制推杆固定板主视图，如图14-14所示。

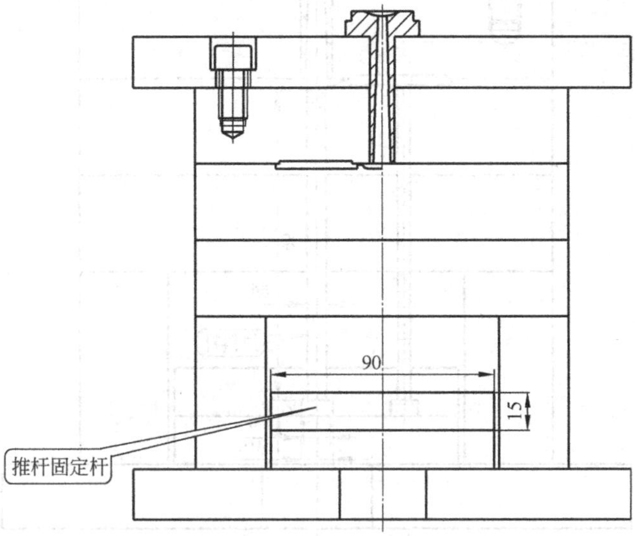

图14-14 绘制推杆固定板

12. 绘制推杆主视图。

使用“直线”、“修剪”等命令绘制推杆主视图与俯视图，如图14-15所示。

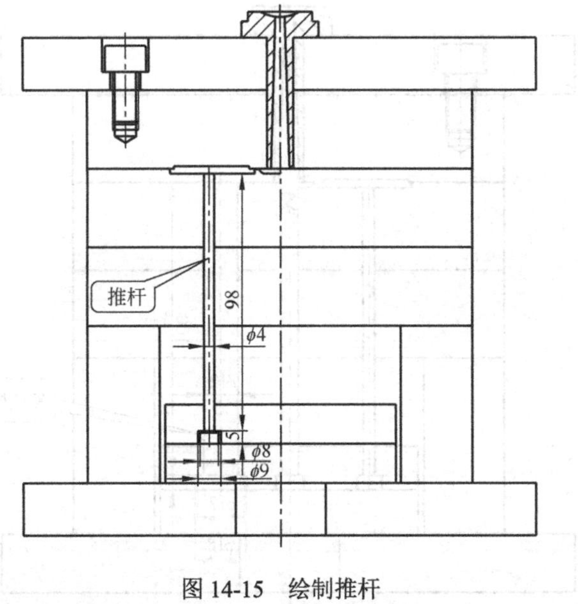

图14-15 绘制推杆

13. 绘制拉料杆。

使用“直线”、“修剪”等命令绘制拉料杆主视图，如图14-16所示。

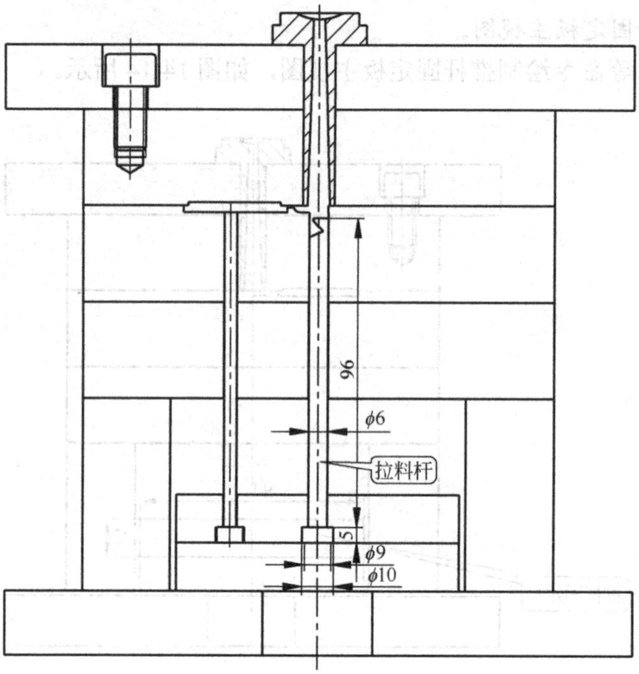

图 14-16　绘制拉料杆

14. 绘制复位杆。

使用“直线”、“修剪”等命令绘制复位杆主视图与俯视图，如图 14-17 和 14-18 所示。

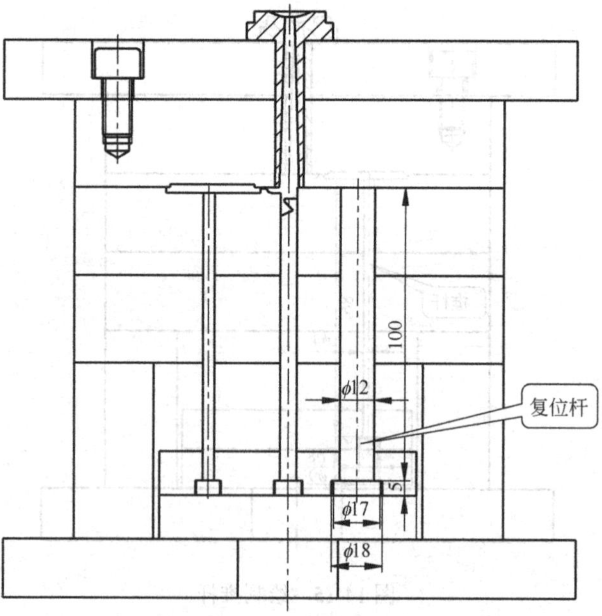

图 14-17　绘制复位杆主视图

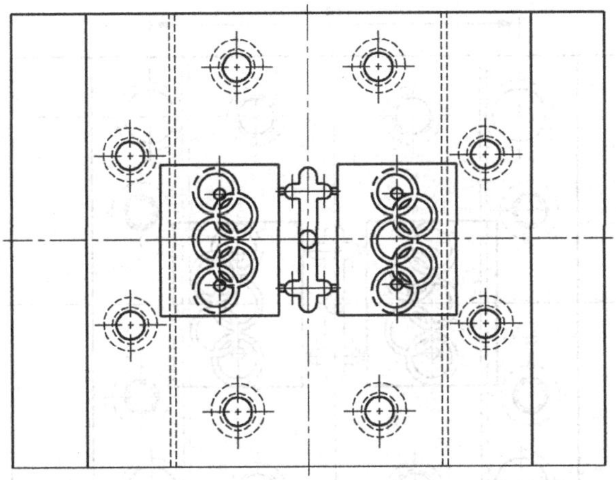

图 14-18 绘制复位杆俯视图

15. 绘制导套主视图。

使用“直线”、“修剪”、“圆角”等命令，绘制导套主视图，如图 14-19 所示。

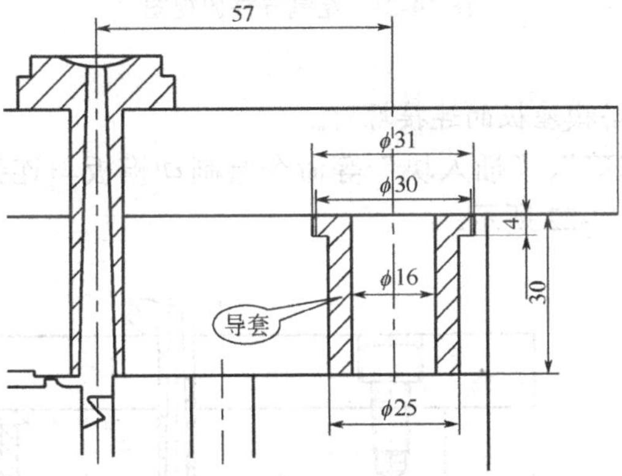

图 14-19 绘制导套

16. 绘制导柱。

使用“直线”、“圆”、“修剪”、“圆角”等命令绘制导柱主视图与俯视图，如图 14-20 和 14-21 所示。

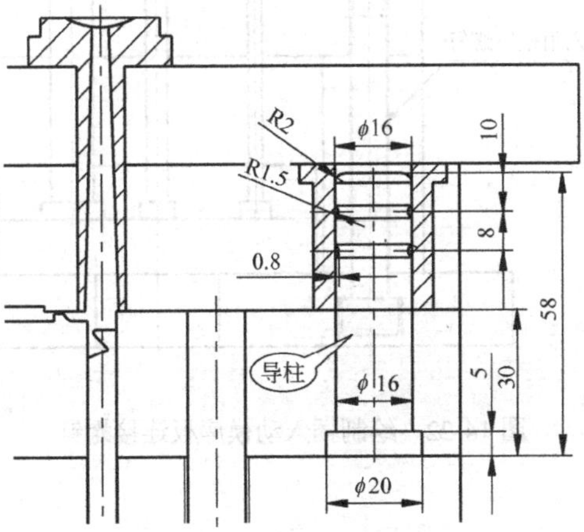

图 14-20 绘制导柱主视图

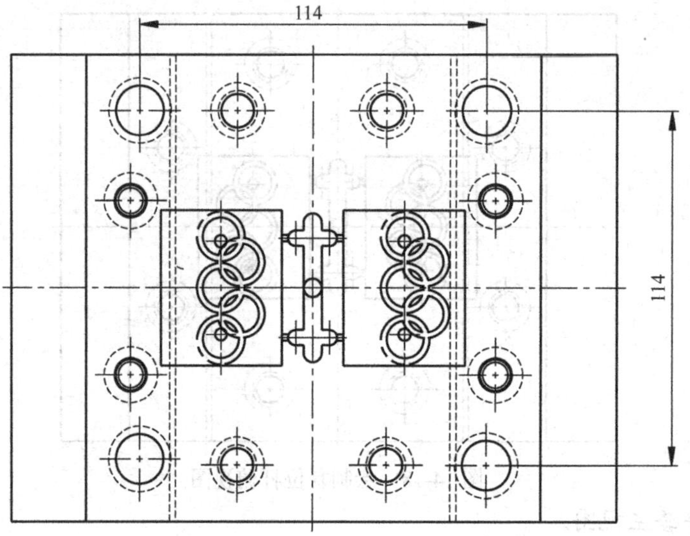

图 14-21　绘制导柱俯视图

17. 绘制动模板和动模座板的连接螺钉。

单击“偏移”、“修剪”、“插入块”等命令绘制动模板与连接螺钉，螺钉尺寸参见附录 B，插入结果如图 14-22 所示。

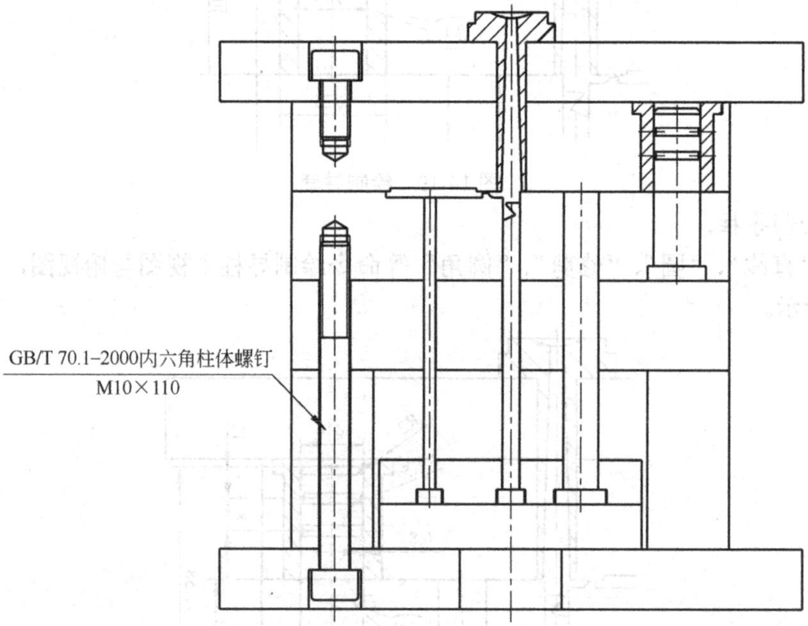

图 14-22　绘制插入动模座板连接螺钉

18. 绘制推板和推杆固定板的连接螺钉。

使用“偏移”、“修剪”、“插入块”等命令插入连接螺钉，螺钉尺寸参见附录 B，插入结果如图 14-23 所示。

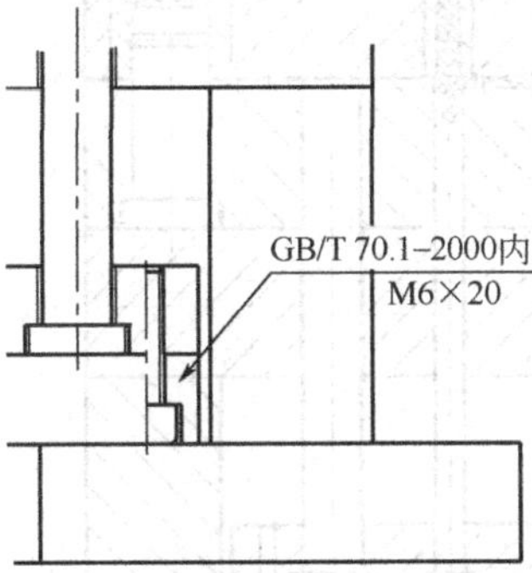

图 14-23 绘制连接螺钉

19. 绘制各个零件的剖面线。

使用“图案填充”等命令完成各个零件的剖面线，如图 14-24 所示。

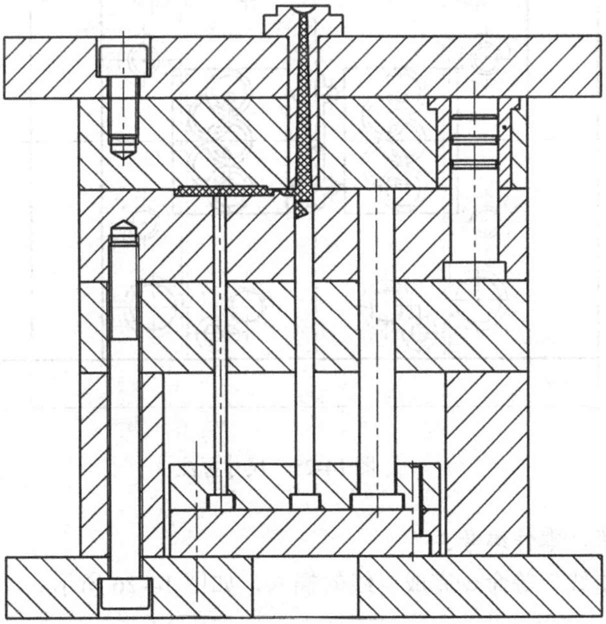

图 14-24 图案填充

20. 标注尺寸。

标注尺寸，如图 14-25 所示。

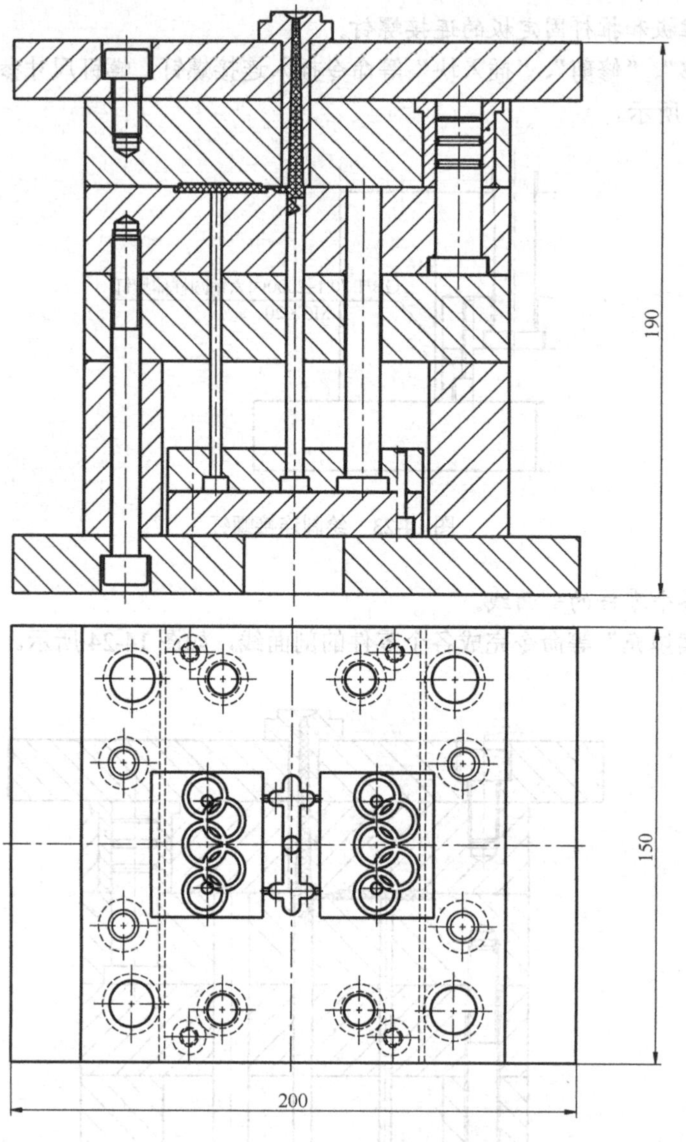

图 14-25　尺寸标注

21. 插入引线，零件编号。

使用“多重引线”等命令完成引线的插入，如图 14-26 所示。

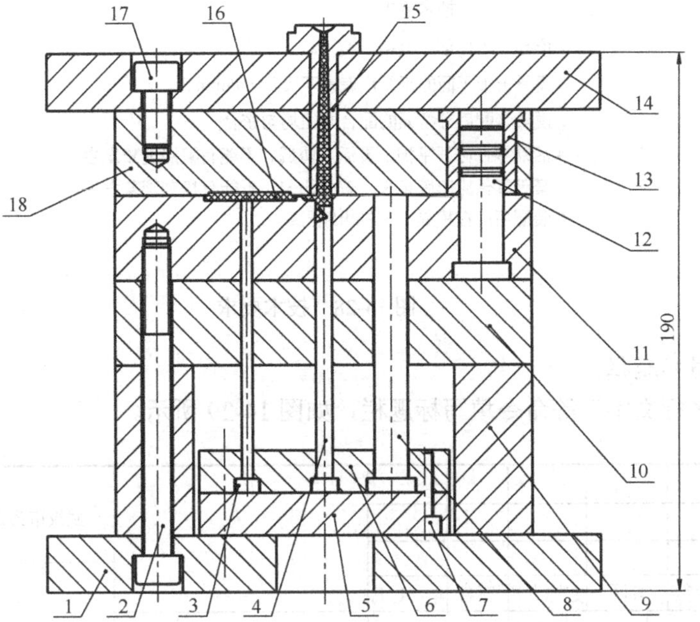

图 14-26　插入引线

22. 填写明细栏。

使用“表格”、“多行文字”等命令完成明细栏的插入与填写，如图 14-27 所示。

18		导套	4				
17	GB/T7 0.1—2000	内六角圆柱头螺钉	4				M10×20
16	SM10-14	制件	4	PP			
15	SM10-13	浇口套	1	45			43～48HRC
14	SM10-12	定模座板	1	A3			
13	SM10-11	定模板	1	45			
12	SM10-10	导柱	4	T8A			55～58HRC
11	SM10-09	动模板	1	45			
10	SM10-08	支承板	1	A3			
9	SM10-07	垫块	2	A3			
8	SM10-06	复位杆	4	T8			
7	GB/T 70.1—2000	内六角圆柱头螺钉	4				M6×20
6	SM10-05	推杆固定板	1	A3			
5	SM10-04	推板	1	45			
4	SM10-03	拉料杆	1				
3	SM10-02	顶针	4				
2	GB/T 70.1—2000	内六角圆柱头螺钉	4				M10×110
1	SM10-01	动模座板	1	A3			
序号	代号	名称	数量	材料	单件	总计	备注
					重量		

图 14-27　插入、填写明细栏

23. 填写技术要求。

使用“多行文本”等命令填写技术要求，如图 14-28 所示。

技术要求

1.模具外工作部分倒棱，倒角。

2.模具上下平面的平行度偏差不大于0.05mm。

3.模具装配后分型面的配合必须均匀密合。

4.活动零件必须平稳、灵活、协调、不能有阻滞现象发生。

5.紧固零件应牢固可靠、着力均匀，不能有松动现象发生。

6.装配后应在模具上刻打出编号。

图 14-28　技术要求

24. 填写标题栏。

使用“多行文字”等命令填写标题栏，如图 14-29 所示。

								武汉市第二轻工业学校
标记	处数	分区	更改文件号	签名	年 月 日			五环
设计			标准化			阶段标记	重量	比例
								1:1
审核								
工艺			批准			共　张	第　张	

图 14-29　填写标题栏

25. 完成整个图形绘制，如图 14-1 所示。

26. 保存文件。

课后练习

根据给出的零件图（部分零件参见附录 C）和制件图，绘制如图所示的装配图。

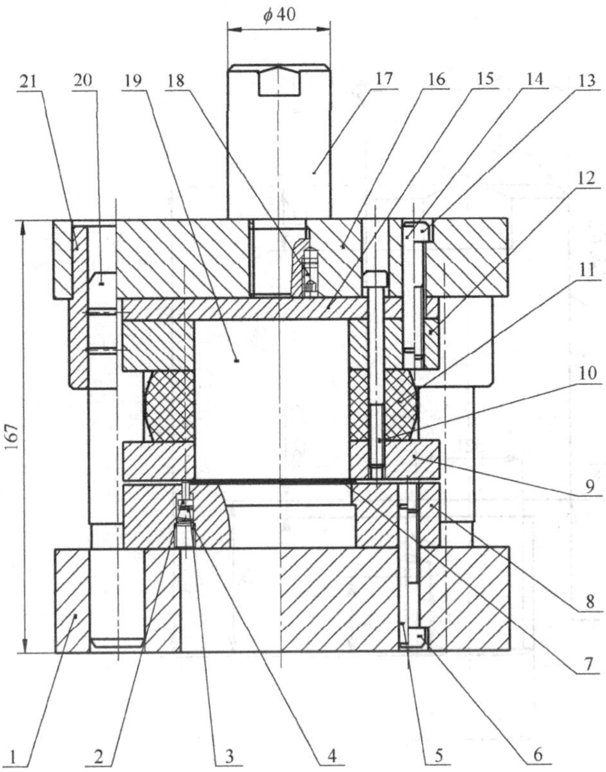

制件图

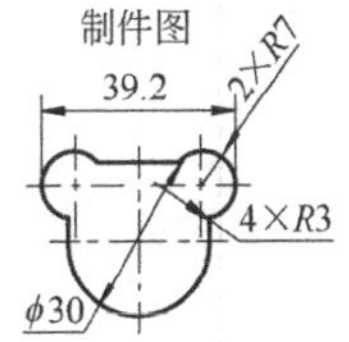

冲件排样图

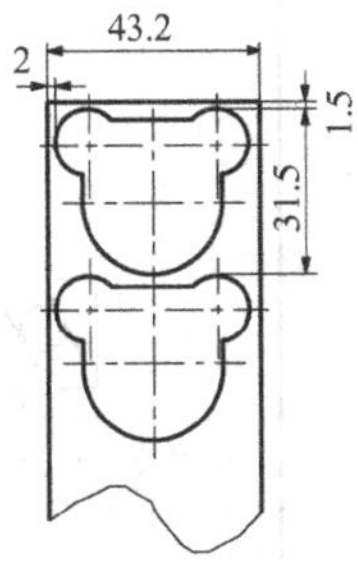

技术要求

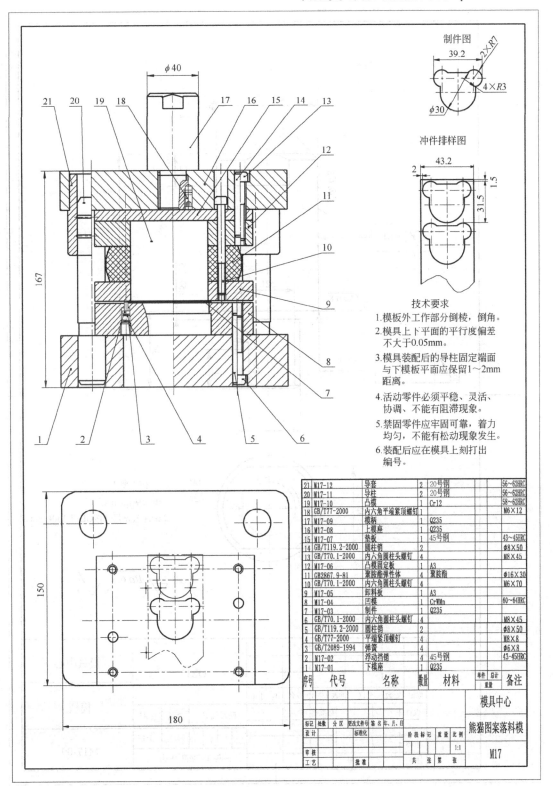

1. 模板外工作部分倒棱，倒角。
2. 模具上下平面的平行度偏差不大于0.05mm。
3. 模具装配后的导柱固定端面与下模板平面应保留1～2mm距离。
4. 活动零件必须平稳、灵活、协调、不能有阻滞现象。
5. 禁固零件应牢固可靠，着力均匀，不能有松动现象发生。
6. 装配后应在模具上刻打出编号。

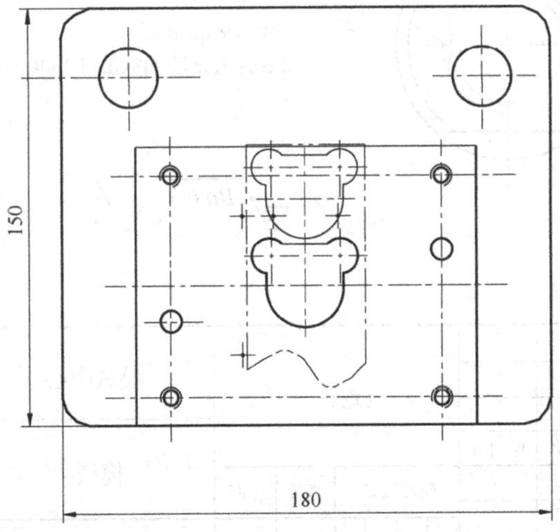

序号	代号	名称	数量	材料	单件重量	总计重量	备注
21	M17-12	导套	2	20号钢			56～62HRC
20	M17-11	导柱	2	20号钢			56～62HRC
19	M17-10	凸模	1	Cr12			58～62HRC
18	GB/T77-2000	内六角平端紧顶螺钉	1				M6×12
17	M17-09	模柄	1	Q235			
16	M17-08	上模座	1	Q235			
15	M17-07	垫板	1	45号钢			43～45HRC
14	GB/T119.2-2000	圆柱销	2				φ8×50
13	GB/T70.1-2000	内六角圆柱头螺钉	4				M8×45
12	M17-06	凸模固定板	1	A3			
11	GB2867.9-81	聚胺酯弹性体	4	聚胺酯			φ16×30
10	GB/T70.1-2000	内六角圆柱头螺钉	4				M6×70
9	M17-05	卸料板	1	A3			
8	M17-04	凹模	1	CrWMn			60～64HRC
7	M17-03	制件	1	Q235			
6	GB/T70.1-2000	内六角圆柱头螺钉	4				M8×45
5	GB/T119.2-2000	圆柱销	2				φ8×50
4	GB/T77-2000	平端紧顶螺钉	4				M8×8
3	GB/T2089-1994	弹簧	4				φ6×8
2	M17-02	浮动挡销	4	45号钢			43-45HRC
1	M17-01	下模座	1	Q235			

标记	处数	分区	更改文件号	签名	年、月、日			模具中心
设计		标准化		阶段标记	重量	比例		熊猫图案落料模
审核						1:1		M17
工艺		批准		共 张	第 张			

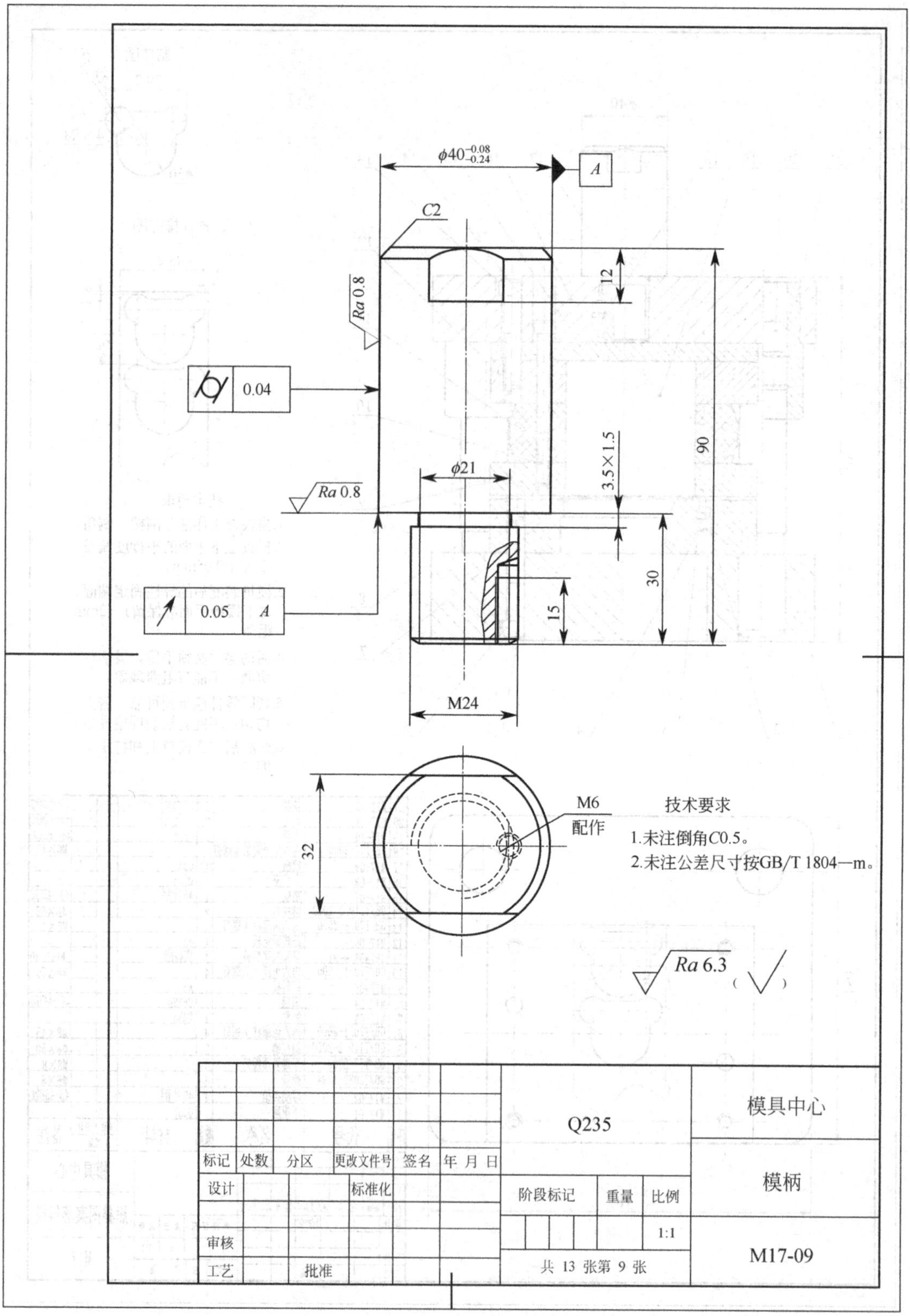

φ40$^{-0.08}_{-0.24}$
A
C2
12
Ra 0.8
0.04
90
φ21
Ra 0.8
3.5×1.5
30
0.05
A
15
M24
32
M6
配作
技术要求
1.未注倒角C0.5。
2.未注公差尺寸按GB/T 1804—m。
Ra 6.3
Q235
模具中心
标记
处数
分区
更改文件号
签名
年 月 日
设计
标准化
阶段标记
重量
比例
模柄
审核
1:1
工艺
批准
共 13 张第 9 张
M17-09

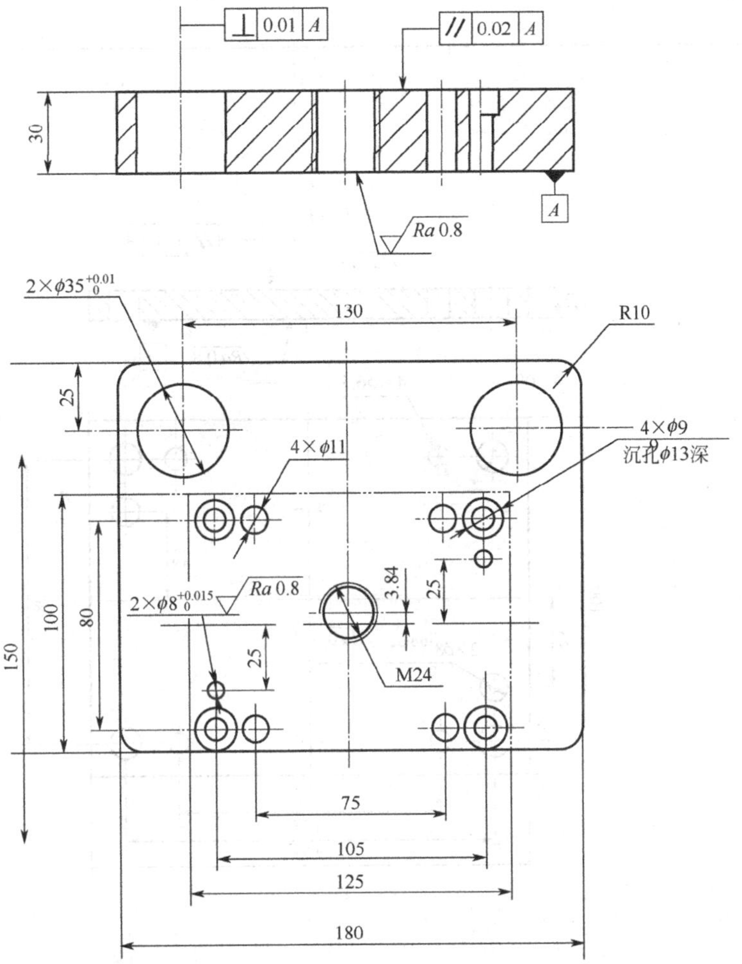

技术要求

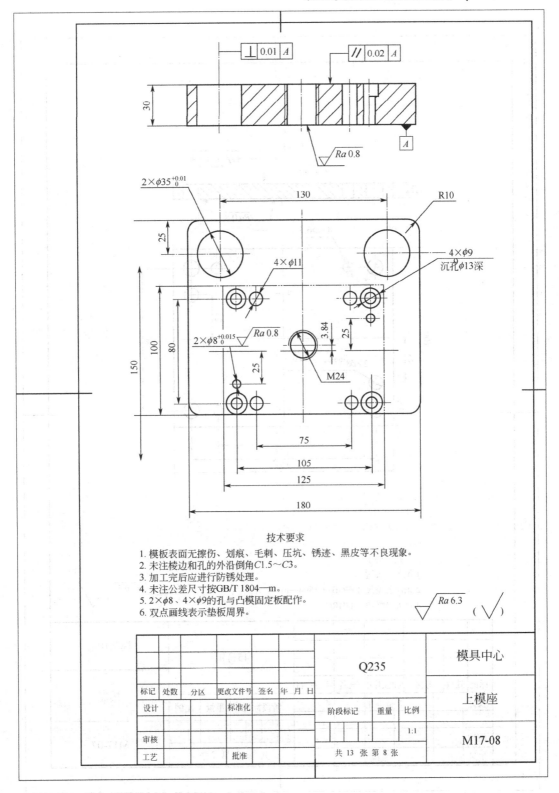

1. 模板表面无擦伤、划痕、毛刺、压坑、锈迹、黑皮等不良现象。
2. 未注棱边和孔的外沿倒角$C1.5$～$C3$。
3. 加工完后应进行防锈处理。
4. 未注公差尺寸按GB/T 1804—m。
5. 2×φ8、4×φ9的孔与凸模固定板配作。
6. 双点画线表示垫板周界。

Ra 6.3 (√)

标记	处数	分区	更改文件号	签名	年 月 日	Q235		模具中心
设计			标准化			阶段标记	重量	比例
								1:1
审核								上模座
工艺			批准			共 13 张 第 8 张		M17-08

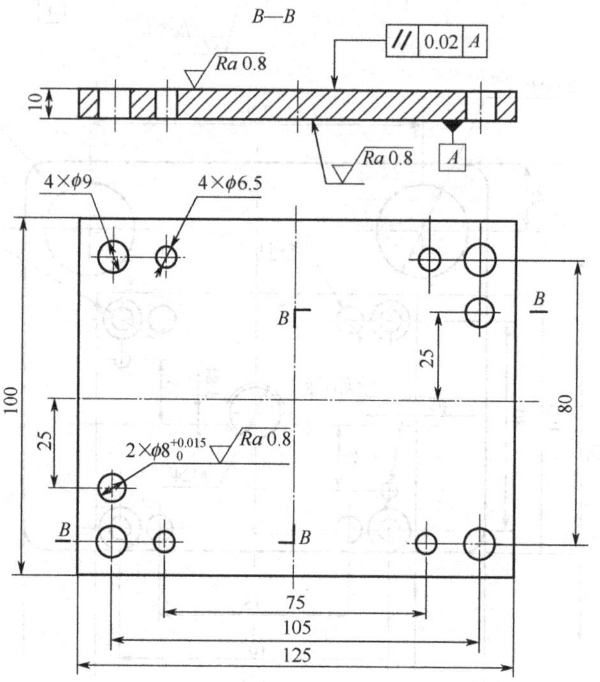

技术要求

1.倒角，去锐。

2.未注公差尺寸按GB/T 1804—m。

3.淬火等级43～48HRC。

Ra 6.3 （√）

						45号钢		模具中心
标记	处数	分区	更改文件号	签名	年 月 日			
设计			标准化			阶段标记	重量	比例	垫板
审核								1:1	
工艺			批准			共 13 张第 7 张			M17-07

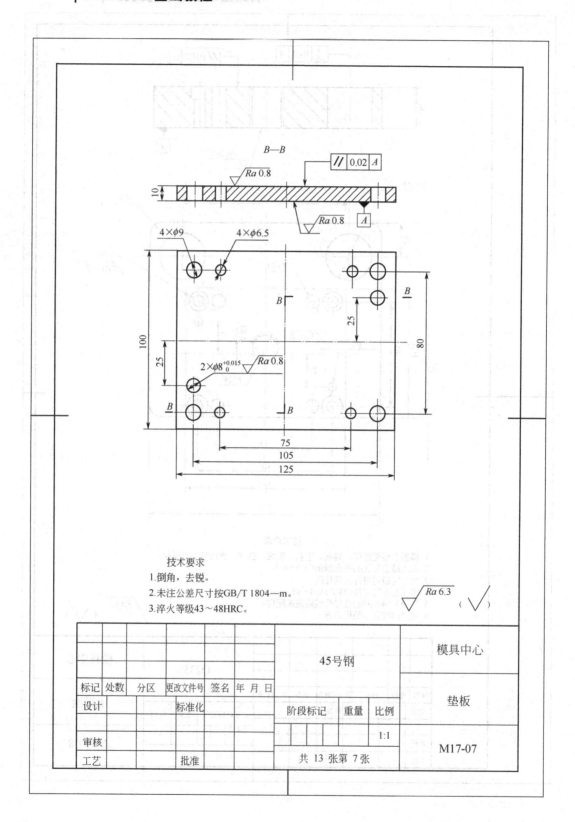

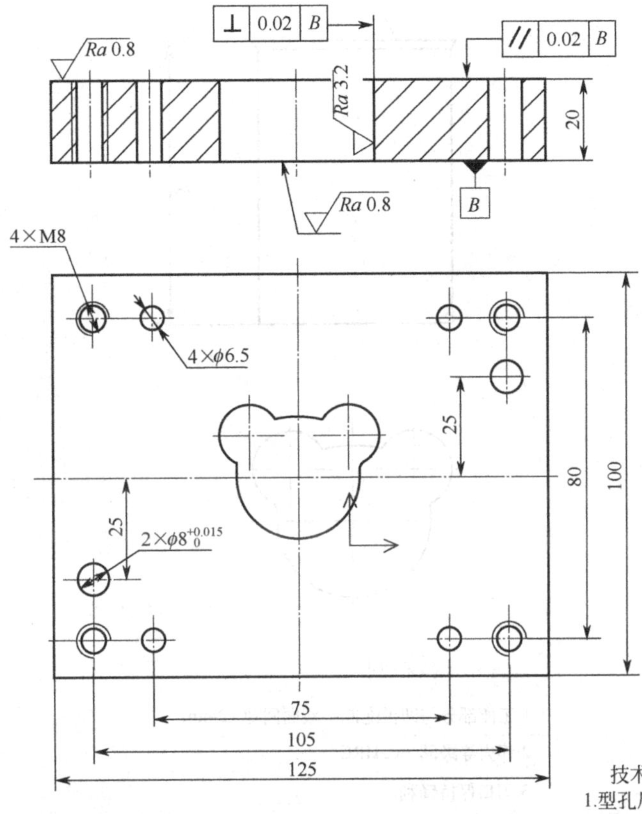

技术要求

1.型孔尺寸0.01mm

2.倒角，去锐。

3.未注公差尺寸按GB/T 1804—m。

4.销孔配作。

Ra 6.3 (√)

标记	处数	分区	更改文件号	签名	年 月 日	Q235	模具中心
设计			标准化			阶段标记 / 重量 / 比例	凸模固定板
审核						1:1	M17-06
工艺			批准			共 13 张第 6 张	

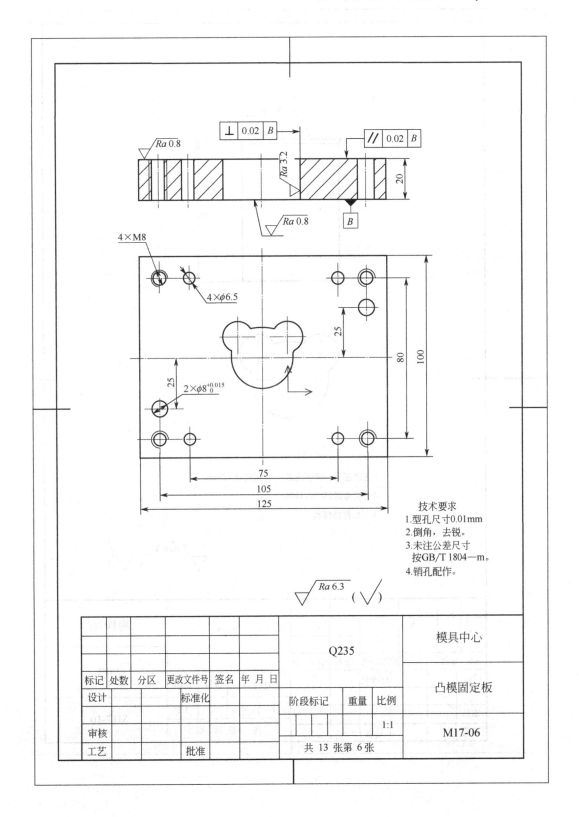

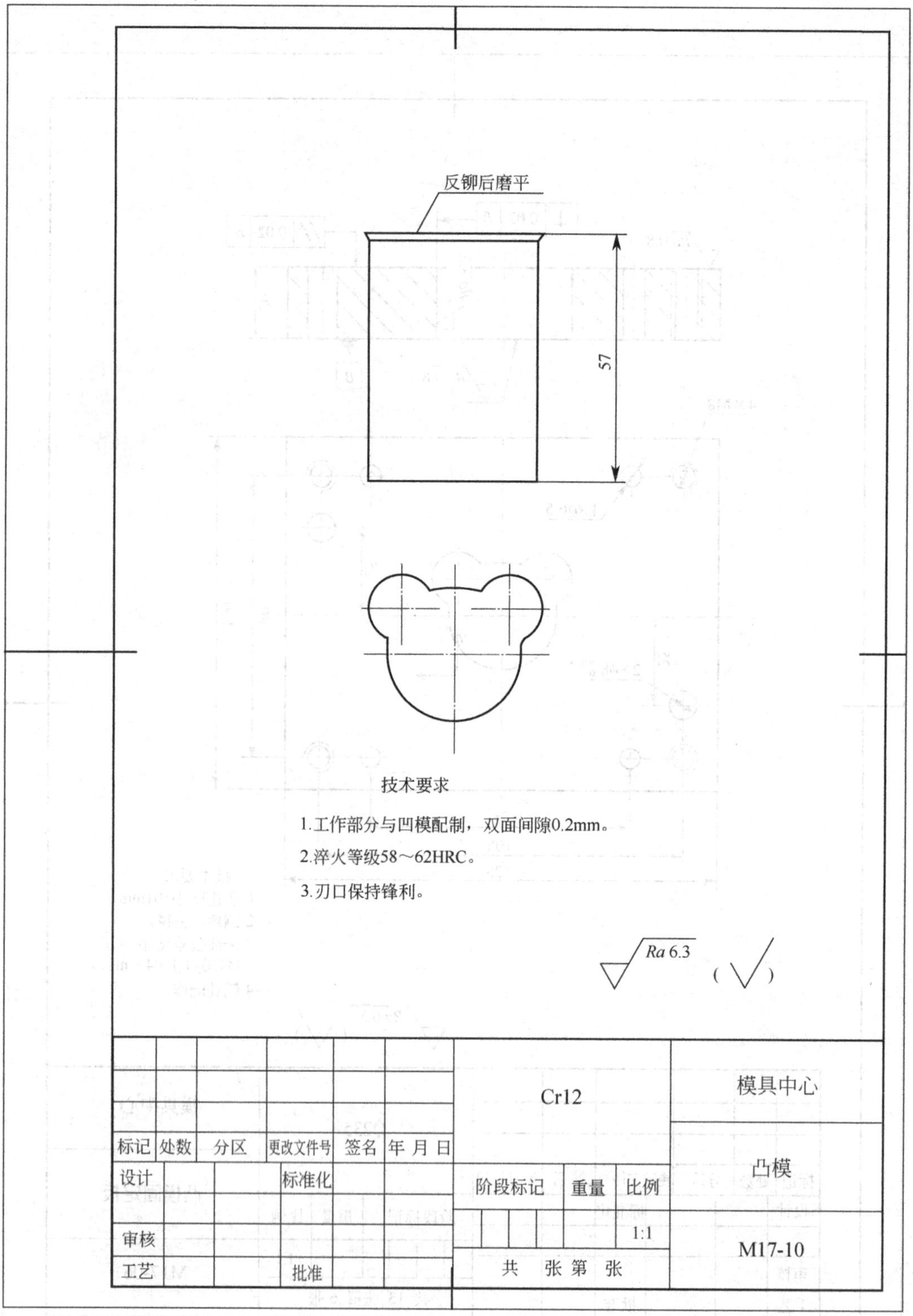
反铆后磨平
57
技术要求
1.工作部分与凹模配制，双面间隙0.2mm。
2.淬火等级58～62HRC。
3.刃口保持锋利。
Ra 6.3
Cr12
模具中心
标记 处数 分区 更改文件号 签名 年 月 日
设计
标准化
审核
工艺
批准
阶段标记
重量
比例
1:1
共 张 第 张
凸模
M17-10

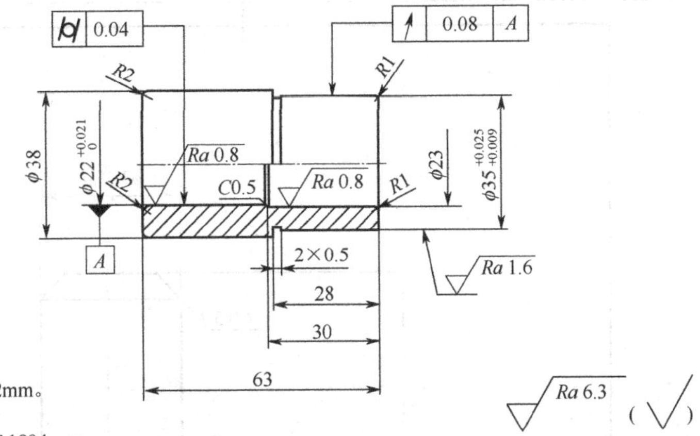

技术要求

1.热处理：渗碳0.8～1.2mm。
　淬火等级56～62HRC。
2.未注公差尺寸按GB/T 1804—m。
3.清洗，涂油入库。

标记	处数	分区	更改文件号	签名	年 月 日	20号钢		模具中心
设计			标准化			阶段标记	重量 / 比例	导套
审核							1:1	M17-12
工艺			批准			共13 张 第12 张		

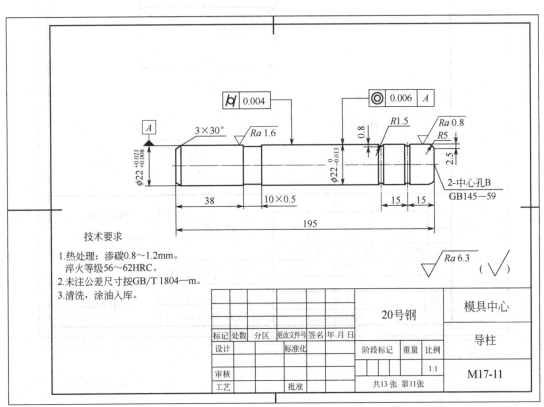

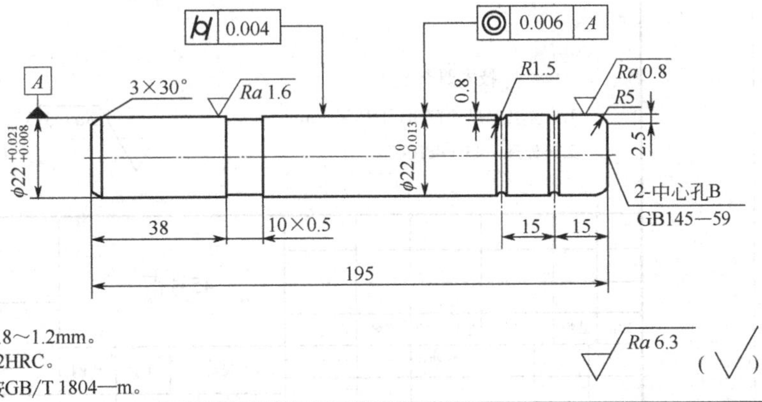

技术要求

1.热处理：渗碳0.8～1.2mm。
　淬火等级56～62HRC。
2.未注公差尺寸按GB/T 1804—m。
3.清洗，涂油入库。

标记	处数	分区	更改文件号	签名	年 月 日	20号钢		模具中心
设计			标准化			阶段标记	重量 / 比例	导柱
审核							1:1	M17-11
工艺			批准			共13 张 第11张		

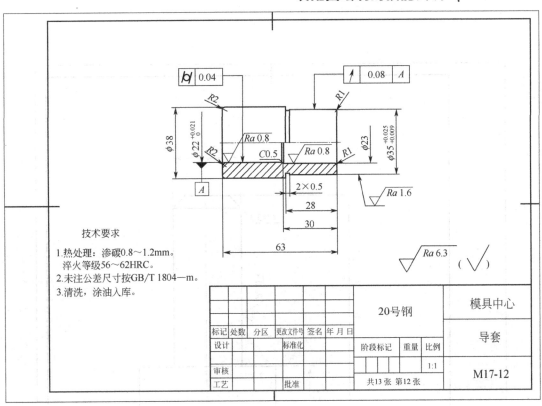

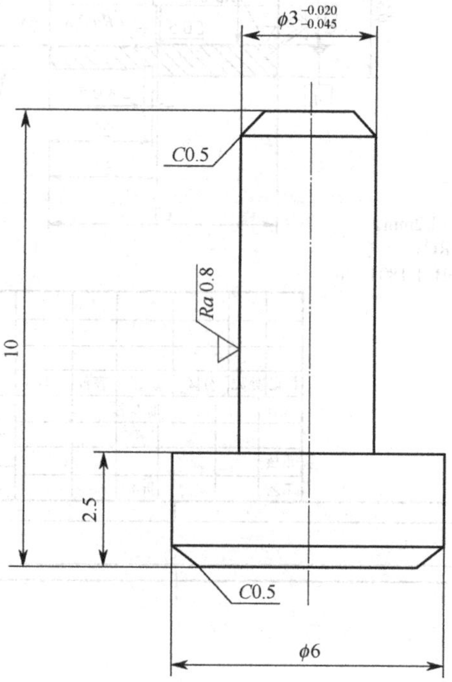

技术要求

1.未注公差尺寸按GB/T 1804—m。

2.热处理：43～48HRC。

Ra 6.3 (√)

						45号钢			模具中心
标记	处数	分区	更改文件号	签名	年 月 日				浮动挡销
设计			标准化			阶段标记	重量	比例	
审核								1:1	M17-02
工艺			批准			共 13 张第 2 张			

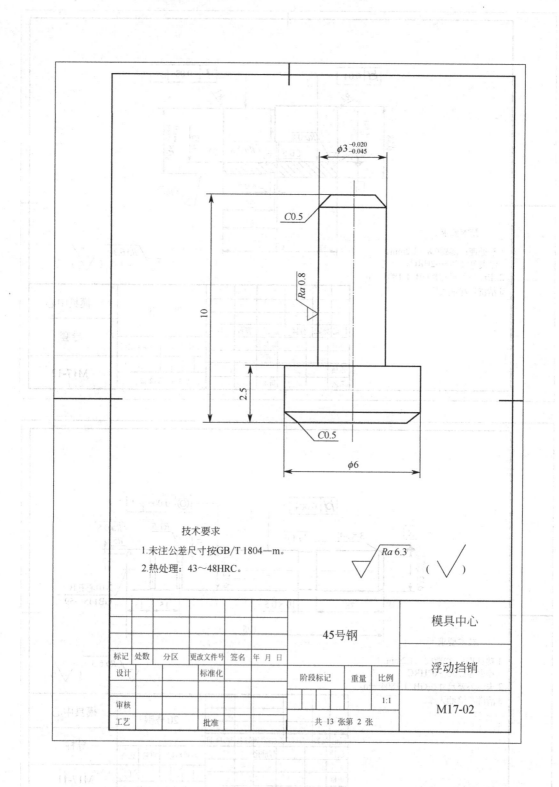

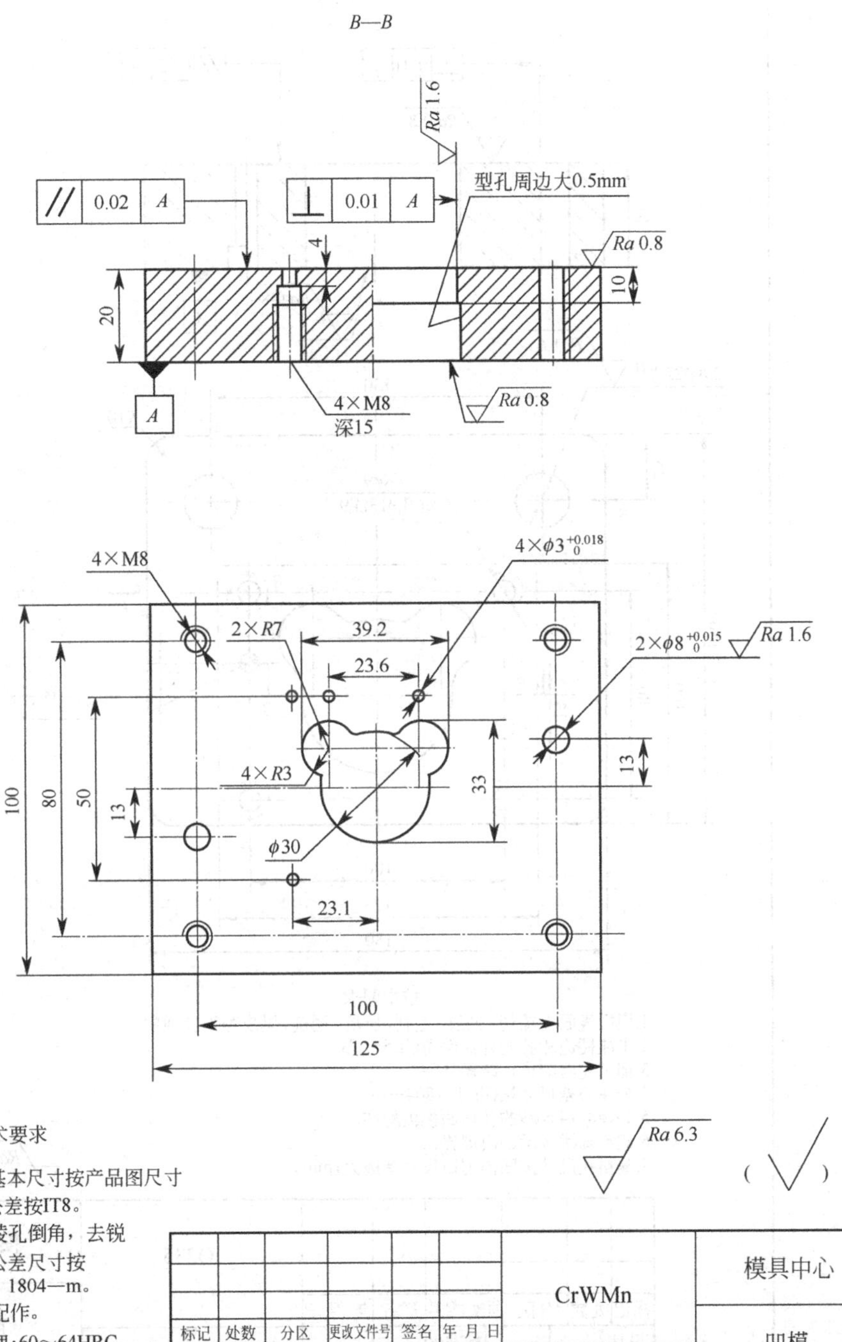

技术要求

1.型孔基本尺寸按产品图尺寸尺寸公差按IT8。
2.四周棱孔倒角，去锐
3.未注公差尺寸按 GB/T 1804—m。
4.销孔配作。
5.热处理：60～64HRC。
6.凹模刃口禁止倒角。

						CrWMn		模具中心
标记	处数	分区	更改文件号	签名	年 月 日			凹模
设计			标准化			阶段标记	重量	比例
								1:1
审核								M17-04
工艺			批准			共 13 张第 4 张		

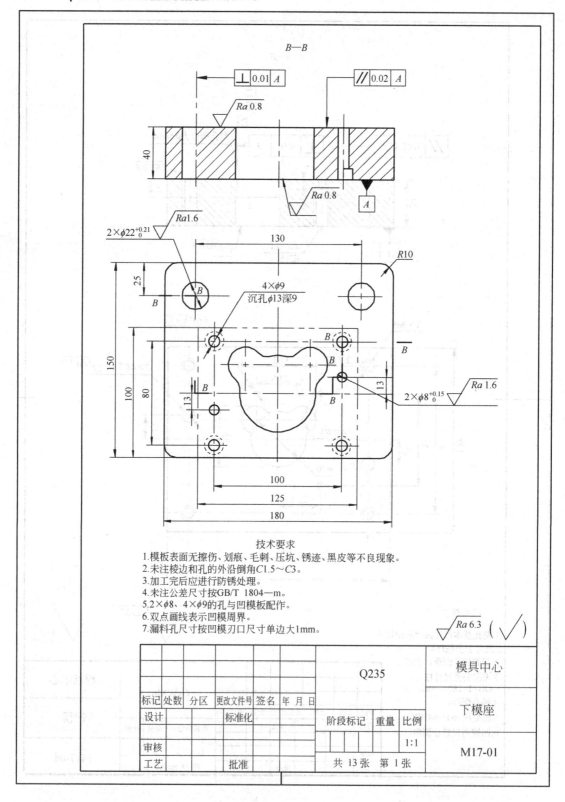

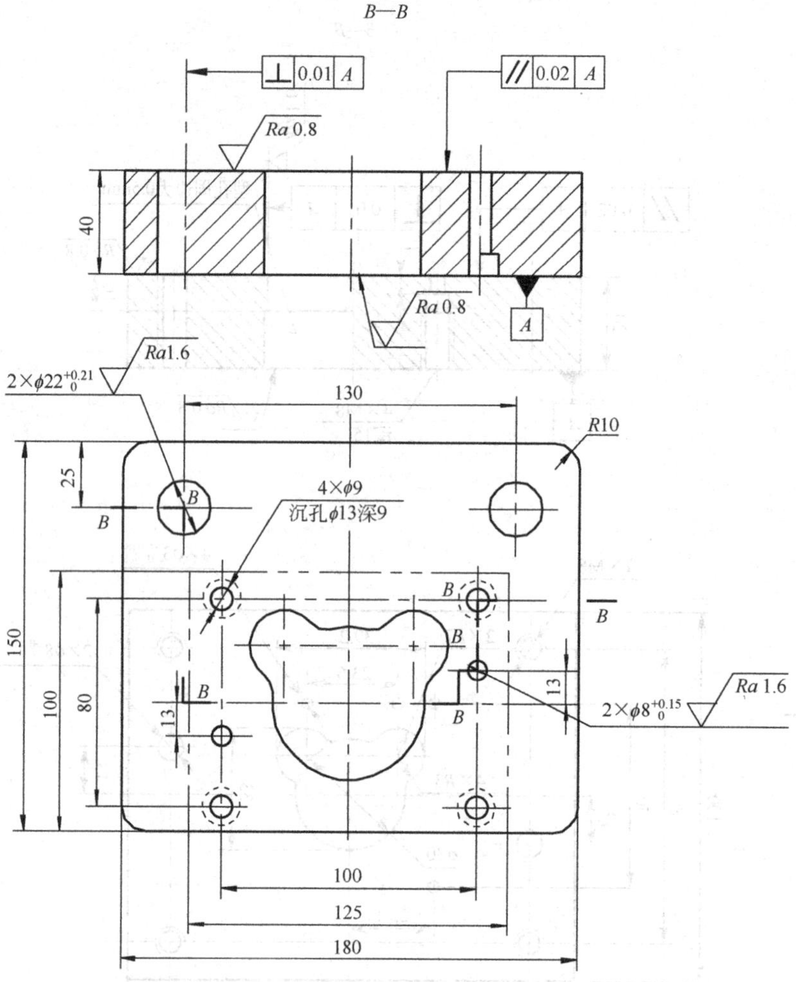

技术要求

1.模板表面无擦伤、划痕、毛刺、压坑、锈迹、黑皮等不良现象。
2.未注棱边和孔的外沿倒角$C1.5\sim C3$。
3.加工完后应进行防锈处理。
4.未注公差尺寸按GB/T 1804—m。
5.2×ϕ8、4×ϕ9的孔与凹模板配作。
6.双点画线表示凹模周界。
7.漏料孔尺寸按凹模刃口尺寸单边大1mm。

Ra 6.3 (√)

						Q235		模具中心
标记	处数	分区	更改文件号	签名	年 月 日			下模座
设计			标准化			阶段标记	重量	比例
审核								1:1
工艺			批准			共 13 张 第 1 张		M17-01

附录A AutoCAD 常用快捷键命令

（一）常用命令

1．绘图命令

命 令	说 明	命 令	说 明
PO	*POINT（点）	EL	*ELLIPSE（椭圆）
L	*LINE（直线）	REG	*REGION（面域）
XL	*XLINE（射线）	MT	*MTEXT（多行文字）
PL	*PLINE（多段线）	T	*MTEXT（文字）
ML	*MLINE（多线）	B	*BLOCK（块定义）
SPL	*SPLINE（样条曲线）	I	*INSERT（插入块）
POL	*POLYGON（正多边形）	W	*WBLOCK（定义块文件）
REC	*RECTANGLE（矩形）	DIV	*DIVIDE（等分）
C	*CIRCLE（圆）	ME	*MEASURE（定距等分）
A	*ARC（圆弧）	H	*BHATCH（填充）
DO	*DONUT（圆环）		

2．修改命令

命 令	说 明	命 令	说 明
CO	*COPY（复制）	EX	*EXTEND（延伸）
MI	*MIRROR（镜像）	S	*STRETCH（拉伸）
AR	*ARRAY（阵列）	LEN	*LENGTHEN（直线拉长）
O	*OFFSET（偏移）	SC	*SCALE（比例缩放）
RO	*ROTATE（旋转）	BR	*BREAK（打断）
M	*MOVE（移动）	CHA	*CHAMFER（倒角）
E	DEL 键 *ERASE（删除）	F	*FILLET（倒圆角）
X	*EXPLODE（分解）	PE	*PEDIT（多段线编辑）
TR	*TRIM（修剪）	ED	*DDEDIT（修改文本）

3. 视窗缩放

命　令	说　明	命　令	说　明
P	*PAN（平移）	Z+P	*返回上一视图
Z+空格+空格	*实时缩放	Z+E	显示全图
Z	*局部放大	Z+W	显示窗选部分

4. 尺寸标注

命　令	说　明	命　令	说　明
DLI	*DIMLINEAR（直线标注）	DBA	*DIMBASELINE（基线标注）
DAL	*DIMALIGNED（对齐标注）	DCO	*DIMCONTINUE（连续标注）
DRA	*DIMRADIUS（半径标注）	D	*DIMSTYLE（标注样式）
DDI	*DIMDIAMETER（直径标注）	DED	*DIMEDIT（编辑标注）
DAN	*DIMANGULAR（角度标注）	DOV	*DIMOVERRIDE（替换标注系统变量）
DCE	*DIMCENTER（中心标注）	DAR	（弧度标注，CAD2006）
DOR	*DIMORDINATE（点标注）	DJO	（折弯标注，CAD2006）
LE	*QLEADER（快速引出标注）		

5. 对象特性

命　令	说　明	命　令	说　明
ADC	*ADCENTER（设计中心“Ctrl+2”）	IMP	*IMPORT（输入文件）
CH	MO *PROPERTIES（修改特性“Ctrl+1”）	OP	PR *OPTIONS（自定义 CAD 设置）
MA	*MATCHPROP（属性匹配）	PRINT	*PLOT（打印）
ST	*STYLE（文字样式）	PU	*PURGE（清除垃圾）
COL	*COLOR（设置颜色）	RE	*REDRAW（重新生成）
LA	*LAYER（图层操作）	REN	*RENAME（重命名）
LT	*LINETYPE（线形）	SN	*SNAP（捕捉栅格）
LTS	*LTSCALE（线形比例）	DS	*DSETTINGS（设置极轴追踪）
LW	*LWEIGHT　（线宽）	OS	*OSNAP（设置捕捉模式）
UN	*UNITS（图形单位）	PRE	*PREVIEW（打印预览）
ATT	*ATTDEF（属性定义）	TO	*TOOLBAR（工具栏）
ATE	*ATTEDIT（编辑属性）	V	*VIEW（命名视图）
BO	*BOUNDARY（边界创建，包括创建闭合多段线和面域）	AA	*AREA（面积）
AL	*ALIGN（对齐）	DI	*DIST（距离）
EXIT	*QUIT（退出）	LI	*LIST（显示图形数据信息）
EXP	*EXPORT（输出其他格式文件）		

（二）常用 CTRL 快捷键

命 令	说 明	命 令	说 明
【CTRL】+1	*PROPERTIES（修改特性）	【CTRL】+C	*COPYCLIP（复制）
【CTRL】+2	*ADCENTER（设计中心）	【CTRL】+V	*PASTECLIP（粘贴）
【CTRL】+O	*OPEN（打开文件）	【CTRL】+B	*SNAP（栅格捕捉）
【CTRL】+N	*NEW（新建文件）	【CTRL】+F	*OSNAP（对象捕捉）
【CTRL】+P	*PRINT（打印文件）	【CTRL】+G	*GRID（栅格）
【CTRL】+S	*SAVE（保存文件）	【CTRL】+L	*ORTHO（正交）
【CTRL】+Z	*UNDO（放弃）	【CTRL】+W	*（对象追踪）
【CTRL】+X	*CUTCLIP（剪切）	【CTRL】+U	*（极轴）

附录B　实例14中部分标准件

序号	名称	代号	型号	图　形
1	内六角圆柱头螺钉	GB/T 70.1—2000	M10×20	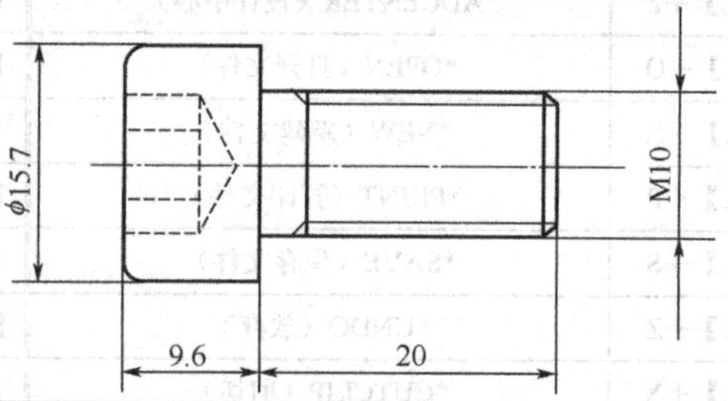
2	内六角圆柱头螺钉	GB/T 70.1—2000	M10×110	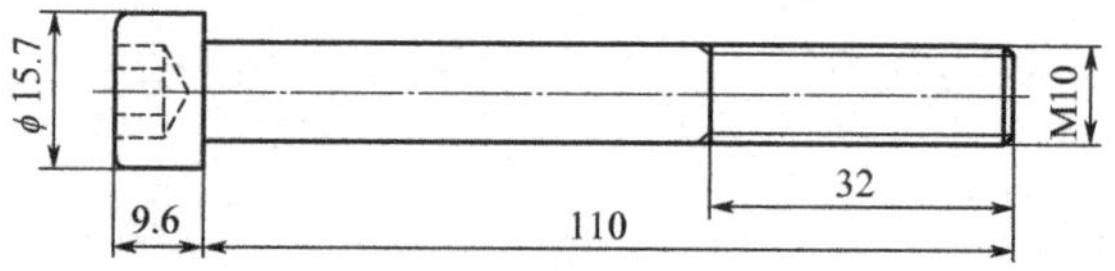
3	内六角圆柱头螺钉	GB/T 70.1—2000	M6×20	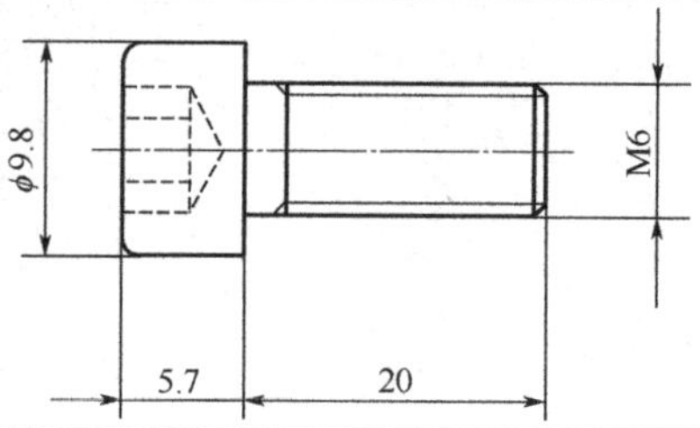

附录 C　第 3 章课后练习中部分标准件

序号	名称	代号	型号	图　形
1	内六角平端紧顶螺钉	GB/T 77—2000	M6×12	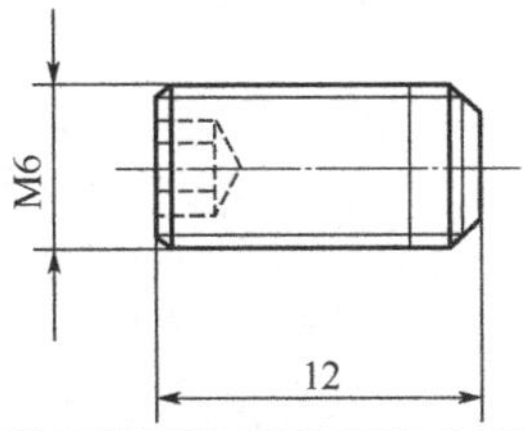
2	圆柱销	GB/T 119.2—2000	ϕ8×50	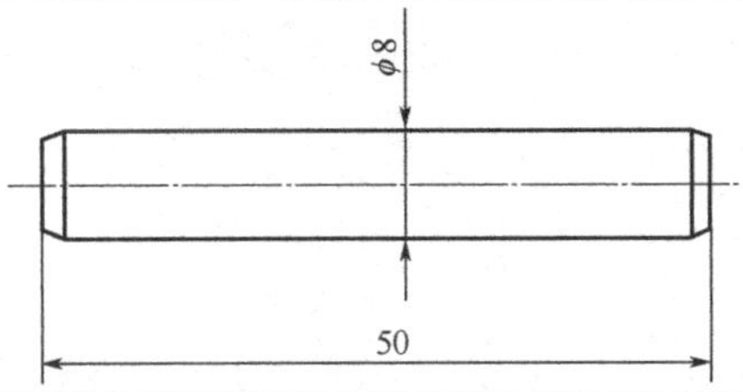
3	内六角圆柱头螺钉	GB/T 70.1—2000	M8×45	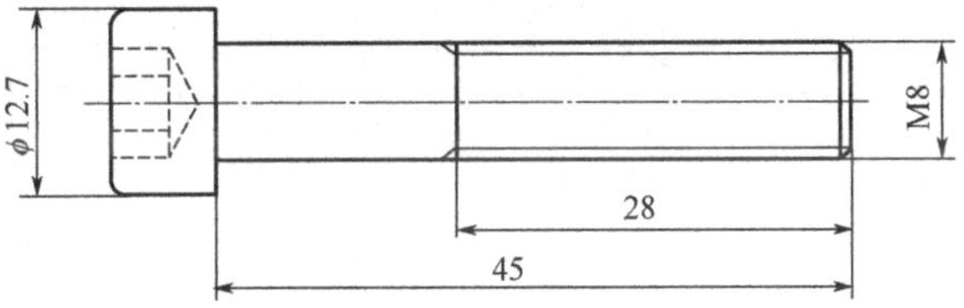
4	聚胺酯弹性体	GB 2867.9—81	M16×30	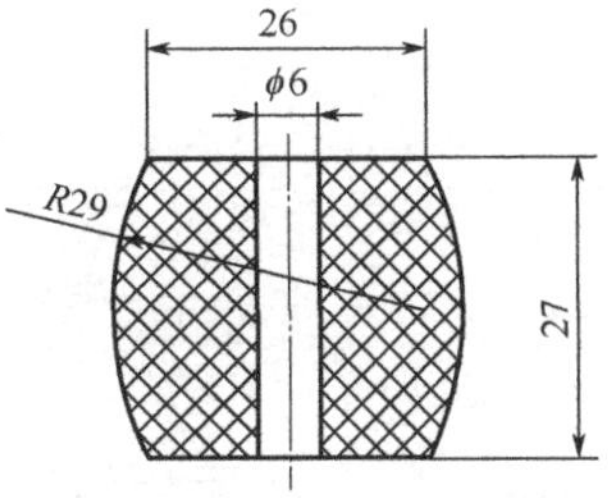
5	内六角圆柱头螺钉	GB/T 70.1—2000	M6×70	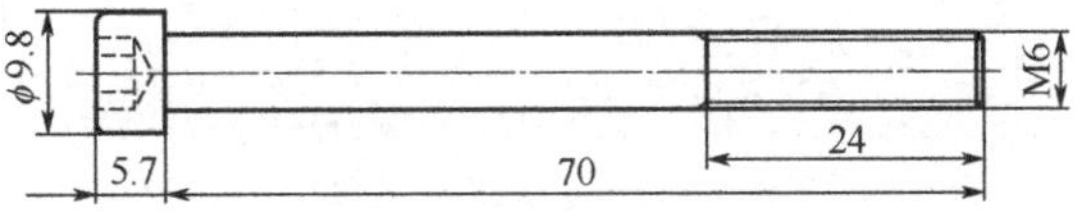
6	平端紧顶螺钉	GB/T 77—2000	M8×8	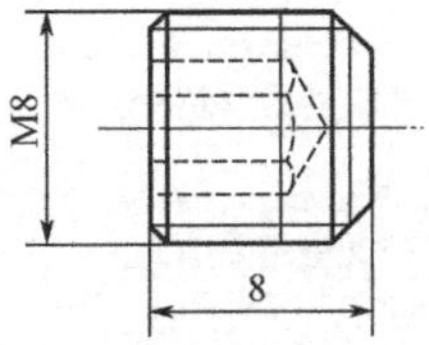

附录C 第3章课后练习中部分标准件

序号	名称	标准	规格	图样
1	内六角平端紧定螺钉	GB/T 77—2000	M6×12	
2	圆柱销	GB/T 119.1—2000	φ8×50	
3	内六角圆柱头螺钉	GB/T 70.1—2000	M8×45	
4	[illegible]弹性体	GB 2867.5—81	M16×30	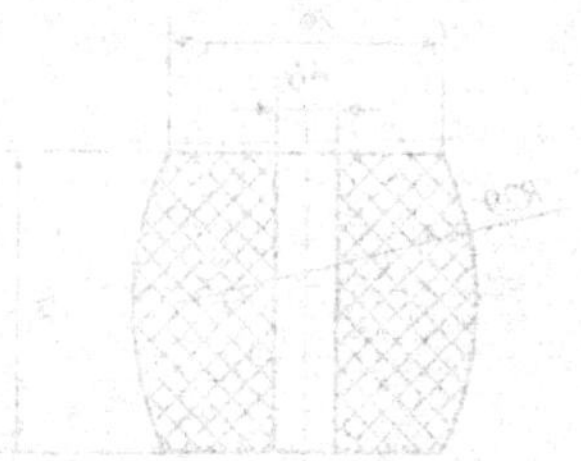
5	内六角圆柱头螺钉	GB/T 70.1—2000	M6×70	
6	平端紧定螺钉	GB/T 77—2000	M8×8	

反侵权盗版声明

举报电话：（010）88254396；（010）88258888
传　　真：（010）88254397
E-mail：　dbqq@phei.com.cn
通信地址：北京市万寿路 173 信箱
　　　　　电子工业出版社总编办公室
邮　　编：100036